水环境系统治理
理念、技术、方法与实践

孔德安　王寒涛　张家春　王正发　胡昊　商放泽◎著

河海大学出版社
HOHAI UNIVERSITY PRESS
·南京·

图书在版编目(ＣＩＰ)数据

水环境系统治理：理念、技术、方法与实践 / 孔德安等著. -- 南京：河海大学出版社，2023.2(2024.1重印)
ISBN 978-7-5630-7930-8

Ⅰ．①水… Ⅱ．①孔… Ⅲ．①水环境－环境综合整治－文集 Ⅳ．①X143-53

中国国家版本馆 CIP 数据核字(2023)第 024952 号

书　　名	水环境系统治理：理念、技术、方法与实践
书　　号	ISBN 978-7-5630-7930-8
责任编辑	龚　俊
特约编辑	梁顺弟　卞月眉
特约校对	丁寿萍　许金凤
封面设计	徐娟娟
出版发行	河海大学出版社
地　　址	南京市西康路1号(邮编：210098)
电　　话	(025)83737852(总编室)　(025)83722833(营销部)
经　　销	江苏省新华发行集团有限公司
排　　版	南京布克文化发展有限公司
印　　刷	广东虎彩云印刷有限公司
开　　本	787毫米×1092毫米　1/16
印　　张	17.25
字　　数	377千字
版　　次	2023年2月第1版
印　　次	2024年1月第2次印刷
定　　价	100.00元

序一

为水环境治理的创新实践点赞

孔德安总经理牵头写作的《水环境系统治理：理念、技术、方法与实践》一书完稿后请我阅改并作序，我欣然答应。我们俩有15年从事全国大中型水电站工程规划设计、咨询、审查、安鉴、验收、建设的共事经历，彼此非常了解。我在兼任中电建水环境治理技术有限公司（简称水环境公司）董事长、法定代表人、现场总指挥时，他任党委书记兼副总经理，又共事3年多治理茅洲河。我退休后，继续代表中国电力建设股份有限公司（简称中电建）和水环境公司主持了广东省科学技术厅的污染防治与修复重点领域研发项目"茅洲河水体综合治理与生态修复关键技术集成及示范"，他是骨干研究成员之一，项目经过2年多才完成并提交验收。在长期的共事过程中，我深知茅洲河治理的技术难度与工作艰辛。

我想讲几件事，帮助读者更好地理解这本著作的理论与实践内涵，也向读者推荐本书，推广水环境治理的一些经验。

一、理念创新——溯源

2015年7月20—22日，我陪中电建集团主要领导调研南方建设投资有限公司（简称南方公司）承建的深圳市七号地铁线建设工作，同时拜访了时任广东省委副书记、深圳市委书记马兴瑞等领导，得知深圳正在开展河流水质提升工作，茅洲河全流域黑臭极其严重，多年"零打碎敲"分片治理效果很差，被列为环境保护督察之重点，成为深圳之痛和"名片伤疤"，并且治理过程中遇到诸多技术与管理瓶颈难题。他们希望中电建作为央企能担起政治重任，破解治理难题，为重现茅洲河水清岸绿给予技术支持及拿出有效治理方案。

我回京后即电话通知中电建集团华东勘测设计研究院有限公司（简称华东院）主要领导，要求派分管领导和设计人员到深圳与南方公司一起对接当地政府，随后受宝安区水务局委托开展茅洲河综合治理设计咨询任务。经过100多名设计人员60多天加班加点工作，打造完成茅洲河宝安区段治理技术方案设计报告。9月23号下午，我组织中电建基础设施部和市场经营部等部门开会研究，分别听取了南方公司董事长范富国和华东院副总经理郭忠关于茅洲河治理项目技术设计方案的工作汇报，方知茅洲河是深圳市第一大河流，属省管"界河"，河下游左岸是深圳，右岸是东莞，行政区涉及深圳市宝安区、光明区以及东莞市一个区（长安镇），俗称为"一河两市三区管"。我曾经负责承担过黄河上游某河段一个大型水电站工程设计方案的比选咨询任务，此工程位于两省黄河的"界河"

段上，经历了"两部两省两院"技术专家半个世纪论证，对技术方案一直没有达成共识，影响工程前期工作推进。此时更想起了2014年3月14日习近平总书记在关于保障水安全时重要讲话批示中提出的治水"十六字方针"，我马上意识到茅洲河作为"界河"的治理难点，当即提出茅洲河项目必须按"流域统筹，系统治理"的创新理念进行设计，要在全流域范围内作好各项工作的统筹谋划，要在治理活动的技术和管理方面进行系统化研究与实施。如果全流域不能统筹行动，即只做深圳宝安区段茅洲河治理，不做光明区和东莞长安镇（区）段茅洲河治理，那么茅洲河提升水质的目标将无法实现，也难于向当地政府和人民交出一份满意答卷。于是，10月8—10日，我率杨忠总经理助理（兼任部门主任）、郑新刚副主任和南方公司、华东院领导，带着初步研究方案成果、工作思路和技术路线，再次前往深圳进行专项调研，分别同宝安区政府和市水务局主要领导座谈交流，提出相关工作建议，更加坚定了按此创新理念设计，推动EPC总承包实施的工作思路。

二、体制创新——合法

2015年10月14日上午，在深圳迎宾馆召开了茅洲河治理技术设计方案专题研讨会，马兴瑞书记亲自主持会议，我陪同中电建主要领导及设计方案工作团队参会，深圳市政府主要领导，以及发改委、水务局、建设局、宝安区、光明区和深圳地铁集团的主要领导们都参与了研讨。当华东院汇报完设计方案时，马兴瑞书记高瞻远瞩，当即认同此技术方案的工作思路，并当场让光明区主要领导会后对接华东院设计人员进入光明区调研收集资料及开展设计工作，要求成立"深莞茅洲河治理协调领导小组"，由时任常务副市长张虎负责联系落实东莞市领导对接华东院进入长安镇（区）开展调研收集资料和设计工作。当讨论到EPC总承包如何实施时，我发言建议：中电建若中标茅洲河治理工程项目，为合法推进工程任务，应在深圳市注册成立水环境治理技术性专业公司法人机构，由联营体委托项目管理的水环境技术专业公司组织实施（中电建也考虑由设计和施工单位组成联营体参加茅洲河项目投标）。时任深圳市长许勤同志当场表示：这个公司名称起得好。

茅洲河"流域统筹，系统治理"的创新理念在本次会上被采纳，深圳市和东莞市联合成立"深莞茅洲河治理协调领导小组"的组织构架被进一步明确，中电建拟在深圳市宝安区注册成立水环境治理技术公司的设想被初步认可。

经过必要准备，我带陶明处长（后任茅洲河水环境治理现场主要负责人）于2015年12月29日在深圳市宝安区工商局当天就将水环境公司注册完成并拿到营业执照，充分体现了"深圳速度"。12月31日，宝安区水务局正式公开挂牌开始"茅洲河流域（宝安片区）水环境综合治理EPC总承包工程"的招标，五家建筑央企参加了投标，中电建设计施工联合体精诚合作，研究方案，编制投标文件。2016年元月底，中电建联营体接到中标通知，EPC中标金额约123亿元，是国内最大的重度黑臭河流水环境综合治理工程。基于进一步研究探索及向合同法、招标投标法等领域法律专家和有关管理部门咨询，联营体在与委托单位进一步深入合同洽谈时承诺对委托任务承担无限连带责任，双方在项目管理体制机制探索创新方面达成一致共识，法规障碍得以破局。各项合同内容达成一致后,宝安区水务局与水环境公司于2016年3月9日正式签订茅洲河流域第一个综合治理EPC总承包大合同。至此,工程项目管理法人化先行先试的承包商项目法人公司在深圳诞生。

三、管理创新——高效

签订合同后不到一个月,水环境公司对7个标段11个子项目立即安排建设队伍跑步进场,快速组织,快速开工,公司员工和参建人员"五加二,白加黑,闻鸡起舞,风雨无阻,攻坚克难,日夜狂干",坚定贯彻深圳市委"真抓实干,马上就办,办就办好,滴水穿石"要求。2016年下半年开展茅洲河攻坚大会战,2017年再掀起三个片区的"3.30""6.30""9.30""11.30"持续攻坚高潮,短短两年,面对高密度建成区点多、面广、线长和极其复杂的施工环境,先后啃下了多个"季度节点和关键11.30"攻坚任务,得到各级党委政府高度认可和充分肯定。能啃下一个又一个"季度节点和关键11.30"的关键在于成功探索出了符合城市高密度建成区水环境治理项目特征的"以一个专业的平台公司为引领,带一个专业的综合甲级设计院为龙头,集十几个成员施工企业为骨干,汇数十个地方企业为合作伙伴,形成大兵团作战"的城市水环境治理EPC工程模式,以及打造出了一支运转有效、管理平稳、执行高效的管理团队。"工程目标+水质目标"双目标考核的机制创新也为公司赢得良好口碑和信誉。

经过持续攻坚,茅洲河不仅顺利通过首次国家"环保大考",而且茅洲河水质在2018年以后持续改善,水环境质量明显提高,中央环保督查"回头看"和生态环境部、住建部黑臭水体专项巡查,对茅洲河水污染治理成效均给予高度评价,以优良水环境质量和优美生态景观迎来了2018年茅洲河"6·5"世界环境日龙舟赛,这个赛事此前因水质问题已停办几十年。水环境公司也快速提升着自身技术能力,仅用两年多时间就获批国家高新技术企业(2018年10月16日获颁证书,2021年12月23日又获颁新证书)。通过治理茅洲河,水环境公司实现了项目管理法人化,法人公司实体化,实体公司专业化,专业公司平台化,平台公司集团化,集团管控产业化。

四、实践总结——推广

孔德安总经理曾多次与我交流,要把水环境"流域统筹,系统治理"这个理念以及相应的工程实践,从理论高度进行总结和梳理。我完全赞同,并深知这是一个工作量很大的工程,他要从繁重的企业经营管理工作和承担水环境治理工程工作中挤出时间,进行收集资料、寻求指导、专家请教、思考总结,直至亲自谋划写作内容和组织撰写。历时4年多,此书终于得以成稿,实在值得敬佩和点赞!

水环境治理是一项复杂的系统工程。我国的国情和管理体制总是倾向把一个工程项目归于某个行业来进行管理。然而,突然发现按照"环保不下河,住建不出城,水利不上岸",很难把水环境治理工程归于某个行业:归于水行业吧,它是环境问题;归于环境行业吧,环境行业本身就没有一个完整行业体系;归住建吧,又对水不熟悉。于是乎,对于水环境工程管理,各地呈现多种管理方式,水利(水务)部门管理的,市政、城管、住建部门管理的,环境部门管理的,形形色色,于是政出多门,技术法规多门,技术标准多门,使得水环境治理工程推进工作无比艰难，无所遵循。

2019年，我在首次组织编辑《生态环境产业绿皮书》即《中国水环境治理产业发展研究报告(2019年)》卷时，对水环境治理产业作了一些概念界定和研究探索，将水环境治理作如下界定，即"水环境治理是指江河、海湾、湖泊、池塘等因水质污染未达管控目标值所采取的修复与提升工程"。在这个定义中，强调水环境治理的"治理"是工程措施。同时，对水环境治理产业给出定义，即"指国民经济结构中以治理水环境污染、改善水生态环境、保护水资源为目的而进行的勘察设计、工艺开发、设备生产、工程承包、商业流通、资源利用、信息服务及自然保护与恢复开发等活动的总称，是防治水环境污染和保护水生态环境的技术保障和物质基础"。在此基础上，也在不断深化对水环境"流域统筹、系统治理"理念的思考和提炼。

经过多年努力，中电建生态环境集团有限公司(由水环境公司于2019年7月更名)总结提出一套水环境治理技术体系，撰写出版了《城市水环境综合治理理论与实践——六大技术系统》，制订了水环境治理的"四大技术指南"并出版相关技术标准，一些标准已转化为地方标准。开展了大量技术研究工作并取得了丰富的研究成果，已申请专利达300余项，已制订企业技术标准、定额标准、团体标准60余项，已获批一大批地方政府授权工法、中电建集团级授权工法和本企业授权工法，还有一批企业内部使用的技术手册、管理制度等等，近期还获得PMI(美国项目管理协会)2021年度项目管理大奖和生态环保部全国推荐案例大奖，近期还将不断有新成果奉献出来。这些工作我也直接参与其中的大多数，做了一些有益的事情。

《水环境系统治理——理念、技术、方法、实践》这部书能得以出版并与同行交流，不仅丰富了水环境治理的知识库，是对水环境治理技术体系、管理体系和知识体系的有益贡献，更是我国水环境治理行业献给党的二十大的一份深情厚礼，未来一定会为美丽中国建设产生影响，实乃欣慰，特此推介，是以为序！

中国电力建设集团(股份)有限公司原党委常委、副总经理　王民浩

2022年5月15日

序二

这样的时光才是生活最亮丽的底色

一

坚决打好污染防治攻坚战是"十三五"期间国家重大战略部署,我有幸参与了其中的水环境治理工作。自2016年初从事水环境治理工作以来,经常遇到这样那样的困难和问题,其中有管理问题、有技术问题、有政策问题、有方法问题,各种问题交织在一起,呈现出非常复杂的局面。作为一位长期从事技术与管理工作的从业者,我一直在思考如何把工作中的困难问题解决好。首先想到从技术上解决,也确实解决了一些,但又没有解决得很完善。其次在现实工作中和各种讲座与论坛中,专家学者们谈水环境治理方式方法时也都在提出问题以及解决问题的方法和思路,但也时常感到仍不能直接将其用于解决工作难题。所以,就需要站在更高层面上去思考、去探索。很多工作特别是承担的水环境治理任务,是没有退路的,都有明确的考核节点目标和考核总目标。没有退路,或许就是出路,就是胜利之路。

学习习近平总书记生态文明思想论述,学习"节水优先、空间均衡、系统治理、两手发力"的新时期治水思路,学习习近平总书记在长江、黄河开发与保护的重要讲话精神,深刻体会到水环境治理工作要站得高,看得远,要辩证施策,系统治理。因此,本人及团队成员,结合日常工作实践,结合具体工程项目,不断地思考探索,以求工作取得实效,水环境治理取得较好成效。经反复斟酌,把本书定名为《水环境系统治理:理念、技术、方法与实践》。总结多年治水经验,系统治理就是治水的"根"和"魂"。根在方法,魂在行动。

二

水环境治理涉及水。研究水问题,涉及水安全、水资源、水环境、水生态、水经济、水文化,还会涉及水工程、水产业等等。在我国,水的管理涉及众多行政管理部门,国家多个部委的事权中涉及水管理,城市管理层面涉及多个行政部门,俗称"多龙治水"。这是一个很难改变的现实,世界上可能还没有哪个国家能做到涉水管理由一个行政部门管理。然而,行政管理部门多,规章制度就容易出现不一致,甚至法律层面都会存在难以统一的情况,技术标准、投资与造价更容易出现不一致甚至差距很大的情况。这个矛盾在城市水环境治理问题中尤为突出。当城市决定开展水环境的治理后,就有各种意见提出来,要把防洪问题一并解决，要把排涝问题一并解决，要把城市脏乱差问题一并解决，要把绿化景观一并解决，等等，甚至提出要优先解决这解决那，倒反而把水环境治理放在一边，形成了一个极其复杂的矛盾体。

三

水环境治理涉及非水事务。城市水环境治理的工程措施必然要占用城市资源，特别是土地资源。在城市建成区，很多土地资源被已建成的各种市政设施所占用，包括已修建的水环境等涉水设施。在我国城市化的进程中，普遍存在一种不好的现象，即大多数种类的市政设施都落后于城市发展，或者说，在城市化发展进程中，很多早期建设的市政设施，其规模和功能都不能适应城市发展后的规模要求。水环境治理设施，特别是与污水处理相关的"收纳—传输—调蓄—处理—中水再利用"设施或系统更是如此。而要改造或扩容水环境治理设施，就要与已建成的其他各类市政设施（涉水的或非涉水的）争土地资源、争面积、争路由、争高程等。对于城市已建成区，地面上最常见的有房屋建筑工程、市政道路工程、城市铁路工程、景观绿化工程，地面以下也极为复杂，包括电力网络、电信网络、燃气网络、地铁工程、供水工程、雨水排水工程等等。这些设施，有的涉及水管理（本书中称为涉水），有的不涉及水（本书中称为非涉水）。这些涉水与非涉水的工程问题相互嵌套在一起，就形成一个极其复杂的矛盾体，难以处理解决。

四

水环境治理需要应用多学科知识基础。水环境治理，既涉及水学科，又涉及环境等其他学科；既涉及技术，又涉及管理；既涉及政治，又涉及经济；既涉及政府，也涉及企业；既涉及领导者政绩，又涉及民生民意。"水环境治理"作为术语被直接用于国家提出"保护环境，打好污染防治攻坚战"的文件中，足见其份量。但要做好这项工作或实施好相关工程任务，却没有完善的法律法规体系、管理制度体系、技术标准体系等可依照，也不能将其简单理解为"水环境的治理"而在"水环境"这个"名词"下找到依据。因此，又绕到水学科或其他学科去找依据、找标准、找措施，再次形成一个复杂的矛盾体。

五

再复杂的矛盾总要想办法解决。不为名利，不怕艰苦，不惧挫折，追求德艺双馨，不断勇攀高峰，追求功成有我，真正把"情、思、心、做"沉到为人民服务之中。结合工程实践和总结经验，本人及团队成员一直不断探索，想要从认识上找到方法论作为指引，从管理上找到理论基础作为支撑，从技术上构建出技术路线图，以期能提炼总结出管理体系、技术标准，能从投资与经济角度总结提炼出定额标准。

我们从企业技术标准角度出发，开展了一系列技术研究和研发工作，研究制订了一个（套）水环境治理技术标准体系，编制了一批技术标准和定额标准，申请并获得了一批专利技术；从管理角度出发，总结编制了一批水环境治理企业管理制度和一批水环境治理工程设计施工建设管理制度，其中的很多成果已公开发表，有兴趣的读者可寻而参阅。而在这本书中，尝试将"流域统筹、系统治理"这个理念进行诠释，以期与同行交流探讨。

六

系统工程是一门理论高深的科学。把系统工程理论较好的应用于水环境治理实践，对于本人及团队成员而言，自然会面临许多困难。首先是学习，其次是应用，再次是在应用后的总结提升。我们初步完成了这项工作。

七

经过作者和编辑的努力，这本书终于要付梓出版了。

本项研究和撰写本书，我们得到中电建生态环境集团有限公司从事生产管理实践的同仁们的大力支持，得到上海交通大学从事系统论与工程管理研究教学的老师和专家学者的大力支持，得到专家学者们的亲切指导和热情帮助，共同完成了这个研究任务，共同完成了本书的撰写工作并得以出版。

中电建生态环境集团公司的孔德安（总经理，正高级工程师）、王寒涛（副总经理、高级工程师）、王正发（正高级工程师）、侯志强（正高级工程师）、李旭辉（正高级工程师）、商放泽（博士）、谭鹏（博士）、徐浩（博士）、万颖（博士）、韩景超（高级工程师）、李金波（高级工程师）、余艳鸽（工程师）、俞静雯（工程师）等，以及上海交通大学的胡昊（教授）、张家春（教授）、黄煜傑（研究助理）、张程玮（博士）等付出了大量精力参加研究和撰写工作。

书稿初成之时，我们邀请王民浩（水环境公司首任董事长、中电建茅洲河水环境综合治理指挥部首任总指挥）、林少培（教授）、张阳（教授）、陈惠明（原生态环境公司总工程师、正高级工程师）、陶明（原生态环境公司副总经理、正高级工程师）、杨文斌（教授）等老领导、专家、教授给予指导和指教。在此书提交出版之际，我们共同为之欣慰，共同期待能为读者奉献一份有益的知识成果！

此书撰写，还得到同行、单位同仁的很多指导和帮助，文献和知识引用参考了很多专家学者的文著和成果，除注明者外，仍恐有遗漏，在此向本书中引用文献的所有作者专家致以真诚感谢！

出版工作得到了河海大学的亲切关怀，得到了世界水谷研究院的大力支持，在此致以崇高敬意和由衷感谢！

因水平和能力所限，书中所述技术错误或观点不当之处在所难免，恳请读者给予批评指正和指教！

也借此告诉大家一个好消息，留下永存记忆！经过 7 年的努力探索和实践，茅洲河水质越来越好，水清岸绿景美，茅洲河水环境治理项目取得了良好成绩，受到政府表扬和人民点赞。

茅洲河水环境治理是一项历时 7 年的艰苦工作，写这本书也是一项艰苦的工作，这是一大批人勤奋努力和艰苦奋斗的成果。本书出版之际，正逢全员深入学习习近平总书记今年 4 月 8 日在北京冬奥会、冬残奥会总结表彰大会的讲话精神，进一步增进了对"奋斗"的理解。习近平总书记"这样话奋斗"："成就源于奋斗，胜利来之不易。""回顾 7 年来不平凡的筹办举办历程，我们不仅在奋斗中收获了成功的喜悦，也在奋斗中收获了丰厚的精神财富，收获了弥足珍贵的经验，值得我们倍加珍惜、发扬光大。"学习这段讲话，我们如身临其境，备感振奋。这两个不一样的 7 年，或许是时间巧合，但在这段共同的时光里，画出了不一样的精彩，这就是奋斗。奋斗的精神是一致的，我愿意赞美这种奋斗。人生万事须自为，跬步江山即寥廓。征途漫漫，唯有奋斗。奋斗虽然很辛苦，但我们很享受这奋斗的过程。这样的时光，才真正是幸福生活最亮丽的底色和本色！以人民为中心，奋斗不息！

孔德安

2022 年 5 月 于深圳

目录

前 言

第一篇 水环境治理的系统治理科学思想

前　言

水环境系统治理思想的形成与内涵

随着社会经济的高速发展与人类活动影响的加剧,我国正面临严峻的水环境问题。水污染问题制约着国民经济和社会可持续发展,威胁着人民群众的身体健康。党的十八大以来,在党中央对于生态环境问题高度重视下,我国黑臭水体治理已取得很大成绩,但也仍然面临许多严峻的问题与挑战,实际工程中不乏出现治理表面化或治理效果不佳的情况。

2014年习近平提出"坚持节水优先、空间均衡、系统治理、两手发力"的新时期治水新思路。打好污染防治攻坚战,是以习近平为核心的党中央着眼于党和国家发展全局,顺应人民群众对美好生活的期待所做出的重大战略部署。习近平指出,生态兴则文明兴,生态衰则文明衰;生态文明建设是关系中华民族永续发展的根本大计;生态环境是关系党的使命宗旨的重大政治问题,也是关系民生的重大社会问题。2020年11月14日,习近平在全面推动长江经济带发展座谈会上的讲话:要把修复长江生态环境摆在压倒性位置,构建综合治理新体系,统筹考虑水环境、水生态、水资源、水安全、水文化和岸线等多方面的有机联系,推进长江上中下游、江河湖库、左右岸、干支流协同治理,改善长江生态环境和水域生态功能,提升生态系统质量和稳定性。2021年3月5日,习近平在参加十三届全国人大四次会议内蒙古代表团审议时强调:要统筹山水林田湖草沙系统治理,实施好生态保护修复工程,加大生态系统保护力度,提升生态系统稳定性和可持续性。2021年4月30日,习近平在十九届中共中央政治局第二十九次集体学习时讲话:要统筹水资源、水环境、水生态治理,有效保护居民饮用水安全,坚决治理城市黑臭水体。

习近平讲话强调要构建综合治理新体系,统筹考虑多要素各方面,协同推进全流域治理,也为水环境系统治理明确了科学思想。但也正是由于水环境治理对象为复杂系统,对水环境治理的讨论不应仅停留在技术层面,更需要通过复杂系统理论与方法对治理工作进行系统性梳理,形成水环境系统治理思想具体内核和可操作的理论与实践方法。一是在茅洲河治理实践后总结构建基于系统论的水环境系统治理科学定义、内涵、特征,本书提出水环境系统治理理论与方法三维结构,即系统工程理论与方法、水环境系统治理学科理论与方法、水环境系统治理管理工程理论与方法;二是提出水环境系统治理管理工程理论与方法的四维结构,即水环境系统治理的管理系统、水环境系统治理的技术系统、水环境系统治理的方法系统和水环境系统治理的关联系统。

现有的水环境治理工程管理、项目管理类书籍只是在部分章节与内容运用了系统工程思想、方法,本书是第一次完全运用系统工程思想、方法于水环境系统治理工程管理体系的著作。当前很多领域都在讲系统思维、协调发展,那么何为水环境治理的系统思维,本书冀望给出一个回答。

我国的工程建设多关注设计和施工,但轻视策划,轻方案研发,少给设计、施工以引领性、顶层性管理工程指导,这对于复杂性工程而言将是灾难性的。

系统治理的管理空间扩大下的组织系统变化,往往呈现多层次的治理体制机制,如从中央到项目的多层次监督体系,呈现多维度的体制机制,如项目推进的行政管理维度、监督维度、风险管控的审计维度。

系统治理的融资模式多样化、复合化下的组织系统变化,多样化的融资模式吸引了多样化体制企业的参与,通过竞争参与的不同类型企业给管理带来了新的活力与生命力。而复杂系统项目的多种融资模式的结合或变种,则往往又不同。

茅洲河水环境系统治理取得了显著成效,第一次在两年时间内基本完成黑臭河道治理;第一次大规模采用设计施工一体化(EPC)模式进行水环境治理;第一次总结出水环境系统治理经验和方法。

水环境系统治理提出意义

基于我国水环境治理典范茅洲河项目的经验做法,从系统论角度提出水环境系统治理的科学思想,构建管理、技术和方法等关键内核,形成水环境治理的中国方案,贡献水环境治理的中国智慧。本书的推出具有重要的现实意义与学术意义。在现实意义上,所提出的水环境系统治理科学思想对未来行业发展和项目实施具有引领性作用,将有力推动我国水环境治理项目高质量发展,助力碧水保卫战;在学术意义上,本书基于系统论从顶层设计维度,研究分析水环境系统治理的管理系统、技术系统、方法系统以及关联系统等,将不断推动水环境治理学科的发展与环境治理学科的壮大;在实践应用方面,本书提出的系统治理理念对于其他复杂系统的管理也有参考和推广价值。

水环境系统治理主要内容

基于系统工程思想,以茅洲河水环境治理实践为基础,本书针对目前水环境治理项目中治水思路不完善、治水方法不系统的问题,研究与构建水环境治理的系统方法,包括管理系统、技术系统、方法系统、关联系统等,最后提出推广与应用水环境系统治理思想的对策建议。主要内容包括:

1. 水环境系统治理科学思想

深刻学习领会习近平生态文明思想以及党中央、国务院有关污染防治攻坚战与水环境治理的系列政策,厘清思维脉络。聚焦水环境治理工程,提出水环境系统治理科学思想的定义,并从系统工程理论框架、水环境治理学科及其属性分析、水环境治理工程中的系统思想与方法三个维度构建水环境系统治理科学思想的理论体系。

2. 水环境系统治理体系构建

水环境系统治理体系是本书的核心内容。

通过总结中电建生态环境集团有限公司承担的深圳茅洲河等水环境治理典型项目，深究治理现状。进行政府相关管理人员和专家访谈，结合文献资料分析，梳理我国水环境治理工程实践中存在的问题，分析系统治理思想在现有治理项目中的应用情况和不足表现。依据系统工程理论，将水环境治理的系统治理体系用四维结构进行描述，包括：水环境系统治理管理系统、水环境系统治理技术系统、水环境系统治理方法系统、水环境治理关联系统。

（1）水环境系统治理管理系统

水环境治理的工程管理侧重于治理工程技术与工程单元的管理，属于中微观问题；水环境治理的管理工程指综合运用系统科学与其他思想解决水环境治理的管理问题，实现水环境治理目标，属于宏观问题。这两者存在层级上的差异，本书将首先厘清两者的内涵、区别与联系，并在此基础上构建水环境系统治理的管理体系。

从水环境治理管理系统的要素、结构、功能与环境等入手，结合水环境治理项目实践，将管理系统进一步分为全生命周期、内容、知识、标准四个子系统，分别进行研究。

（2）水环境系统治理技术系统

本书进行了技术系统组成、功能分析，构建了"源-XYZ（污水处理厂、管网等中间环节系统）-河"的"空间-技术"模型，在技术系统描述基础上构建了技术系统关系结构模型，聚焦水环境治理六大技术系统：河湖防洪防涝与水质提升监测技术系统、城市河流外源污染管控技术系统、河湖底泥处置技术系统、工程补水增净驱动技术系统、生态美化循环促进系统、水环境治理信息管理云平台系统，以及水环境治理八大工程：防洪工程、治涝工程、外源治理工程、内源治理工程、水力调控工程、水质改善工程、生态修复工程、景观提升工程，进行技术子系统和工程子系统的模型构建。

按照"源-XYZ-河"的水环境治理系统空间与要素，以及工程与管理系统的维度，梳理各技术子系统之间与各工程子系统之间的联系与相互影响机制，构建三维关系模型，如图0-1、图0-2所示。

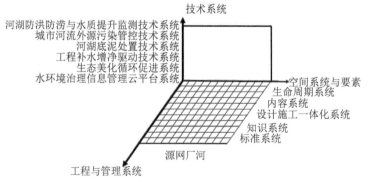

图 0-1　工程与管理系统-空间系统-技术系统三维模型

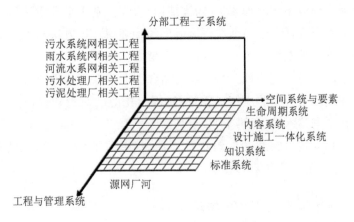

图 0-2 工程与管理系统-空间系统-分部工程子系统三维模型

（3）水环境系统治理方法系统

将水环境系统治理工程中的治理方法按定性方法、定量方法和综合集成方法分类并进行归纳，总结各个系统治理方法的产生、定义和特点，研究方法中涉及的重要标准和指标、半经验半理论观以及基于综合集成方法的管理系统创新。

（4）水环境系统治理关联系统

本书从水环境治理组织系统、治理相关方与外部管理要素三个方面研究水环境系统治理的关联系统。组织系统主要包括与组织治理相关的概念与方法研究。治理相关方包括甲方业主群、乙方承包商、社会关注方群等的期望、责任与冲突管理的研究。外部管理要素则包括涉水关联（水＋N）和非涉水关联，如水资源、水安全、水生态、水景观、水文化等涉水要素，以及交通、电力、电信、燃气等非涉水要素。

3. 水环境系统治理应用成效研究与对策建议

以茅洲河流域治理项目为示范性案例，总结水环境系统治理中的管理系统、技术系统、方法系统和关联系统在实际项目中的应用成效。

在上述成效总结基础上，针对水环境治理现存问题，从体制机制、工程管理与管理工程、工程推广三个方面，为水环境治理行业提出对策建议，以期扩大示范性项目与系统治理理念的影响力。

主要内容组成

第一部分为水环境系统治理系统思想的研究，通过文献研究法与系统工程方法论，结合水环境治理项目，分析系统科学基础理论框架、系统方法与思维，形成水环境系统治理指导思想，研究水环境系统治理学科的产生、特征、现状与内容，形成水环境系统治理理论体系。其主要内容在本书第一篇第一章至第五章。

第二部分为水环境系统治理体系（四维结构）研究。基于水环境治理全生命周期，通过实地调研与文献研究，收集、归纳水环境治理的管理、技术、方法与关联系统，形成完整的水环境系统治理体系架构。主要内容在本书第二至第五篇，即第六章至第十六章。

第三部分是水环境系统治理总结。本书结合深圳茅洲河治理项目，分析水环境系统治理研究成果在实际项目中的应用成效，同时提出相应的对策建议，对研究成果进行推广。主要内容在本书第六篇，见第十七、十八章。

本书研究内容的技术路线图如图0-3所示，其中的研究产出可总结为"1341"，即1个思想、3个基础、4个系统和1项总结。

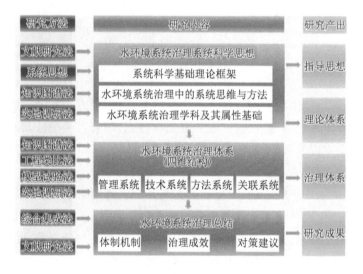

图 0-3　本书的主要内容组成及逻辑关系

创新点

① 秉持水环境系统治理科学思想、构建水环境系统治理理论体系。以习近平总书记提出的治水新思路中系统治理的科学思想为指导，提出基于系统论的水环境系统治理理论，并对其定义、内核、特征、方法、路径进行界定，以系统工程理论与方法、水环境系统治理学科理论与方法、水环境系统治理管理工程理论与方法三个层面来定义水环境系统治理的科学思想。

② 建立了水环境系统治理的管理工程理论与方法体系四维结构。具体包括水环境系统治理的管理系统、技术系统、方法系统、关联系统等四个维度。

③ 结合水环境治理项目实践进行理论创新。本书的系统治理理论体系是基于实际的水环境治理项目进行提炼与构建的，同时茅洲河等应用示范项目的良好治理成效也反过来验证了水环境系统治理思想的科学性。

茅洲河概况

茅洲河位于珠江三角洲东南部,跨越深圳市光明区、宝安区和东莞市长安镇两市三地,发源于深圳市境内的羊台山北麓,河流在深圳市境内自东南向西北蜿蜒流经石岩、公明、光明、松岗和沙井5个街道,下游流经东莞市境内的长安镇,最终汇入珠江口伶仃洋。茅洲河是深圳第一大河,被称为深圳的"母亲河",也是深圳、东莞两市的界河,其流域面积388 km²,干流全长约41.61 km,下游感潮河段长约13 km(图0-4)。

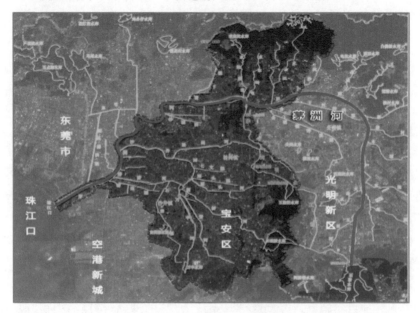

图0-4　茅洲河流域示意图

1. 河流水系

茅洲河水系呈不对称树枝状分布,局部呈网状分布,流域内集雨面积1 km²及以上的河流共计59条,其中干流1条(即茅洲河)。深圳市光明片区流域面积154.20 km²,一级支流13条,其中9条河道、4条排洪渠,一级支流总长48.60 km;深圳市宝安片区流域面积112.65 km²,一级支流10条,二级支流9条,干支流总长96.56 km;东莞市境内流域面积121.38 km²,一级支流10条,河道总长53.72 km。

2. 河流特点

① 属雨源性河流,极少有上游水源补充。

② 感潮河流数量多,临海口水动力不足,污染物难以扩散,水体易受海水回溯扰动。

③ 河流槽蓄条件差,主要表现为短、窄、浅的特点,雨洪利用率极低。

3. 水污染严重成因

"十三五"之初,茅洲河流域90%以上河流为黑臭水体,水环境质量已成为制约茅洲河流域经济社会发展的最大短板。

① 排水基础设施建设滞后，末端污水处理能力严重不足。

② 市政雨污分流管网缺口大，"十三五"期间仅宝安区规划新增管网 1 443 km，污水收集率极低，在流域综合治理前，茅洲河片区污水厂主要依靠河道总口截流取水，污水收集率仅为 10%。

③ 雨污混流现象严重，老旧排水系统雨污不分，错接乱接现象严重，暗涵占比大，"总口截污"设施较多。

④ 河流污染负荷重，人口高度集中，人口密度达 1.4 万人/km²；重点污染源企业 637 家，其中电镀、线路板企业 330 家，占比 43.5%，小散乱污企业高达 2 500 多家。

⑤ 河道及暗箱暗涵淤积严重，呈重度污染状态。

茅洲河治理及成效概述

1. 治理工程概况

2015 年以来，中电建先后承接了茅洲河流域（宝安片区）水环境综合整治工程、茅洲河（宝安片区）正本清源工程、茅洲河全面消除黑臭水体工程、茅洲河（光明片区）水环境综合整治工程、茅洲河（东莞片区）水环境综合整治工程，形成茅洲河全流域水环境治理态势。茅洲河水环境综合整治项目群工程总投资额超 300 亿元，是茅洲河全流域水环境综合整治的基础性骨架工程，工程内容主要包括雨污管网、河道整治、内涝治理、治污设施、生态修复、清水补给、景观文化等七类工程。

2. 治理措施与成绩

治理理念。项目实施坚持"流域统筹、系统治理"的理念，按照污染物"源、迁、汇"的传输路径，提出"控源截污、内源削减、活水增容、水质净化、生态修复、长效维护"的"六位一体"水环境治理技术路线，应用茅洲河水环境治理关键技术研究成果，全面落实工程内容，实现了技术集成和工程应用，支撑了茅洲河流域水环境综合治理项目群建设。

制定措施。根据茅洲河污染来源的复杂性，研究茅洲河"偷排、漏排点源"、城市下垫面地表径流污染、雨期截污管道溢流、底泥内源等污染源的排放释放特征，分析污染源与河流黑臭的响应及机理，解析黑臭河流形成的原因，从流域系统角度，提出综合性治理措施。同时，为实现黑臭河流突发污染事件预警，开展水环境信息管理系统研发，建立水质水情监测预警系统平台，达到智慧水务的管理决策目标。

织网成片。针对茅洲河流域二、三级管网建设严重滞后、混流情况严重的特点，研究运用外源污染管控技术，对流域内雨污管道实施全面排查，快速搭建管网，提高污水收集率和污水处理厂的效率，实现织网成片。项目敷设管网超 2 000 km，最高日敷设 4.18 km，创造了国内污水管道建设新纪录。利用排查技术对 24 个片区管网进行现场排查，梳理出关键接口 494 个；对 17 条沿河截污管道进行排查，梳理出关键接口 108 个；对其中存在问题的 288 个接口都逐一明确了处理方案。确保形成完整的源头收集、毛细发达、主干通畅、终端接驳的污水收集传输网络系统。

正本清源。项目分类管理工业小区与居民小区，精准实现雨污分流，实现正本清源。统筹对流域内 1.2 万余家工业企业、330 家公建、280 家新村住宅的管网情况进行彻底摸排，查明排水管网系统的雨污混流、错接乱排现象，完善雨污分流体系。

理水疏岸。通过实施正本清源工程，茅洲河流域污废水收集率达到 95％，从源头上消除了污染向水体排放的途径。实施了全面消黑工程，对每条河尤其是暗渠岔流河段进行梳理，确认沿岸排污口，强化沿河截污管理，实现理水梳岸。统筹对 17 条河涌进行了150 个断面的水质检测，对 2 088 个排放口、122 条支流暗渠进行源头梳理和水质水量分析，深化河涌水质提升、排放口及支流暗渠整治等处理方案，确定对 1 472 个排放口进行治理，其中新增排污口有 512 个，推动河道截污治污系统治理，保障旱季污水不入河。

寻水溯源（生态补水）。在铁腕治污的同时，为提高茅洲河流域水体自净修复能力，扩大水环境容量，采取生态调水措施，开展"寻水溯源"，找到了可靠水源，提高了河流水体的流动性，增强了河流水体的活性，建立了茅洲河流域水环境生态调水机制。累计完成一、二级补水干管敷设约 55 km，新建补水泵站 2 座，流域补水总规模 120 万 t/d（包括：松岗厂补水 30 万 t/d，沙井厂补水 50 万 t/d，公明厂补水 10 万 t/d，光明厂补水 30 万 t/d），此外降雨量充足的年份，流域内的石岩水库、罗田水库等 7 座中小型水库可下泄部分生态基流；生态补水后，流域水生态环境状况有明显的提升，茅洲河干流及主要支流水体的化学需氧量、氨氮、总磷浓度明显降低，溶氧明显升高，底栖动物和湿地植物多样性明显增加，河流污染程度明显减轻。

污泥治理。茅洲河清淤底泥具有泥量巨大、重金属含量高等特点，通过污染底泥环保清淤-处理处置-资源化技术研究，形成了包括环保清淤、底泥接收、垃圾分离、泥沙分离、泥水分离、调理调质、脱水固化、余水处理、余土处置的系统化、专业化的河湖污染底泥处理处置技术，提出了茅洲河污染底泥系统处理处置技术方案。依托该技术建成了茅洲河 1 号底泥处理厂，该厂是我国首个投产的河湖污泥大规模工业化处理与资源再生利用中心，河湖污泥（水下自然土方）年处理能力达 100 万 m³，解决了重度污染底泥"减量化、无害化、稳定化、资源化"问题，受到各界的关注和赞誉，成为深圳市展示治水提质成果的窗口。

拦潮拦污。项目针对茅洲河流域降雨丰枯比较大，枯水期天然径流很小，水动力不足，河道水体自净能力差的特点，依托水力调控技术，分析茅洲河流域各种水源及补水能力，建立水动力水质模型，实测茅洲河河口－上游洋涌河水闸处连续 72 小时潮位及水位过程线，根据实测水质及潮位等资料，完善模型边界及参数，制定补水调度方案。茅洲河河口挡潮治污闸枢纽工程作为流域末端控制系统，对保障流域水安全、实现治水目标、提升水景观、恢复水生态意义重大，为讲清讲透河口建闸的必要性，进一步取得试验验证，在新桥河河口建设挡潮控污应急试验工程，经过实践，闸前水质较闸后感潮段水质有明显改善。

景观构建。项目针对茅洲河生态功能严重退化，水生生物难觅踪迹，水文化单一，水景观缺失的问题，依托水质改善技术和流域生态修复技术，在落实用地基础上，结合历史文脉、生态修复、周边环境以及上位规划进行分析，针对每条河道提出"一河一策"的治理方案和"一河一景"的景观构建方案，实施了茅洲河流域干支流沿线综合形象提升工程、燕罗湿地、潭头河湿地、排涝河湿地等项目，把茅洲河打造成以河道水质恢复为核心，宝安人文风情为亮点的"深圳新十景"，使之成为宝安"湾区核心"之脉、"智创高地"之窗、"共享家园"之魂。

3. 治理效果

针对不同的污染物来源，分阶段采取了不同的治理措施。对于点源污染，2016—2017 年通过截污纳管措施，平均削减了 78.2% 的点源污染；2018 年通过实施正本清源措施，平均削减了 17.5% 的点源污染；2019—2020 年最后通过实施全面消黑的相关措施，消除了 2.7% 点源污染，从而总共消除了 98.4% 的点源污染。对于面源污染，各项面源污染控制措施，削减了约 92.0% 的面源污染。对于内源污染，底泥清淤措施削减了全部内源污染，各项治理措施效果显著。

截至 2017 年底，环保部对茅洲河水质检测结果显示，茅洲河共和村、燕川、洋涌河大桥三个断面的氨氮指标已达到不黑不臭标准，分别同比下降 84%、77%、55%，顺利通过了 2017 年首次国家环保大考。2019 年 11 月 5 日监测结果显示，茅洲河下游共和村国考断面氨氮、总磷相比 2015 年分别下降 96.78% 和 88.92%，提前 14 个月国考断面达地表水 V 类标准。2020 年至今，茅洲河共和村国考断面水质基本稳定在地表水 IV 类，水质状况总体明显好转，实现了水清、岸绿、景美，探索出一条人与自然和谐共生、流域经济高质量发展的新路径。茅洲河治理工程实施后流域水生态环境状况有明显的提升，2018 年 8 月茅洲河生境监测结果显示，底栖动物物种多样性增加 54%，其中水生昆虫增加了 133%，而密度降低 76%，主要是耐污种水丝蚓密度降低；浮游植物物种多样性降低 9%，藻类密度降低 46%；湿地植物共有 41 科 89 属 110 种，底栖动物和湿地植物多样性明显增加。消失多年的当地螺类（Margarya melanoides）、宽沟对虾（Penaeus latisulcatus）、乌鳢（Ophiocephalus argus）和蜻蜓（Odonata spp.）重现茅洲河。

茅洲河洋涌河大桥段治理前后对比见图 0-5。

图 0-5　茅洲河洋涌河大桥段治理前后对比

第一篇

水环境治理的系统治理科学思想

本篇将从水环境治理的指导思想，以及流域统筹与系统治理理念、科学方法论基础、系统科学、系统思维与方法等方面进行阐述，进而构建起水环境系统治理学科及其关联知识，涵盖了层层递进的五个方面。

本篇的第一～五章将分别介绍这五个部分的内容。

第一章　水环境治理

第一节　生态文明建设

十八大以后，中央基于国内外形势和近远发展统筹谋划，在推行"两型社会"建设的基础上，提出了全面深化改革的思想和新的发展理念。深化生态文明体制改革和实现绿色发展被提到了治国理政的核心位置，这是一种涉及到发展方式转变、经济社会发展全面绿色转型的"大生态"建设。

1. 习近平生态文明思想的理论来源

古今中外的经验指出了"生态兴则文明兴，生态衰则文明衰"的道理，四大文明古国中的古代埃及与古代巴比伦都曾因生态环境衰退加剧了经济衰落。历史教训表明：在发展中，既要索取也要投入，既要发展也要保护，既要利用也要修复，要在开发利用自然的道路上遵循自然规律才能少走弯路，避免人类对大自然的伤害最终伤及人类自身。

人与自然的关系是人类社会最基本的关系。在人类思想史上，对人与自然的关系理解曾存在三种主要立场。"人类中心论"出现在人类文明时代之后，随着人的主体意识觉醒而产生，并在近现代工业文明的推进中被不断强化。"自然中心论"则认为整体自然系统的内在价值高于人类的内在价值，所有生命系统（包括人类）的内在价值都附属于自然系统的内在价值。第三种是"非中心论"，即不考虑人与自然的相对地位问题，而着眼于它们之间的相互作用，马克思主义实践论即为第三种立场的典型代表。马克思主义实践论扬弃了人类中心论与自然中心论中关于人与自然何者处于价值中心的抽象思辨，据此提出人与自然的实践关系，即它们在实践中相互作用和影响。

习近平生态文明思想即是马克思恩格斯生态思想与自然理念的中国化、时代化的理论与实践成果。改革开放以来，虽然我国的经济发展取得了巨大成就，然而生态环境问题日积月累，各类环境污染的高发事态，严重影响民生，限制长期的经济发展，生态环境问题成为了我国经济社会发展短板，影响了经济社会可持续发展，也成为了关系党的使命宗旨的重大政治问题。党的十八大以来，我党围绕生态文明建设提出了一系列的新理念、新思想、新战略，开展了一系列根本性、开创性、长远性的工作，让生态文明理念日益深入人心，采取大力度的污染治理、密频率的制度出台、严尺度的监管执法，实现了前所未有的环境质量改善。习近平坚持以马克思恩格斯生态文明思想为指导，同时也对传统生态思想和资源环境战略进行了延续与创新，推进生态文明的理论与制度创新。

2018年5月，在全国生态环境保护大会上，习近平总书记发表了重要讲话，对全面加强生态环境保护，坚决打好污染防治攻坚战，作出了系统部署和安排。此次大会确立了习近平生态文明思想。

2018年6月，《中共中央国务院关于全面加强生态环境保护坚决打好污染防治攻坚战的意见》（中发〔2018〕17号），要求深入贯彻习近平生态文明思想，即坚持生态兴则文明兴，坚持人与自然和谐共生，坚持绿水青山就是金山银山，坚持良好生态环境是最普惠的民生福祉，坚持山水林田湖草是生命共同体，坚持用最严格制度最严密法治保护生态环境，坚持建设美丽中国全民行动，坚持共谋全球生态文明建设。

2. 习近平生态文明思想的内涵

习近平生态文明思想是习近平同志从政以来的一系列生态论述、环保理念的理论化、系统化，结合新形势下社会经济发展对生态环境的新要求所提出的更为创新、深刻与系统的思想论断与执政理念。这一重要思想进一步丰富了坚持和发展中国特色社会主义的总目标、总任务、总体布局、战略布局和发展理念、发展方式、发展动力等，是习近平新时代中国特色社会主义思想的重要组成部分和核心内涵。

总结习近平生态文明思想的内涵，其主要回答了以下三个重大理论与实践问题：

为什么要建设生态文明？

建设什么样的生态文明？

怎样建设生态文明？

"生态兴则文明兴"的深邃历史观揭示了建设生态文明的必要性；"人与自然和谐共生"的科学自然观、"绿水青山就是金山银山"的绿色发展观和"良好生态环境是最普惠的民生福祉"的基本民生观描绘了生态文明的美好蓝图；"山水林田湖草是生命共同体"的整体系统观、"实行最严格生态环境保护制度"的严密法治观、"共同建设美丽中国"的全民行动观、"共谋全球生态文明建设之路"的共赢全球观等奠定了建设生态文明的途径。在《习近平新时代中国特色社会主义思想学习纲要》的"建设美丽中国——关于新时代中国特色社会主义生态文明建设"一节中，解读了以下八点生态文明建设的实践要求：

坚持生态兴则文明兴。建设生态文明是关系中华民族永续发展的根本大计，功在当代、利在千秋，关系人民福祉，关乎民族未来。

坚持人与自然和谐共生。习近平指出："要像保护眼睛一样保护生态环境，像对待生命一样对待生态环境。"生态环境虽然用之不觉，但失之难存，并且没有替代品。因此，应当坚持节约优先、保护优先、自然恢复为主的方针，多谋打基础、利长远的善事，多干保护自然、修复生态的实事，多做治山理水、显山露水的好事，建设望得见山、看得见水、记得住乡愁的美丽中国。

坚持绿水青山就是金山银山。习近平指出："我们既要绿水青山，也要金山银山。宁要绿水青山，不要金山银山，而且绿水青山就是金山银山。"这句话阐明了生态环境的保护与生产力的提升并非矛盾关系，指明了发展和保护协同共生的新路径。我们必须贯彻创新、协调、绿色、开放、共享的新发展理念，加快形成节约资源和保护环境的空间格局、产业结构、生产方式和生活方式，把经济活动、人的行为限制在自然资源和生态环境能够承受的限度内，给自然生态留下休养生息的时间和空间。要加快划定并严守生态保护红线、环境质量底线、资源利用上线三条红线。

坚持良好生态环境是最普惠的民生福祉。良好的生态环境是最公平的公共产品，要坚持生态惠民、生态利民、生态为民，重点解决损害群众健康的突出环境问题，加快改善生态环境质量，提供更多优质生态产品，努力实现社会公平正义，不断满足人民日益增长的优美生态环境需要。要增强全民节约意识、环保意识、生态意识，培育生态道德和行为准则，开展全民绿色行动，动员全社会都以实际行动减少能源资源消耗和污染排放，为生态环境保护作出贡献。

坚持山水林田湖草是生命共同体。生态系统是一个统一的自然系统，是由相互依存、紧密联系的有机链条组成，要从系统工程和全局角度寻求新的治理之道，必须统筹兼顾、整体施策、多措并举，全方位、全地域、全过程开展生态文明建设。要深入实施山水林田湖草一体化生态保护和修复重大工程，增强生态产品生产能力，开展大规模国土绿化行动，加快水土流失和荒漠化、石漠化综合治理，扩大湖泊、湿地面积，保护生物多样性，着力扩大环境容量生态空间，全面提升自然生态系统稳定性和生态服务功能，筑牢生态安全屏障。

坚持用最严格制度最严密法治保护生态环境。习近平指出："只有实行最严格的制度、最严密的法治，才能为生态文明建设提供可靠保障。"我国当前存在的大部分生态环境保护突出问题与监管体制的不健全有关，因此要加快制度创新，增加制度供给，完善制度配套，强化制度执行。要严格用制度管权治吏、护蓝增绿，有权必有责、有责必担当、失责必追究，保证党中央关于生态文明建设决策部署落地生根见效。此外，还要落实领导干部生态文明建设责任制，严格考核问责。要下大气力抓住破坏生态环境的反面典型，释放出严加惩处的强烈信号。

坚持建设美丽中国全民行动。美丽中国是人民群众共同参与共同建设共同享有的事业。必须加强生态文明宣传教育，牢固树立生态文明价值观念和行为准则，把建设美丽中国化为全民自觉行动。

坚持共谋全球生态文明建设。保护生态环境、应对气候变化需要世界各国同舟共济，我国已成为全球生态文明建设的重要参与者、贡献者和引领者，要深度参与全球环境治理，增强我国在全球环境治理体系中的话语权和影响力，积极引导国际秩序变革方向，形成世界环境保护和可持续发展的解决方案。要坚持环境友好，引导应对气候变化国际合作。要推进"一带一路"建设，让生态文明的理念和实践造福沿线各国人民。

3. 习近平有关系统治水的重要论述

习近平生态文明思想博大精深，本书将主要从"山水林田湖草生命共同体"入手，聚焦水环境系统治理的问题，从系统工程的角度对治水理论进行研究，突破就水治水的片面性，突出治水整体性与系统性。

习近平一直对治水问题保持高度关注,党的十八大以来,总书记围绕系统治水作出了一系列重要论述和重大部署,科学指引水利建设,开创治水兴水新局面。

2013年11月,习近平总书记作关于《中共中央关于全面深化改革若干重大问题的决定》的说明时指出:山水林田湖是一个生命共同体,人的命脉在田,田的命脉在水,水的命脉在山,山的命脉在土,土的命脉在树。因此要把治水、治山、治林、治田有机结合,来协调解决水资源问题。

2014年3月,习近平明确提出"节水优先、空间均衡、系统治理、两手发力"的新时期水利工作思路。2015年2月,他在主持中央财经领导小组第九次会议时再次提到这一方针治水,强调要统筹做好水灾害防治、水资源节约、水生态保护修复、水环境治理。

2015年伊始,习近平在云南大理白族自治州洱海畔留下"立此存照,过几年再来,希望水更干净清澈"的嘱托。7年来,政府与企业联动,统筹环境保护与民生改善,践行"绿水青山就是金山银山"的发展理念。

2016年8月,习近平到青海省考察三江源,着重强调做好生态修复、环境改善,守护"中华水塔",确保清水东流,需要绵绵用力、久久为功。

2016年10月,习近平主持召开中央全面深化改革领导小组第二十八次会议并发表重要讲话,会议审议通过《关于全面推行河长制的意见》,以贯彻新发展理念,以保护水资源、防治水污染、改善水环境、修复水生态为主要任务,构建责任明确、协调有序、监管严格、保护有力的河湖管理保护机制,为维护河湖健康生命、实现河湖功能永续利用提供制度保障。

2016年12月初,习近平作出重要指示:生态文明建设是"五位一体"总体布局和"四个全面"战略布局的重要内容。同月,国务院印发了《"十三五"生态环境保护规划》,规划提出以提高环境质量为核心,实施最严格的环境保护制度,打好大气、水、土壤污染防治三大战役。

2020年3月,习近平在浙江省杭州市考察城市湿地的保护利用情况,指出要把保护好西湖和西湖湿地作为杭州城市发展和治理的鲜明导向,统筹好生产、生活、生态三大空间布局,在建设人与自然和谐相处、共生共荣的宜居城市方面创造更多经验。

2020年5月,在山西太原考察的习近平专程来到汾河太原城区晋阳桥段听取汾河及九河综合治理、流域生态修复的情况汇报,提出要坚持治山、治水、治气、治城一体推进,持续用力。

"系统治理"是解决水问题的重要路径,习近平关于治水的重要论述,做好治水工作,不仅解决人利用水资源的问题,更要从自然的视角审视、调整和规范人的行为。要坚持水环境、水生态、水资源、水安全、水文化、水经济"六水统筹"。水环境是目标与前提,水生态是沟通山林湖田的纽带基础,水资源是生命之源,水安全是关系到民生的底线,水文化是人与自然情感关系的寄托,水经济是水资源在经济社会发展中的价值体现。人与自然的和谐相处是民生要求,时代要求,更是历史发展的必然结果。理顺系统治水思路,构建科学治水理念,是践行生态文明思想的必然要求。

第二节 水环境治理的概念

水环境是人类赖以生存的基础，它影响着一个国家、地区与民族的生存发展，关系到全人类的前途和命运。无论是发展中国家还是发达国家，都面临因水环境恶化造成的水质性或功能性缺水问题。我国以往粗放式的经济发展模式，再加上缺乏完善的生态环境保护体制与公众环境保护意识等原因，使得我国水生态日益被破坏、水污染程度日渐加剧，严重制约了国民经济社会的可持续发展。科学地治理水环境污染、恢复水生态已逐步发展成为一项重要的事业，形成了规模性的水环境产业。

1. 水环境的概念

水环境指围绕人群空间以及可直接或间接影响人类生存发展的水体，水环境在《环境科学大辞典》中的定义是"地球上分布的各种水体以及与其密切相连的诸环境要素如河床、海岸、植被、土壤等"。水环境主要由地表水环境与地下水环境组成（表1-1）。广义的水环境还包括与水关联的事与物。

表 1-1　水环境分类

一级分类	二级分类
地表水环境	河流、湖泊、水库、海洋、池塘、沼泽、冰川等
地下水环境	泉水、浅层地下水、深层地下水等

地球表面的水体面积约占地球总表面积的71%，总水量中97.28%属于海洋水，仅有约2.72%属于陆地水。陆地水是人类社会赖以生存发展的重要资源，然而却是受人类破坏与污染最严重的部分。通常，我们以天然水的基本化学成分以及其含量作为衡量水环境质量或污染程度的依据，并研究水环境中元素的存在、迁移和转化。

2. 水环境过程、现象与水环境科学

水环境以水为主体，经过一系列物理的、化学的、生物的以及物理化学、生物化学等过程，形成了多种多样的水环境现象，研究水环境现象科学规律、技术方法，形成了水环境科学，包括相关的基本概念、基础理论、研究方法，水环境系统特点、特性，相关作用、关联影响因素，也包括水环境保护、水资源利用、水污染治理、水灾害防治、水文化传播等。

3. 国外主要水污染事件

世界上大多数国家的河流都发生过程度不同的水污染问题，一些造成了闻名于世的水污染事件。

（1）北美死湖事件

美国东北部和加拿大东南部是西半球工业最发达的地区，每年向大气中排放二氧化硫2 500多万t。其中约有380万t由美国飘到加拿大,100多万t由加拿大飘到美国。从19世纪70年代开始,这些地区出现了大面积酸雨区。美国受酸雨影响的水域达3.6万km²,23个州的17 059个湖泊有9 400个酸化变质。最强的酸性雨降在弗吉尼亚州,酸度值(pH)1.4。纽约州阿迪龙达克山区,1930年只有4%的湖泊无鱼,1975年有近50%的湖泊无鱼,其中200个是死湖,听不见蛙声,死一般寂静。加拿大受酸雨影响的水域5.2万km²,5 000多个湖泊明显酸化。多伦多1979年平均降水酸度值(pH)3.5,比番茄汁还要酸,安大略省萨德伯里周围1 500多个湖泊池塘漂浮死鱼,湖滨树木枯萎。

(2)卡迪兹号油轮事件

1978年3月16日,美国22万t的超级油轮"亚莫克·卡迪兹号",满载伊朗原油向荷兰鹿特丹驶去,航行至法国布列塔尼海岸触礁沉没,漏出原油22.4万t,污染了350 km长的海岸带。仅牡蛎就死亡9 000多t,海鸟死亡2万多t。海事本身损失1亿多美元,污染的损失及治理费用却达5亿多美元,而给被污染区域的海洋生态环境造成的损失更是难以估量。

(3)墨西哥湾井喷事件

1979年6月3日,墨西哥石油公司在墨西哥湾南坎佩切湾尤卡坦半岛附近海域的伊斯托克1号平台钻机打入水下3 625 m深的海底油层时,突然发生严重井喷,平台陷入熊熊火海之中,原油以每天4 080 t的流量向海面喷射。后来在伊斯托克井800 m以外海域抢打两眼引油副井,分别于9月中、10月初钻成,减轻了主井压力,喷势才稍减。直到1980年3月24日井喷才完全停止,历时296天,其流失原油45.36万t,以世界海上最大井喷事故载入史册,这次井喷造成10 mm厚的原油顺潮北流,涌向墨西哥和美国海岸。黑油带长480 km,宽40 km,覆盖1.9万km²的海面,使这一带的海洋环境受到严重污染。

(4)库巴唐"死亡谷"事件

巴西圣保罗以南60 km的库巴唐市,20世纪80年代以"死亡之谷"知名于世。该市位于山谷之中,20世纪60年代引进炼油、石化、炼铁等外资企业300多家,人口剧增至15万,成为圣保罗的工业卫星城。企业主只顾赚钱,随意排放废气废水,谷地浓烟弥漫、臭水横流,有20%的人得了呼吸道过敏症,医院挤满了接受吸氧治疗的儿童和老人,使2万多贫民窟居民严重受害。

(5)联邦德国森林枯死病事件

联邦德国共有森林740万ha,到1983年为止有34%染上枯死病,每年枯死的蓄积量占同年森林生长量的21%多,先后有80多万ha森林被毁。这种枯死病来自酸雨之害。在巴伐利亚国家公园,由于酸雨的影响,几乎每棵树都得了病,景色全非。黑森州海拔500 m以上的枞树相继枯死,全州57%的松树病入膏肓。巴登符腾堡州的"黑森林",是因枞、松绿的发黑而得名,是欧洲著名的度假胜地,也有一半树染上枯死病,树叶黄褐脱落,其中3.1万ha完全死亡。汉堡也有3/4的树木面临死亡。当时鲁尔工业区的森林里，到处可见秃树、死鸟、死蜂，该区儿童每年有数万人感染特殊的喉炎症。

（6）日本水俣病事件

1953—1956 年日本熊本县水俣市因石油化工厂排放含汞废水，人们食用被汞污染和富集了甲基汞的鱼、虾、贝类等水生生物，造成大量居民中枢神经中毒，死亡率达 38％，汞中毒者达 283 人，其中 60 人死亡。

（7）莱茵河污染事件

1986 年 11 月 1 日深夜，瑞士巴富尔市桑多斯化学公司仓库起火，装有 1 250 t 剧毒农药的钢罐爆炸，硫、磷、汞等毒物随着百余吨灭火剂进入下水道，排入莱茵河。警报传向下游瑞士、德国、法国、荷兰四国 835 km 范围内的沿岸城市。剧毒物质构成 70 km 长的微红色飘带，以每小时 4 km 速度向下游流去，流经地区鱼类死亡，沿河自来水厂全部关闭。政府改用汽车向居民送水，接近海口的荷兰，全国与莱茵河相通的河闸全部关闭。翌日，化工厂有毒物质继续流入莱茵河，厂方只能用塑料塞堵下水道。8 天后，塞子在水的压力下脱落，几十吨含有汞的物质流入莱茵河，造成又一次污染。

11 月 21 日，联邦德国巴登市的苯胺和苏打化学公司冷却系统故障，又使 2 t 农药流入莱茵河，使河水含毒量超标准 200 倍。这次污染使莱茵河的生态受到了严重破坏。

4. 我国的主要水污染事件

（1）淮河水污染事件震惊中外

1994 年 7 月，淮河上游因突降暴雨而采取开闸泄洪的方式，将积蓄于上游一个冬春的 2 亿 m³ 水放下来。水流经过之处河水泛浊，河面上泡沫密布，顿时鱼虾大批死亡。

（2）2004 年沱江"3.02"特大水污染事故

四川省的名字来源于它境内的四条河流。2004 年 2 月到 3 月，这四条河流之一的沱江，却给天府之国带来了一场前所未有的生态灾难。当时，因为大量高浓度工业废水流进沱江，四川 4 个市区近百万老百姓顿时陷入了无水可用的困境，直接经济损失高达 2.19 亿元。这起事件，被国家环保总局列为近年来全国范围内最大的一起水污染事故。

（3）河南濮阳多年喝不上"放心水"

2004 年 10 月以来，河南省濮阳市黄河取水口发生持续 4 个多月的水污染事件，城区 40 多万居民的饮水安全受到威胁，濮阳市被迫启用备用地下水源。

（4）2005 年北江镉污染事故

韶关地处北江上游，一旦发生污染将直接影响下游城市数千万群众的饮水安全。经调查发现，此次北江韶关段镉污染事故，是由韶关冶炼厂在设备检修期间超标排放含镉废水所致，是一次由企业违法超标排污导致的人为事故。

（5）2005 年重庆綦河水污染

因取水点被污染导致水厂停止供水，重庆綦江古南街道桥河片区近 3 万居民，从 2005 年 1 月 3 日起连续两天没有自来水喝，綦江齿轮厂也因此暂停生产。经卫生和环保部门勘测，河水是被綦河上游重庆华强化肥有限公司排出的废水所污染。

（6）2005年松花江重大水污染事件

2005年11月13日,中石油吉林石化公司双苯厂苯胺车间发生爆炸事故。事故产生的约100 t苯、苯胺和硝基苯等有机污染物流入松花江。由于苯类污染物是对人体健康有危害的有机物,因而导致松花江发生重大水污染事件。

（7）2006年白洋淀死鱼事件

2006年2月和3月份,素有"华北明珠"美誉的华北地区最大淡水湖泊白洋淀,相继发生大面积死鱼事件。调查结果显示,水体污染较重,水中溶解氧过低,造成鱼类窒息是此次死鱼事件的主要原因。

（8）2006年湖南岳阳砷污染事件

2006年9月8日,湖南省岳阳县城饮用水源地新墙河发生水污染事件,砷超标10倍左右,8万居民的饮用水安全受到威胁和影响。

（9）2007年太湖水污染事件

从2007年5月29日开始,江苏省无锡市城区的大批市民家中自来水水质突然发生变化,并伴有难闻的气味,无法正常饮用。无锡市民饮用水水源来自太湖,造成这次水质突然变化的原因是:入夏以来,无锡市区域内的太湖水位出现50年来的最低值,再加上天气连续高温少雨,太湖水富营养化严重,从而引发了太湖蓝藻的提前暴发,影响了自来水水源水质。

（10）2007年江苏沭阳水污染

2007年7月2日下午3时,江苏省沭阳县地面水厂监测发现,短时间、大流量的污水侵入位于淮沭河的自来水厂取水口,城区生活供水水源遭到严重污染,水流出现明显异味。经过水质检测,取水口的水氨氮含量为28 mg/L左右,远远超出国家取水口水质标准。由于水质经处理后仍不能达到饮用水标准,城区供水系统被迫关闭,城区20万人口吃水、用水受到不同程度影响。

5. 我国水环境现状与问题

随着我国工业化、城镇化的进程不断推进,在社会经济发展的同时,我国水体水质却呈现出恶化的趋势。目前我国水环境主要存在以下4点问题:

（1）水资源短缺

根据水利部2020年发布的中国水资源公报,2020年全国水资源总量为31 605.2亿m^3,居世界第六。然而人均水资源占有量仅有约2 239.8 m^3,仅为世界平均水平的1/4,美国人均占有量的1/5,被联合国列为13个贫水国家之一。而除去难以利用的洪水径流和偏远地区地下水资源,我国现实可利用淡水资源仅约11 000亿m^3。根据水利部的预测,2030年我国人口将达16亿人,届时人均水资源占有量仅有1 750 m^3。

（2）水资源空间分布不均

我国的水资源空间分布受季风气候与地形条件的影响,呈现出"东多西少、南多北少"的特征,水资源量从东南沿海向西北内陆呈递减的趋势。大约80%的水资源集中在长江流域及其南地区,供给全国约38%的耕地。然而北部黄河、淮河、海河和辽河流域约

42％的耕地仅拥有总量9％的水资源。天津、北京地区人均水资源量分别仅约113 m³/人、164 m³/人（世界资源研究所，2016）。

（3）河流水质污染问题

2020年，全国地表水监测的1 937个水质断面（点位）监测结果与长江、黄河、珠江、松花江、淮河、海河、辽河七大流域和浙闽片河流、西北诸河、西南诸河等主要江河的1 614个水质断面检测结果如图1-1所示。

图1-1　我国地表水与流域主要江河水质监测结果

在我国工业尤其是轻工业发展迅猛时期，部分企业由于各种原因没有采取相应的污水防治措施，许多未处理的污水被直接就近排入河流，造成了河流生态环境不同程度的破坏，产生了许多黑臭水体。我国七大流域水质均受到了不同程度的污染。

（4）湖泊富营养化问题

2020年，我国开展水质监测的112个重要湖泊（水库）中，Ⅰ～Ⅲ类水湖泊占比76.8％，劣Ⅴ类占5.4％。开展营养状态监测的110个重要湖泊（水库）监测结果如图1-2所示。

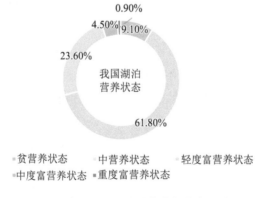

图1-2　我国重要湖泊的营养状态监测结果

湖泊污染的主要致因是化肥的过量使用，生活污水的无序排放，加上湖泊（水库）水的循环能力和自我净化能力较弱，营养元素长期积累便成了一潭"死水"。湖泊污染的主要指标为总磷（TP）、化学需氧量（COD）以及高锰酸盐指数等。我国的太湖、巢湖和滇池等大中型湖泊均存在不同程度的水体富营养化现象，对周边居民的饮水安全造成了极大的威胁。虽然近年来我国水体富营养化情况有所好转，但是水体富营养化依旧是我国湖泊水环境的重大问题之一。

6. 水环境治理与产业

水环境治理是指江河、海湾、湖泊、池塘等因水质污染未达管控目标值所采取的修复与提升工程。水环境治理产业指国民经济结构中以治理水环境污染、改善水生态环境、保护水资源为目的而进行的勘察设计、工艺开发、设备生产、工程承包、商业流通、资源利用、信息服务及自然保护与恢复开发等活动的总称，是防治水环境污染和保护水生态环境的技术保障和物质基础。

国际上对水环境治理产业的定义分为狭义和广义两种界定。狭义的水环境治理产业主要是针对"末端治理"，在污水控制与排放、污水深度处理以及污水重复利用等方面提供产品与服务。广义的水环境治理涵盖狭义内容的同时，还包括了污水排放量最少化的清洁技术、产品与服务，站在"生命周期"的角度，涉及产品的生产、使用、废弃物的处理处置或循环利用等环节。

我国的水环境治理产业定义和内涵较为模糊，涉及水环境治理的相关部委包括生态环境部、水利部、住房和城乡建设部、农业农村部、自然资源部等，其相关产业除了水利、城建、环保、景观、农业、林业和海洋之外，还与化工、轻工、通信、电子和机械等相互渗透。

国家对于水环境治理的定义会随着社会经济发展水平与国民的生态环境保护意识提升而逐渐演变。我国早期对水环境治理的理解停留在狭义的定义上，只关心末端截污，缺乏水环境系统治理观，导致许多水环境治理项目治污效果不佳，反复污染。吸取过去的治污实践经验教训，我国的水环境治理逐步向"流域统筹、系统治理"的方向演变，并发展成为关注"水环境、水生态、水资源、水安全、水文化、水经济"的综合治理理念。按照我国《国民经济行业分类（GB/T 4754—2017）》中的分类，水环境治理应涉及"防洪除涝、市政设施、水污染治理、水资源管理、自然生态系统保护、环境与生态监测检测"等多个行业。根据国务院办公厅转发国务院环境保护委员会《关于积极发展环保产业的若干意见》中有关精神，本书关于水环境治理产业的定义是一种广义定义，也更符合我国应对水环境问题的实际需要。

7. 水环境系统治理

基于前文所述水环境治理与产业的概念以及治理实践中所反映出的对"系统治理观"的需要，"水环境系统治理"的概念应运而生。水环境系统治理是将系统工程的科学思想、知识和理论有机融合到现有的水环境治理体系中。它既是一种思想，也是一个包含实际内容的体系。作为一种思想，"水环境系统治理"是一种科学的"管理思维"，站在系统的角度看待水环境治理问题，树立"生命周期""要素统筹"等意识。作为一个包含实际内容的体系，包括水环境系统治理的内容、技术、方法、管理手段、关联组织等。本书以"水环境系统治理"为核心，既从思想层面探讨系统治理的内涵，也从实体内容角度梳理系统治理体系。

第三节　城市水环境治理工程

1. 国外水环境治理工程

全球的水环境治理工程发展可分为四个阶段。第一代是以西欧河流水体黑臭、缺氧为代表的水污染及其治理；第二代是以日本河流重金属、有毒化学品严重超标为代表的水污染及其治理；第三代是发生于北美湖泊的以氮磷元素富营养化为代表的水污染及其治理；第四代是发生于发展中国家的综合性水污染及其治理，如印度恒河、中国的某些河流等的环境治理。工业化程度高的国家均经历了水环境污染的发生、发展、严重影响、治理或者生态系统退化到河流修复的过程，发展中国家滞后一步。一般是污染数十年、治理数十年的反复过程，并且在这过程中，水环境治理技术和管理体系方面显现了教训，汲取了经验，积累了技术，也取得了显著成就。

2. 我国水环境治理工程

（1）我国水环境治理工程概况

水环境治理工程指为消除或减缓受人类社会生产生活活动所造成的水体污染、水生态破坏等影响，以改善水环境质量为核心，所采取的各种有利的工程措施及管理措施的总称。城市水环境治理已全面进入流域统筹、系统治理、综合施策的新阶段。

我国的水环境治理工程在改革开放前以大修水利工程为特色，工业落后，以少量生活污染为主；改革开放后的三十年工业急速发展，特别是乡镇企业的大规模崛起，对水环境污染影响极大，造成了不少黑臭水体；近十年狠抓环境治理，取得了显著成效，茅洲河黑臭水体治理就是成果之一。

改革开放后的三十年，虽有政策措施出台预防，但很多地方还是走上了"先污染、后治理""先开发、后保护"的曲折道路，尤其是在加入 WTO 以后产业大发展背景下，大小污染事件频出。治理技术以单项技术为主，经济能力有限，投入不够。治理和保护意识不够，治理力度不够，总体治理效果不佳。

近十年我国大力践行生态文明思想，进入综合治理阶段，生态文明和环境保护意识大为增强，可持续发展理念深入人心，推出了河长制，技术进步，经济实力提高，水环境治理采取了综合治理、综合管理道路，不仅考虑与水相关的所有物质方面，也考虑与水相关的所有社会、经济、人文方面，内部因素、外部因素一并纳入治理之道。治理目标进一步明晰，逐步走上人与自然融合发展的良性循环系统。

在实践综合治理过程中，我国不仅重视水环境治理建设，也十分重视水环境系统管理，将"九龙治水"凝聚为一股力量，大大增强了治水力量，迎来了水环境治理新局面。

（2）污染来源治理工程分类

按照不同污染来源治理分类，水环境治理工程分为点源污染治理工程、面源污染治理工程、内源污染治理工程、其他工程。开展水环境治理工程之前，应对污水、雨水管网进行系统梳理,识别其结构性、功能性缺陷及错混接情况,即管网排查和评估工程。

点源污染治理工程包括管网排查和评估工程、理水梳岸工程、正本清源工程、织网成片工程、雨污分流工程、沿河截污工程、新建污水处理厂工程、污水处理厂提标改造工程等。点源污染治理工程的核心是控源截污。

面源污染治理工程包括海绵设施建设工程、调蓄池建设工程、雨水收集和传输设施建设工程、末端雨污水处理设施建设工程以及农牧渔业化肥农药废弃物的治理工程等。

内源污染治理工程包括底泥异位治理工程、底泥清淤工程、底泥原位理处置工程、河道垃圾清理工程等。

其他工程包括生态补水工程、人工湿地工程、水力调控工程、生态修复工程、旁路处理工程、曝气增氧工程等。

（3）源—网—厂——河治理工程分类

按照构建污水系统网、雨水系统网、河流水系网,建造污水处理厂、污泥处理厂,实现以"三张网、两个厂"为核心的水环境治理设施体系,开展水环境治理工程。

构建污水系统网需要开展居民楼房生活污水及企事业单位建筑楼宇生活污水立管建造改造工程、化粪池破除及新建工程、隔油池新建工程、污水正本清源工程、污水管网织网成片工程、污水管网排查与评估工程、污水管道清淤工程、污水管道开槽埋管工程、污水管道不开槽埋管工程、污水管道检查井、污水管道接驳点施工工程以及污水转接提升泵站工程等。

构建雨水系统网需要开展居民楼房及企事业单位建筑楼宇雨水立管建造改造工程、雨水正本清源工程、雨水织网成片工程、雨水管网排查与评估工程、雨水管道清淤工程、雨水管道开槽埋管工程、雨水管道不开槽埋管工程、雨水管道检查井工程、雨水管道接驳点施工工程、排水沟渠、涵洞修复新建工程等。

构建河流水系网需要开展河道截污工程、河道污泥原位或异位修复工程、河道污泥清淤工程、河道污泥输送工程、河道污泥接收工程、河流水力调控工程、河流水质提升工程、河流生态修复工程、调蓄池工程、泵站工程、新开挖河道、渠道工程以及河道连通隧洞、渠涵工程、新开挖河道渠道工程等。

建设污水处理厂的核心是建设和安装污水储存设施、污水一级处理、二级处理、三级处理、深度处理设施等。

建设污泥处理厂的核心是建设和安装垃圾分选、泥沙分离、泥水分离、调理调质、污泥脱水固化、余水处理处置、余沙处理与利用、余土处理处置与利用等设施。

3. 我国水环境治理技术发展

在广泛且深入的调研与对城市水环境项目实践经验认真总结的基础上,由中电建生态环境集团有限公司牵头成立的水环境治理产业技术创新战略联盟与深圳市华浩淼水生态环境技术研究院在2020年发布了有关城市水环境治理工程的10项团体标准,将城市水环境治理工程模式系统化地总结为"织网成片、正本清源、理水梳岸、寻水溯源（生态补水）"四个方面。

同时，在新阶段还要同步解决城市水安全问题，即城市河湖的行洪排涝问题，实现截污治污、生态修复，对两岸进行建筑更新与景观亮化等工程在城市水环境治理工程中已经被提到同等的高度。

4. 我国水环境管理发展——"河长制"

我国水环境系统管理长期处于分散管理状态，有九龙治水之说，好时大家关注，差时互相推诿，管理责任难以落实，造成水环境治理难以奏效的局面。

2007年5月的无锡饮用水危机事件，促成当地党委和政府掀起了大规模的太湖流域水环境治理工程建设，无锡市委、市政府将所有河流断面水质检测结果纳入各级党政主要负责人考核内容，为辖区内主要河流设立"河长"，由此，初步探索建立了河流治理与主要领导关联的"河长制"，"河长制"的推出一举扭转了以往水环境治理管理体系中的分散、软弱局面，不仅治理了水体，也有利于水生态、河流功能的恢复与重建，治理工作还包含了水系优化、河道清理与驳岸建设、源头污染控制，乃至社会、企业的达标排放等多项内容，实现了全面的综合治理。

"河长制"在江苏省、浙江省推广后，走向全国，内容体系进一步完善，版本不断升级。2016年12月，中共中央办公厅、国务院办公厅印发了《关于全面推行河长制的意见》，正式提出在全国范围内实施河长制，其内容包括指导意见、基本原则、组织形式、工作职责等在内的总体要求，明确了河湖管理保护的六项工作任务以及思想保障措施。这一我国独创的水环境管理制度，给我国的水环境治理带来了革命性变化。

2018年1月，中共中央办公厅、国务院办公厅印发了《关于在湖泊实施湖长制的指导意见》，正式提出在全国范围内实施湖长制，其内容包括湖长制的重要意义及特殊性、湖长制体系、职责与主要任务等内容。"湖长制"是"河长制"基础上及时和必要的补充，此举意义重大。"湖长制"的实施有利于促进绿色生产生活方式的形成，有利于建立流域内社会经济活动主体之间的共建关系，形成人人有责、人人参与的管理制度和运行机制。

在此基础上，中央与各级环保督察加大了督办力度。在水环境治理与管理方面，县级及以上河长设置相应的河长制办公室等机构，各级地方政府也相应地明确了水环境治理工程管理部门，对于重点流域水环境治理重大项目，成立了联合指挥部，加快了水环境治理，取得了明显成效。一些重点项目推行"政府＋大央企＋大EPC"组织开展大兵团作战建设管理模式，加快了水环境治理工程建设进度，一大批好的有效的管理经验得以形成和推广。

第四节　水环境治理目标

水环境治理的总体目标包含水体水环境改善、水生态修复、水景观提升、水文化建设等内容，其中水环境质量改善是基本目标，即治理后的河流、湖泊、水库、地下水、近岸海域、池塘、沟渠等地上地下水域水质得到改善。

1. 国家水环境治理目标

2015年4月2日,国务院印发《水污染防治行动计划》,指出了到2020年和2030年两个时间节点的水环境治理工作目标。

水污染防治的工作目标:到2020年,全国水环境质量得到阶段性改善,污染严重水体较大幅度减少,饮用水安全保障水平持续提升,地下水超采得到严格控制,地下水污染加剧趋势得到初步遏制,近岸海域环境质量稳中趋好,京津冀、长三角、珠三角等区域水生态环境状况有所好转。到2030年,力争全国水环境质量总体改善,水生态系统功能初步恢复。到本世纪中叶,生态环境质量全面改善,生态系统实现良性循环。

水污染防治的主要指标为:到2020年,长江、黄河、珠江、松花江、淮河、海河、辽河等七大重点流域水质优良(达到或优于Ⅲ类)比例总体达到70%以上,地级及以上城市建成区黑臭水体均控制在10%以内,地级及以上城市集中式饮用水水源水质达到或优于Ⅲ类比例总体高于93%,全国地下水质量极差的比例控制在15%左右,近岸海域水质优良(一、二类)比例达到70%左右。京津冀区域丧失使用功能(劣于Ⅴ类)的水体断面比例下降15个百分点左右,长三角、珠三角区域力争消除丧失使用功能的水体。到2030年,全国七大重点流域水质优良比例总体达到75%以上,城市建成区黑臭水体总体得到消除,城市集中式饮用水水源水质达到或优于Ⅲ类比例总体为95%左右。

计划中提出了10条如下措施。

一是全面控制污染物排放。狠抓工业污染防治、强化城镇生活污染治理、推进农业农村污染防治、加强船舶港口污染控制。

二是推动经济结构转型升级。调整产业结构、优化空间布局、推进循环发展。

三是着力节约保护水资源。控制用水总量、提高用水效率、科学保护水资源。

四是强化科技支撑。推广示范适用技术、攻关研发前瞻技术、大力发展环保产业。

五是充分发挥市场机制作用。理顺价格税费、促进多元融资、建立激励机制。

六是严格环境执法监管。完善法规标准、加大执法力度、提升监管水平。

七是切实加强水环境管理。强化环境质量目标管理、深化污染物排放总量控制、严格环境风险控制、全面推行排污许可。

八是全力保障水生态环境安全。保障饮用水水源安全、深化重点流域污染防治、加强近岸海域环境保护、整治城市黑臭水体、保护水和湿地生态系统。

九是明确和落实各方责任。强化地方政府水环境保护责任、加强部门协调联动、落实排污单位主体责任、严格目标任务考核。

十是强化公众参与和社会监督。依法公开环境信息、加强社会监督、构建全民行动格局。

2. 水环境改善目标的定量衡量

水环境质量改善通常以国家标准《地表水环境质量标准》(GB 3838—2002)、国家标准《海水水质标准》(GB 3097—1997)、2015年住房和城乡建设部发布的《城市黑臭水体整治工作指南》等进行衡量。

对于河流、湖泊、水库等水体水环境治理具体目标通常是消除黑臭、达到地表水Ⅴ类水、达到地表水Ⅳ类水、达到地表水Ⅲ类水、达到地表水Ⅱ类水、达到地表水Ⅰ类水；或者某个或某几个指标达标；或者是除了某个或某几个指标外其他指标达标。

对于近岸海域水体水环境治理具体目标通常是达到海水水质第四类、第三类、第二类、第一类；或者某个或某几个指标达标；或者是除了某个或某几个指标外其他指标达标。

3. 短期与远期目标

水环境治理首先要针对水环境问题，明确治理目标。由于水环境治理的复杂性，水环境治理目标按照实现目标的周期可分为短期目标与长期目标。根据相应的目标是否具有硬性的指标要求可将目标分为硬目标和软目标。表1-2所示为水环境治理的目标总结。

表1-2　水环境治理目标

目标期限	目标	目标属性
短期	截污与水体还清：排水管网系统、污水处理系统等的建设	硬目标
	提升河道行洪排涝能力：易涝区面积占比减小、排除能力提升等	
	黑臭水体消除：水环境质量化学、微生物指标的改善	
	水体周边景观提升：周边绿化、建筑、配套基础设施等的改造更新	软目标
远期	水资源节约：严格控制地下水超采量	硬目标
	饮用水安全保障提升：居民饮用水的感官性状、化学、微生物、放射性、毒理学等指标提升	
	水环境提升带动周围产业转型：推动发展以先进制造为主的高新产业、低碳循环为主的绿色产业、创意经济为主的现代服务业，加快产业结构优化升级	软目标
	恢复水的生态自然：重建生物群落，形成水体的自我净化能力	
	国民水环境保护意识提升：树立节水和洁水观念与意识，营造亲水、惜水、节水的良好氛围	

4. 水环境治理产业的行业目标与国家目标

行业层面目标：水环境治理产业处于蓬勃发展时期，很多工程企业借机培育新市场、锻炼新队伍、培养新人才、创造新成果，都要依托水环境工程培养企业创新能力，形成关键技术成果。

国家层面目标：提升水环境治理的技术与管理平台，带动水环境治理产业发展，提高国家竞争力。

明确水环境治理的目标，推进以目标为导向的水环境治理，能够取得事半功倍之效。

参考文献

［1］高小平.老城区雨污分流改造工程的对策与思考［J］.中国给水排水，2015，31(10)：16-21.DOI：10.19853/j.zgjsps.1000-4602.2015.10.004.

［2］环境科学大辞典［M］.北京：中国环境科学出版社，2008.

［3］贾玲玉.城市水污染控制与水环境综合整治策略探究［J］.环境与发展，2019，31(04)：59＋61.

［4］刘平，吴小伟，王永东.全面落实河长制需要解决的重要基础性技术工作［J］.中国水利，2017(06)：29-30.

［5］邵珠涛.水环境污染现状及其治理对策［J］.中国资源综合利用，2017，35(04)：14-15＋18.

［6］王寒涛，李庶波.城镇水环境治理国内外实践对比研究［J］.人民珠江，2018，39(11)：146-156.

［7］王民浩，孔德安，陈惠明，等.城市水环境综合治理理论与实践——六大技术系统［M］.北京：中国环境科学出版社，2020.

［8］许敏.城市水环境整治水体修复技术的发展与实践［J］.工程建设与设计，2018(24)：185-186.

［9］张振洲，王正发，陈惠明，等.水环境治理技术标准体系构建研究［J］.中国高新科技，2021(23)：129-130.

［10］钟丽锦，龙瀛，王姣.中国基准水压力［R］.世界资源研究所，2016.

第二章 流域统筹与系统治理基本理念

流域统筹与系统治理是水环境治理的两个基本理念，本章将从哲学观与科学观两个维度，予以探讨与分析，并对本书后续章节中涉及的一些名词进行定义。

第一节 流域统筹理念

本书以哲学观维度讨论流域统筹理念，把流域作为研究的物理空间，而把统筹作为认识论。在研究水环境治理问题时，将流域理解为观察治理的范围，即物化的空间范围，将统筹理解为认识问题的方法，即认识论的概念。从范围看，研究各类水问题时，流域是水学科的基本概念，是由水的自然属性形成，从全流域甚至跨流域研究涉水的问题是基本要求。对于统筹，统筹是方法论和认识论，从认识论角度、应用马克思主义唯物论和辩证法的哲学观来思考水环境治理，是另一最基本要求。

河流流域示意图如图 2-1 所示。

图 2-1　河流流域示意图

通常，人们习惯使用"上下游、左右岸、岸上岸下、水体水底、建成区与非建成区、工程措施与非工程措施"等概念，这些概念表述了涉水或非水的一些常识。

分析水的自然属性和存在范围时,科学家常用"流域"这个基本概念,在研究任何水问题时,都应首先观察水的流域属性。而在流域内研究水问题时,自然应该将流域内的各种水现象予以统筹考虑。在现实生活中,关于涉水问题,常用到水安全、水资源、水环境、水生态、水景观、水经济、水文化等基本概念,表达水存在的基本属性、功能属性或水的用途。同时,站在流域角度,研究水问题,又必然涉及水的影响范围内的非水问题,即解决水问题时,必然关联到从河流角度定义的岸上即陆地,岸下即水中或称水里。岸上,城市内是建成区或待开发建设区,城市外是农业农村用地。城内建成区必然有各类城市基础设施,这些设施,处于三类形态的物理空间中,地表、地下或空中。而位于地表、地下的非水城市基础设施,就会与河道或涉水的城市基础设施存在物理空间上的"争地"冲突,位于低空中的城市基础设施也因基础在地下或地面,而与水设施存在用地冲突。解决这些"涉水"与"非水"的各类设施间的冲突问题,最好的方法就是要有辩证唯物主义观点。

1. 涉水问题的基本概念

对于涉水问题,本节对于几个在各节分析中引用到的概念作如下基本梳理。

水安全,通常引申到"水多"时的洪水、涝水等概念,以及防洪、排涝等概念及相应需采取的防洪、排涝等工程措施;"水少"时的旱水,以及抗旱等概念及相应需采取的抗旱工程措施。水在短时段内、在一定范围出现的"极端的多"和"极端的少"的状态,对人类生存都表现为一定的灾难性甚至毁灭性的打击。

水资源,通常引申到水的可利用量与实际用水量等概念,是吃水问题。全世界的水资源有一定的总量,水按物理存在区域可分为海水和陆地水,陆地水表现为地表水和地下水,根据水中化学物质的含量,特别是以含盐量表示时,又划分为咸水和淡水,海水通常是咸水,陆地水多数为淡水,也存在一定数量的咸水。当淡水量不足以满足人类日常生活吃水时,通常形容为水资源危机。工业化进程与工业发展对淡水的占用与需求量的极大增长,严重威胁到日常生活用水/吃水问题。工业化与农业的化肥农药对水环境的污染,造成了一定范围、一定数量的淡水资源"脏化",也在一定程度上造成可利用的淡水资源量减少。

水环境,很多专家与学者都对此概念进行过理论界定和科学讨论,有广义概念论也有狭义概念论。本节暂不作深入分析和认论,只作简要分析。从大视角的水资源角度,或者从中视角的水资源可利用性角度(包括水生植物、动物可食用性角度),或者从更小视角的可饮用水源角度观察,可以理解为水在自然环境中所呈现的洁净程度(或污染程度)和状态,即水净和水脏问题。我国政府近年来提出的水环境保护和水环境治理这两个概念,可以从这个角度做最基本的政策理解。水环境保护,首先就是要保护自然界中可用于饮用的好水、干净水,而水环境治理,就是要治理因工业化污染、农业农药化肥污染、城乡居民生活退水污染等各种原因,造成城市内外河流水体、湖泊库塘水体的污染问题。

水生态,本节从保护水生态和恢复水生态这两个角度进行简要分析。当把水生态理解为自然水体的生态状态时,讨论对象将是人类活动对某个范围的水体的生态所造成的影响程度，水中的生态通常有植物生态属性、动物生态属性和微生物生态属性的理论范畴。水生态好，则指该水体的生态人类活动影响小或干扰小，或人类活动干扰和影响后，形成了新的健康生态，而这个好的状态，还要表现为水资源是好的这一属性。水生态不好，则说明水体的生态遭到破坏甚至遭到严重破坏，无论从水生态的三种属性观察，或者从水体的人类感觉体验观察，水体都处于不好的状态。不好的水生态，必然同时伴随着不好的水环境。

关于水文化、水经济等概念，本书不再一一分析论述。

对于上述涉水问题，从工程角度分析，有以下工程状态。

涉及水安全的自然河道或人工河沟渠、河道沟渠的大堤工程、拦河闸坝工程、水库工程、排涝闸/泵站（厂）及配套雨水管（涵、洞）网工程等，防洪排涝设施或应急设施；涉及抗旱设施或应急设施。

涉及水资源的源水供水的系统工程（抽取水站厂、中途提水站厂、引配水的渠管涵）等，城市自来水系统（包括自来水处理厂、中途加压站厂、供配水管网等）。

涉及水环境的污水处理系统设施，包括污水收集系统的管涵洞沟、污水处理厂、污水调蓄工程、中水利用设施等，生态补水工程、增强水体流动性的水动力驱动增净工程，必要时建设专门的生态库塘用于生态补水工程，河道、管道的内源污染底泥处理处置工程，以及水生态恢复时增加自净能力植物措施工程，其他用于水体净化的工程措施或设备。

涉及水生态的工程措施，主要有水生态植物的种植工程、人造水生植物生长措施或设施、人造水生动物/鱼类生活生长措施或设施，微生物生景的营造措施或设施等。

在上述涉及水安全、水资源、水环境的工程中，都与河道渠道相关，都出现站、厂、管、涵、洞、沟等工程。但其功能和作用，或同或不同，大部分设施是独立的功能和作用，但有些设施在一定时期或区域却还兼有双重功能和作用。兼有双重功能和作用的，特别是雨污水合流制的排水系统，又与水经济（即经济发展水平与投入价值）密切相关。对于这些问题，必须进行统筹研究，这是本书研究的一个重要思想基础。

2. 非水问题的基本概念

正是由于地面、地下、空间中存在的物理空间冲突问题，在水环境治理中，很多非水问题，成为水环境治理中要统筹考虑的问题和矛盾，一些问题在一定时期和一定范围的关联度极大，甚至是"你死我活"的冲突。简要分析如下。

常见的非水设施：本书讨论中涉及的非水设施，多数情况下是指下列市政设施，包括道路桥梁工程、铁路地铁工程、电力工程、电信电视通信工程、燃气工程、环境设施工程、景观公园文体娱乐健身设施工程，以及更为重要的，已建的各类房屋建筑工程，既有政府机关事业单位学校医院等公共单位，也有工业企业、私人民居建筑物，既有合法合规建设的，也有违法违规以及手续不全、历史遗留问题等错综复杂的建筑物。

涉水与非水各类设施间的冲突可从物理空间冲突、时间冲突和管理空间冲突三个方面总结。

在物理空间上,涉水与非水冲突问题通常表现为物理空间的利益冲突。由于物理空间的唯一性、先来后到的存在性,需要使用地面、地下、空中的任何一类市政设施,必然与另一类使用者争空间、争地盘。

在时间上,先来后到、先批先建、先批未建、已批待建、规划拟建、已建待拆未拆等等各种情况错综复杂。水环境治理工程有一个特殊性,通常需要全程贯通后才能正常使用,因此,实施水环境治理工程时,必然与上述时间状态的其他各类涉水及非水的工程存在冲突。

在管理空间上,通常政府是城市的主管理者,全体市民是受益者、消费者或承受者。对于任何已经建成的设施,无论公共市政设施,企业生产设施设备,还是私人财产设施,不论建成时间长短,社会或市民均处于使用利用状态,对其作任何改动或变动,必然影响使用人、受益人的生产生活,必然涉及公共投入投资的合法合规和价值导向以及社会治理效率等,比如,反复被开挖的路面,无论是否科学合理,经常被百姓诟病质疑。

3. 水环境治理的非工程措施

实施水环境治理,不仅依靠治理的工程措施,还要依靠非工程措施。非工程措施包括但不限于企业与居民用水的达标排放、规范排放,对违法企业的关停并转和执法行动,政府与社会的正面宣传与良好环境习惯养成,等等。

4. 流域统筹的内容和范围——六圆模型

本节提出流域统筹内容和范围的"六圆模型",并予以介绍。六圆模型如图 2-2 所示。

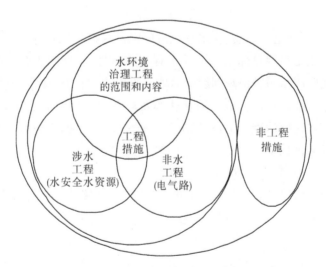

图 2-2 流域统筹"六圆模型"示意图

如图所示,三个小圆各自独立代表其专业属性内的范围和内容,从专业技术角度均为独立系统:上面的小圆表示水环境治理工程的工程范围和内容,左下小圆表示涉水工程,包括水安全、水资源、水生态等,在其内分解为多个功能独立的小圆进行进一步分析,右下小圆表示非水工程,包括电力、道路、燃气、通信通讯等,在其内也可进一步分解为多个功能独立的小圆作进一步分析；小圆两两相交的部分表示存在相互促进或影响，三小圆相交部位表示三者存在更为复杂的促进或影响关系；中部大圆表示工程措施存在的统筹性；右侧椭圆表示非工程措施，与中部大圆相切表示存在依存性；最外侧大圆表示实施水环境治理要统筹协调好水与非水、工程措施与非工程措施。在后续章节的分析中，将会进一步做科学的论述和分析，也将对更多的管理模型进行研究分析。

5. 流域统筹中的哲学思维与辩证法

本书主要研究水环境治理，在研究中，以水环境为基本概念，以治理为具体措施，以水质"由坏变好"为治理成效的单一方向，以水质达到某种可测量的指标状态为基本目标，实现政府污染防治攻坚战所要求的水污染治理成效中的施政目标。因此，本书在讨论水环境治理时，首先对研究对象作本质性论述，包括矛盾论、对立统一、实践论等三例并予以说明。

（1）矛盾论——主要矛盾与次要矛盾、主要方面与次要方面

水环境治理中，以水质向好的方向转变为目标（在一定时期内，这一目标简单地表现为满足各级政府设定的水污染治理的考核目标），为需要解决的主要矛盾，其余为次要矛盾。也就是说，主要矛盾为水环境治理，而次要矛盾包括涉水的水安全和水资源等，前文分析中列举的各类非水市政设施与建筑等。

对于水环境治理这一主要矛盾，在不同治理时期和阶段，对于污染源调查和分析、现状污水设施及其功能摸排、不同污染物的传输蓄滞及处理处置措施或工程等，为不同时期和不同阶段的主要方面和次要方面。

对于各种次要矛盾，也存在不同时期和不同阶段的主要方面和次要方面。

遵循解决主要矛盾这一思想，在水环境治理中，根据有限的政府投入和社会投入，集中财力物力人力，咬定治理目标这一主要矛盾，分期列出治理的主要方面，久久为功，达到治理效果，切实解决水污染治理问题。治理过程中，不断调整工程力度，抓住抓好次要方面转化为主要方面的时机，促成矛盾转化和及时解决。切不能眉毛胡子一把抓，轻重缓急不分，甚至借水污染治理名义，只抓次要矛盾和次要方面，搞景观工程、形象工程，结果是弄虚作假，是劳民伤财。

（2）对立统一——不同领域的矛盾协同解决

由于水的特殊性，以及城市物理空间的特定性，水环境治理工程与水安全工程、水资源工程，以及非水的市政道路工程等，需要同一物理空间和时间空间内，即在同一时期、同一地点（地面地下或空中）同步实施，才能达到节约土地资源、节省人财物力投入、减少或减轻扰民影响等目的，也就是说，解决水环境治理这个矛盾，要同步解决水安全矛盾，或者要同步解决水资源矛盾，或者要解决市政道路等非水设施矛盾。这时，要用矛盾对立统一的观点来思考和解决问题。也就是说，首先要站在更高的视角，认识到这些矛盾和问题，都是为了满足人民群众生产生活的需要，这是最大的根本，是统一的属性。而在具体处理时，必须分出轻重缓急，以用地为例，因地点空间的有限性，此空间仅满足某种功能同时利用时，能同步解决的，则同步解决；需延期解决的，必有一方让步；需异地解决

的，必然有一方退出。现实工程中，雨水管网与污水管网争路由、争线路、争高程等是最常见的水环境与水安全矛盾，当这两个矛盾形成对立统一局面时，有考核任务的，必先立足解决水环境问题；而排水除涝问题严重的，则要立足水安全解决。

（3）实践论——实践—认识—再实践—再认识

水环境治理中有许多困难和问题，有些是规模数量问题，有些是技术能力问题，有些是技术路线的选择问题，很多问题和矛盾，不能在解决问题的初期就拿出有明确结论的方案，一些问题在不同的专家学者的论证下，会得出不同的答案或方案，有些方案之间的方向路线是一致的，但具体措施有不同，有些方案之间的方向路线则不一致，甚至是向反方向的。这就需要实践，在实践中找方案，在研究中找方案，在试验中找方案，不断提高认识事物的能力和水平。实践-认识-再实践-再认识，以至最终解决问题或向解决问题的方向前进一步。

在水环境治理的实践和认识过程中，经常遇到需辩证处理的问题。这里不对辩证法的哲学原理进行论述，仅举些现实中的例子予以说明。

例一：排水系统的合流制与分流制。这个问题争论许久，至今没有明确结论，但在理论层面似有达成认识一致的基本趋向——实事求是，因地制宜。雨水排水系统与污水输送的管网等全部或大多数设施设备是共用的，通常称为合流制，两者分开，各自有独立系统的，称为分流制。我国多数城市在发展初期，限于经济条件、城市规模、规划思想等各种因素，多数采用了合流制。合流制的最大优势是，用一套系统解决两大问题，从经济上也是节省的，而最大的问题是降雨量较大时，污水大量溢流到河道等自然水体，时间久了，污染物质叠加累积，超出河道环境容量，河道水体的天然自净能力逐步减弱以至丧失自净能力，造成水环境污染、水体黑臭、水生态破坏等。城市规模不断扩大，人口规模不断增加后，更加剧合流制这一弊端的显现。而分流制对于污水的管理则更全面、更彻底，但要改变原有的合流制，全面建设成为分流制，又受到已建成城市空间的制约、改造施工便利性的制约、投资规模和财政能力的制约等，使分流制实施存在这样那样的困难障碍。

例二：水环境治理与防洪排涝工程。这是最常见的治水协同问题，也是最容易发生头痛医头、脚痛医脚现象的问题。水的自然流动属性和地表地下存在的特点，决定着人类在面临水问题时，必须安全第一，饮水的数量安全、饮水的质量安全、水多时的防洪安全、水极端少时的供水安全，这是自然属性意义的需求，是广义的和长期的治水活动。而水环境治理，更是针对已经恶化的水体采取急救和保护性的措施，是狭义和短期的治水活动。这种广义性与狭义性的关系、长期性与短期性的关系，就有必要在实施水环境治理时，予以统筹，即实施水环境治理时，是同步实施水安全工程，还是待有关条件成熟与具备时，特别是投资能力具备时，再实施相关水安全工程。

例三：水环境治理与景观改善。水环境治理的目标是改善环境，这是共识，但在实际实施时经常出现本末倒置的情况，把环境改善作为第一目标，修公园，种花草，铺路面，搞形象，而在水环境治理中未真正投入，未治污或假治污，投入不够或技术方案不可行，结果往往是改善了岸上陆地的环境，公园般的美观，游憩行走便利，但由于未真正实施系统完善的污水管控措施，依然是污水入河，河道水体依然黑臭或未得到明显改善，造成资金浪费，成效不理想，以至于相关人员被追责问责。

例四：水环境治理设施与其他设施争时空。在实施水环境治理工程时，特别是对于在地表地下实施水环境治理工程的管线工程时，在居民社区内实施有关管网工程时，经常在破除现有路面进行施工，其他各类市政设施便与水环境工程的各种设施争时空。时间是表现为先后建设的便利性，空间上表现为有我无他的排斥性，社会角度表现有对居民生产生活的干扰或重复干扰程度等。

水环境治理活动中，若能较好地统筹好各种涉水与非水活动，则能达到投资效果最优、城市社会管理最优的效果。

6. 流域统筹的必要性和关联程度数值分析

以水环境治理为主线，论证分析与水环境治理相关的若干涉水因素和非涉水因素或工程，需进行必要的定性分析和定量分析。定性分析和定量分析都将得出一定的结论和判断，本书在后续的章节中将作重点论述和分析。

一般地，统筹分析时的数据，可用绝对值（如实际投资额）表示，也可用相对值表示，相对值可用实施的必要性程度或工程相关性程度表示，必要性可通过一定的方法进行工程技术分析，或专家打分法或社会综合调查的方法分析，工程关联度可采取工程量对比的方法分析。

本节以雷达图的方式，作些简要表述。雷达图表示时需作定量分析，本节假设水环境治理工程的投资额为100%，其他各类工程（涉水或非水）的投资额均与水环境治理的投资额进行对比，形成比例数额，如图2-2。再进行必要性分析，亦假设水环境治理的必要性为100%，其他各类工程（涉水或非水）工程的必要性程度均与水环境治理必要性进行对比。必要性的定量分析，不容易采用常规的工程计算方法进行量化，可通过专家打分法、社会调查评价法等进行量化分析，如图2-3所示。

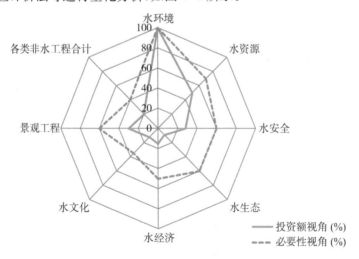

图2-3　水环境治理工程与相关工程之间关联程度和统筹必要性

图 2-2 既采用了投资额占比表示关联程度,也采用了同步实施的必要性程度等表示。

必要性程度数据大,说明实施的必要性高,投资额与水环境治理投资额相比的投资大,说明该项内容若实施,将增加关联工程投资费用的金额较大,对于必要性不大而投资额较大的关联工程,实施水环境治理时,应更加深入的论证分析和慎重决策,而对于景观工程,虽分析认为必要性较大,但投资也比较高的情况,亦应慎重决策;对于生态工程,应强调在水环境得到改善后的自然恢复,不宜过早实施生态措施。而对于关联程度高,必要性较高的,在进行流域统筹分析时,则要更加重视,在经济能力许可时,尽最大程度同步实施,以提高城市管理效率,减少施工反复扰民的不利的社会影响。

第二节　系统治理理念

分析系统治理这个词汇,其重点是系统,而不在治理。也就是说水环境治理是个系统问题,研究这一系统问题,要立足于科学观念,而治理是具体的措施和手段。对于措施和手段,随着技术进步,已不断地丰富和形成,即使遇到新的技术问题,还可通过技术创新和攻关进一步解决。而对于系统问题,必须系统地分析和解决,必须用系统的方法论和科学观去解决,对水环境治理这种复杂的系统问题,就更应采用系统论的科学观去研究、认识和解决,而不能采取零打碎敲、眉毛胡子一把抓、不分轻重缓急的方法去解决。对于水环境系统,要分析本系统的整体性和分部性,整体系统和子系统关系,要分析系统中的要素和要素的集合。同时,要结合流域统筹的观念,既要研究水环境治理系统本身的系统问题,也要研究其他涉水和非涉水的系统问题。本书中将其他涉水和非涉水的内容,采取工程措施的,均统称为关联工程。更多内容在此后其他各章节中进行阐述和分析。

参考文献

[1] 孔德安. 中国电建:流域统筹 系统治理 努力建设美丽中国[J]. 中国水利,2021(12):109.
[2] 耿润哲,王萌,周丽丽. 流域统筹治理中需要注意的几个问题[J]. 中华环境,2018(5):28-30.

第三章　系统科学基础理论框架

以系统科学理论指导研究水环境治理，通过系统科学理论分析与介绍，为构建水环境系统治理学科打下基础。

第一节　系统的概念与类型

1. 系统的概念

系统是由相互作用和相互依赖的若干组成部分结合成的具有特定功能的有机整体，该定义表述了若干组成部分即要素、相互作用和相互依赖即结构、特定功能这三个系统的基本方面，缺一不可（图 3-1）。

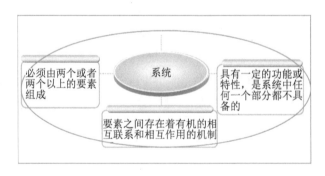

图 3-1　系统基本概念图

系统的组成部分，如也符合系统的定义，则成为原系统的子系统，而原系统可能是更大的系统的组成部分，体现出系统的层次性。

系统状态是系统在每个时刻所处的情况。

系统行为是系统状态所表现出的随时间的变化。

系统的生命周期是指系统的产生、发展和消亡的全过程。系统演化总是在一定的时间、空间和一定约束条件中进行的。

2. 系统属性及其数学表述

整体性和层次性是系统的最基本属性，还有关联性、目的性和环境适应性。

① 整体性是指系统要素集合在一起的有机整体部分，也可以称之为"集合性"。用数

学公式来表述整体性就是：

$$X = \{x_i \mid x_i \in X, i = 1 \sim n, n \geqslant 2\} \tag{3-1}$$

$$X^f > \sum_{i=0}^{n} x^i \tag{3-2}$$

其中，x_i 和 x^i 均是系统要素，X 是系统要素的集合，X^f 是系统，式(3-2)表示系统大于各个要素或子系统组成、集合之和，这是整体性的最大特点。

② 层次性是指系统是由 2 个或 2 个以上的子系统构成，而该系统本身又可能是更大系统的一个组成部分(子系统)，构成多层次结构形式。系统的层次性是自然界和人类社会与经济从简单到复杂、从低级到高级不断演化、发展的结果。用数学公式来表述层次性就是：

$$Y = \{X_k[X_j(X_i)]\} \tag{3-3}$$

其中 i、j、k 是低层次(i)经过中间层次(j)到高层次(k)，Y 是系统。

③ 关联性是指系统内部各个组成部分(要素)之间有一定的关联，可以是相互作用、相互依赖、因果关系、影响关系等，是系统结构的一种体现。如水污染与污水排放不达标相关。需注意此处的"关联"与后文中"关联系统"的"关联"含义有所不同，关联系统的关联不存在因果关系，更多的是邻近和互相影响的关系。

用数学公式来表述关联性就是：

$$S = \{X \mid R_{1 \sim n}\} \tag{3-4}$$

S 是系统，X 为要素集合，R 是关系，关系个数可以是 $1 \sim n$ 个。

④ 目的性是指系统所具有的功能服务于一定的"目的"，并且是系统整体的功能和目的，是原来各个组成部分所不具有的、只是在系统形成以后才展现出来的。结合系统层次性，子系统也有其分目的，从而构成目的群，这里称之为总目标或目标系统，总目标 G 由各子系统的分目标 g_i 组成，表述为：

$$G = \{g_i \mid i = 1 \sim m\} \tag{3-5}$$

系统工程始于目标系统，后续的工作均针对目标开展。

⑤ 环境适应性是指任何系统存在于一定的环境中，受环境约束，系统的存在和演化需适应环境约束，如雨水、污水排放要考虑环境条件是否允许。

数学公式表述为：

$$\Delta = \sup \mid X_i - E_j \mid \tag{3-6}$$

Δ 是非线性逼近偏差，是适应性量化指标，X_i 是要素集合，E_j 是环境约束和要素集合。

总之，

$$系统\ S = f(X, Y, R, G, \Delta) \tag{3-7}$$

系统的另外一个数学表述是

$$S = f(人、物、事、关联) \tag{3-8}$$

通常，工程项目管理系统可视为由六个要素和各要素之间的关系组成的有机整体。"人"当然是第一要素，其他五个要素分为物和事两类。物包括三个要素：物资（能源、原料、半成品、成品等）、设备（土木建筑、机电设备、工具仪表等）和财（工资、流动资金等）。事包括两个要素：任务指标（上级所下达的任务或与其他单位所订的合约）与信息（数据、图纸、报表、规章、决策等）。

3. 系统类型

为了研究系统特性，揭示系统功能，需要对系统进行分类，表 3-1 分别是按照不同方法进行分类。

自然系统是指由自然物构成的系统，如矿物、植物、动物、海洋等，其特点是自然形成的，没有人的参与或干预；人工系统是指为了达到人类的某种目的，由人类设计和制造的系统。工程技术系统、经营管理系统和科学技术系统是三种典型的人工系统。水环境应是一个自然系统，而水环境治理工程则是一个人工系统叠加在自然系统上的复合系统。

实体系统是指由矿物、生物、能源、机械等实体组成的系统；概念系统是指由概念、原理、原则、方法、制度、程序等非实体物质所组成的系统，如布尔代数、法律系统、黑格尔哲学体系等。

物理系统是指由物理对象及其过程所组成的系统，如一条生产流水线、一辆拖拉机等；非物理系统是指由非物理对象及其过程所组成的系统，如社会系统、经济系统等。

封闭系统是指与外部环境没有任何联系的系统，即系统与环境之间不存在任何的物质、能量或信息的交换。严格地说，封闭系统的概念是相对的。开放系统是指系统与其外部环境之间存在着相互联系，有物质、能量或信息交换的系统。

动态系统是指系统的状态随时间变化的系统，它有输入、输出及其转换过程，其状态变量为时间的函数；静态系统是指系统的状态和功能在一定的时间内不随时间改变的系统。它没有输入和输出，在系统运动规律的表征模型中不包含时间因素。

表 3-1 系统分类

分类依据	系统分类		
生成原因	自然系统	人工系统	复合系统
构成内容	实体系统	概念系统	—
与环境关系	封闭系统	开放系统	—
与时间关系	静态系统	动态系统	—
规模复杂度	简单系统	简单巨系统	复杂巨系统

简单系统是指组成系统的子系统或要素的数量比较小，而且之间的关系也比较简单的系统；简单巨系统是指组成系统的子系统或要素的数量非常之大、种类也很多，但它们之间的关系较为简单的系统；复杂巨系统是指组成系统的子系统或要素不仅数量巨大、种类繁多，而且它们之间的关系极其复杂，具有多种层次结构的系统。

第二节　系统的结构与功能

1. 系统的结构

系统结构是指系统的各个组成部分及其关联关系，是系统保持整体性和功能的内在依据；是要素之间时空关联和作用方面的秩序，是有层次的，构成一幅纵横交错、错综复杂、式样纷繁的系统结构。系统的结构是指要素及关联方式的总和（图 3-2）。

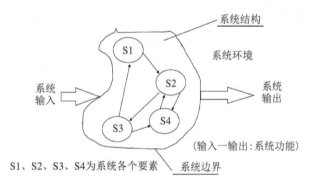

图 3-2　系统概念模型

2. 系统的功能

系统的功能是指系统的作用，涉及作用的发出与接收两个方面，前者为作用或功能的主体，后者为作用或功能的客体或对象。功能是所有系统的必备属性，每个系统都有功能，环境中有它提供功能的对象，也体现了系统与环境的交互，物质、能量、信息方面的交换能力。

3. 系统结构与功能关系

结构与功能之间通常有四种关系，一是要素不同，功能不同；二是要素相同，结构不同，功能不同；三是要素和结构都不同，一般功能不同，有时也可以得到相同的功能；四是结构相同，有多种功能。

系统结构决定系统功能，反过来，系统功能也影响着系统结构。结构与功能有对应稳定一面，也有不确定变化一面，通常情况下功能多变。

4. 系统边界与系统环境

系统边界是系统与环境的分界，系统边界划分有一定的主观性，随着问题分析的目标需要而划定。

系统环境是指对工程系统有影响的所有外部的总和，它们构成工程系统的边界条件。

如图3-3所示，水环境治理系统模型的结构中包含了目标系统、技术系统、方法系统、组织系统，以及分别对目标系统的目标管理、对技术系统的策划决策管理、对方法系统的计划与控制、对组织系统的协调与指挥等四个部分组成的管理系统，加上管理系统信息化即信息系统，图中箭线表述了子系统之间的关系，如上层协同问题、上层系统战略、环境制约因素等决定了目标系统，用什么完成目标系统是对象系统，如何完成对象系统构成了行为系统，由谁来完成构成了组织系统。水环境系统之外各个部分组成的系统为关联系统。

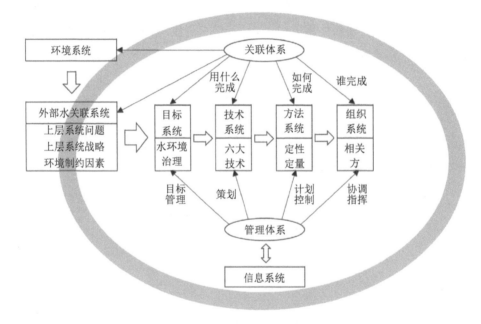

图 3-3　水环境治理系统概念模型

第三节　系统工程过程

1. 系统过程与项目管理、工程管理

工程界更熟悉项目管理，项目是指一个过程，项目管理是根据目标对过程进行控制和管理。工程管理是1989年教育部颁布的一个专业名称，是管理科学与工程一级学科之下的一个专业。中国工程院管理学部的成立，标志着工程管理学科的完善，从建设过程拓展到航天航空、石油、化工、钢铁、冶金、矿山、科研，一般理解项目管理侧重于微观具体的管理与管理技术,关注工作步骤;工程管理侧重于中-宏观的增值管理,重视系统思想、理念、方法的运用。

这两者都是对系统过程的管理。所谓系统工程过程就是目标导向下,组织系统运用技术系统,按照行为系统,进行综合分析、系统优化和反复迭代,以及决策和实施的过程(图 3-3),是把需求转化为系统功能实现的过程,对应着霍尔三维结构的逻辑维(详见后文)。

水环境治理的系统过程则从微观到中观,再到宏观,不断强调过程,也关注结果。

2. 系统生命周期

系统生命周期是对系统工程过程的具体描述,是时间轴上的结构化,通常分多个阶段,每个阶段的任务性质不同,系统分析的作用不同。生命周期方法强调系统过程的整体性和全局性,强调生命周期全过程的优化前提下,考虑各个阶段、步骤的最优,是从宏观到微观的分析路径。按照硬系统分析方法的逻辑维按阶段进行系统分析,也可以按照软系统分析方法进行。

水环境治理工程生命周期划分有其特点,按照我国工程建设程序可分为策划阶段和实施阶段两大阶段,策划阶段主要包括项目建议书和可行性研究阶段,实施阶段包括初步设计阶段、技术设计阶段、施工图设计阶段、工程招标阶段、施工阶段和竣工阶段。而生命周期划分的标准可根据研究的问题进行适当调整,没有标准答案。从系统分析角度来看,对前期的项目选择和试验验证应给予充分重视,其生命周期也可划分为项目选择、理论准备、攻坚或创新、方案优化、试验与验证、决策、设计、实施、试运行、交付等几个阶段或系统,一般归纳为前期、设计、实施、运营、更新。

其中的创新阶段是一系列创新的集合,以问题和目标导向,划分创新流程,以洞悉水环境治理的创新本质。创新系统实施包括检测与诊断、系统分析、系统集成、详细设计。

设计阶段也是一个多阶段、反复优化迭代的过程,设计研究与创新特别重要,包括了系统定义、概念设计、整体设计、关键系统设计、分系统设计、详细设计,其中蕴含着丰富的创新要素、创新过程。

3. 系统的验证与确认

系统的验证是检验系统是否满足原计划目标,系统的确认是证明系统是否满足客户需求,在目标、需求分析与客户需求一致的条件下,两者一样,而在目标、客户需求分析不到位或者客户需求变更,原目标未相应变更,则两者将有差异,因此系统实施中要时刻关注需求变化。

4. 系统再造

系统再造源于企业流程再造,是一种管理变革思想。比如从项目管理到设计施工一体化(EPC)管理就涉及一些系统流程再造,从水环境治理到水环境系统治理也会涉及系统再造问题,是因为系统复杂了、涉及方面多了。系统再造站在宏观或更高的层面思考、分析技术和管理流程问题。还可以分"物"方面的再造,比如技术及其过程的变革、迭代;"事"方面的过程再造是对系统内部要素和结构更新、重组,使之更佳,也是管理创新一个方法;系统管理再造,是对管理过程、管理体系的更新、变革。

第四节　系统工程学科简介

1. 系统工程的产生与发展

系统工程产生于人们在与自然交互过程中的实践,都江堰工程作为运行 2 000 多年的著名水利工程,孕育了成都平原的富足与繁荣,该工程包含"鱼嘴""飞沙堰""宝瓶口"三位一体、互为关联的三个子系统,把分水导洪、防洪抗旱、引水灌溉、排沙行舟有机地综合集成为一个整体,建运一体化,是系统工程典范。

丁渭皇宫修复工程一沟三役,是系统工程在管理方面的优秀案例。它应用系统工程思想解决了工程建设中的取材、运输、垃圾处理问题,是为系统工程应用于解决实际工程问题,选择最优方案的典范。

这些在传统系统思想指导下的改造客观世界实践就是系统工程思想的萌芽。

现代系统工程始于西方的大规模工程实践,如电信工程、军事工程、国防工程实施中的综合、合理安排,是现代科技、自然科学发展,一般系统论、信息论、控制论引导下的系统工程实践。

1957 年 H. Good 和 R. E. Machol 的《系统工程》专著出版,相关研究机构成立,从硬系统方法到软系统方法出现,标志着系统工程逐步走向成熟。

钱学森先生的《工程控制论》标志着系统工程在我国从实践应用走向理论分析,系统工程的技术基础和科学基础逐步完善。

20 世纪七八十年代后中国大规模工程实践进一步催生了系统工程专门学科在中国的萌生、发展,以及系统工程技术学科和基础学科的发展。1978 年 9 月 27 日,钱学森、许国志、王寿云在《文汇报》发表题为《组织管理的技术——系统工程》的长篇文章;从 1978 年起,西安交通大学、天津大学、清华大学、华中理工大学、大连理工大学等国内著名大学开始招收了第一批系统工程专业硕士研究生;1980 年 11 月,中国系统工程学会在北京成立;1980 年 10 月至 1981 年 1 月,中国科协、中央电视台会同中国系统工程学会、中国自动化学会联合举办"系统工程电视普及讲座(45 讲)",取得了良好的社会效果。

2. 系统工程的含义

系统工程是人们在处理规模大、关系复杂、要素多的工作、任务中,对其从全局、整体上把控,跨学科综合性协调。所谓系统工程,指设计新系统的科学方法。

3. 系统工程学科的定义与特点

"系统工程"是组织管理"系统"的研究、规划、设计、制造、试验和使用的科学方法,是一种对所有"系统"都具有普遍意义的科学方法。

系统工程的基本精神和核心方法是找寻最佳途径的观点和思想。系统工程是用来开发、运行、革新一个大规模复杂系统所需思想、程序、方法的总和(或总称)。

系统工程具有跨学科和边缘学科性,不单涉及工程技术领域,还往往涉及人文、社会、经济、政治等领域,除了要进行纵向技术集成外,还要进行横向技术综合、融合、组织。

系统工程的主要特点在本质上是技术性,前提是整体性和系统化观点,目的是总体最优,手段是平衡协调观点、多种方法综合运用的观点,保障是问题导向及反馈控制观点。

4. 系统工程学科特点与学科位置

系统工程是一门工程学科,属于应用技术,它横跨不同学科,具有横断学科[①]和共性学科特点,处理问题既有针对技术方面的"硬"方法,又有处理人、社会、心理等的"软"因素,它从整体出发,综合分析。系统工程又可以分专业系统工程和一般系统工程思维与方法,前者如农业系统工程、军事系统工程、水环境治理系统工程。按照钱学森先生划分,系统工程之上为技术科学,包括运筹学、信息科学等;再其上为基础科学层次,系统论等(图 3-4),根据这四个层次,再进行扩展有思想、方法、技术与工程(图 3-5)。

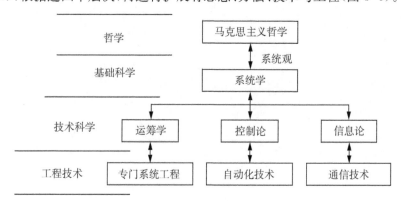

图 3-4　系统科学体系模型

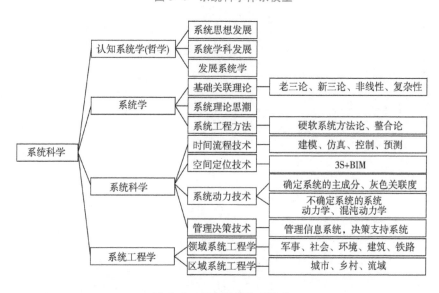

图 3-5　系统科学体系结构

---

① 横断学科,也称横向学科、跨界学科。

参考文献

［1］钱学森. 论系统工程［M］. 上海：上海交通大学出版社，2007.

［2］钱学森. 创建系统学［M］. 西安：陕西科学技术出版社，2001.

［3］钱学森.一个科学新领域——开放的复杂巨系统及其方法论［J］.上海理工大学学报.2011,33(6),526-532.

［4］张远惠,范冬萍.系统科学哲学视域下中国生态文明建设的理论与实践［J］.广东社会科学,2020(6):82-87.

［5］顾基发.钱学森对中国系统科学的贡献［J］.西安交通大学学报（社会科学版）,2019,39(6):1-5.

［6］汪应洛,郭亚飞,冉迅,等.系统工程学科的引路人［J］.百年潮,2015(z1):60－66.

第四章　水环境治理工程中的系统思维与方法

根据系统科学理论，分析水环境治理工程中的系统思维与方法如何应用和服务于水环境治理。

第一节　工程系统思想与方法

1. 系统思想与系统观

系统思想是进行分析与综合的辩证思维工具，在辩证唯物主义里取得了哲学的表达形式，在运筹学和其他系统科学里取得了定量的表达形式，在系统工程里获得了丰富的实践内容。核心是把研究、管理对象作为一个有机整体来分析、思考。

系统观是把研究、管理对象作为一个有机整体来看待的一种视角，是基础科学与哲学、系统论与马克思哲学之间的桥梁。

2. 系统思维

系统思维又称系统思想、系统思维方法。主要体现在以下几个方面：

（1）整体性思维

把每项工程任务都看成由不同部分构成的有机整体，把全局观点、整体观点贯彻于整个工程的各个方面、各个部分、各个阶段；由整体的功能、目标决定局部的功能、目标，按整体优化要求规定各部分的性能指标；从整体出发去组织局部的活动、使用局部的力量、协调局部的关系；把工程任务作为一个整体去研究、协调它与更大工程任务之间的关系（图4-1）。如河流是局部，水网是包含河流的整体系统，而流域包含了水网的更高一级的整体，信息化的智慧河流是虚体与实体的生态流域相对映。

该思维要求有整体观念，构建全方位、全过程、全要素治污的整体性系统治理模式，正确处理好局部和全局的关系。整体效应要大于简单相加，即"1＋1＞2"。

某条河流在本身治理方面比较好，但排水与周边水系没有很好的连通，生态系统也会越来越差；而另一条河流，河岸景观漂亮，建成后不到三年就要改造，硬质河岸，除了自净功能，日积月累后水体质量也会变坏。这些均是缺乏整体性思维而治水效果不好的表现。

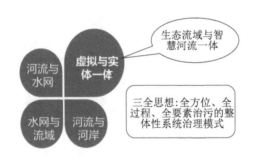

图 4-1　整体性思维下的系统治理模式

（2）层次性思维

系统包含的子系统和要素最少有两个层次，子系统通常称为中间层次系统，一般情况下，层次越多系统越复杂，层次思维是系统结构化思维的主要表现形式，通过层次性思维可以对复杂系统进行分解，以便有效地分析与把控系统。

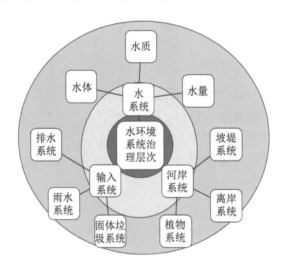

图 4-2　水环境系统治理的三个子系统

水环境系统治理中的"物"系统通常包含三个子系统，分别是水系统、河岸系统、输入系统，其下分别各自还包含多个子系统，如水系统下分水体、水质、水量、水生态，河岸系统下分岸坡系统、离岸系统、植物系统，输入系统下分排水系统、雨水系统、固体垃圾系统，还可以再分，视水环境治理需要而定（图 4-2），例如在河道、河岸中设立的闸坝、码头、管道以及其他水上水下设施。

（3）有序关联性思维

在系统层次上表现出来的整体特征是由要素或子系统层次上的相互关联、相互制约造成的，即为有序关联性；由同类要素或子系统组成的系统，由于其内部组织管理、关联的方式不同，即结构方式、有序程度的不同，系统的整体功能表现出极大的差异；凡是系统都是有序的，系统的任何联系都是按一定等级和层次进行；各部分之间的相互关系越有序,系统整体功能就越优良。

为获得预期的功能,水环境系统治理应当把注意力集中于系统内部要素之间、子系统与整体之间的相互关系上,着力抓好内部的组织管理工作,以使水环境系统趋向有序化。

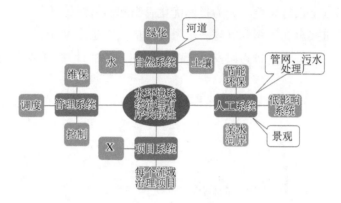

图 4-3　基于管网-污水处理厂-河道-生态景观有序关联的系统治理模式

水环境治理系统关联了自然系统、人工系统、管理系统和项目系统四大主要组成部分。自然系统又关联着水、土壤、绿化等与河流相关的集合,人工系统关联着节能环保、低影响开发系统、亲水河岸、邻避效应等与管网、污水处理厂、景观等相关的要素,项目系统则关联着流域治理的每个基体工程项目,管理系统则关联着系统控制、调度、维保以及前三个系统等(图 4-3)。茅洲河流域的系统治理充分考虑了各个组成部分之间的有序关联性,取得了很好的成效。

（4）动态性思维

系统工程往往是大型的、复杂的实践过程,对象内部复杂的相互作用和环境的多变性使过程本身呈现出动态特征;系统治理应把实施工程任务看作一个动态过程,密切注意系统内外的各种变化,掌握变化的性质、方向、趋势、程度和速度,采取相应的措施,调整工程的方案、计划,改进工作方法,在变化中求得系统优化。该思维的核心是要把实施工程任务看作一个动态过程。

图 4-4　水环境系统治理动态模型

水环境治理的不确定性多，治理后往往有回潮、反复，因此更要严格监控，出现问题再治理解决，需要建立动态思维，才能达到满意的效果（图4-4）。

（5）目的性思维

目的性思维也是问题导向思维，凡工程都追求效益、功利等目标，越高越好，人类在效益和功利的追求上没有止境。分为目标优化思维和多目标思维。

目标优化思维要求在组织和管理一个系统时应具有追求系统最优性能的自觉性，以获得最大收益和付出最小代价为出发点去制定规划、方案、计划，实现系统的组织建立和运行管理。

多目标思维是将目标看成一个系统即目标系统，复杂多目标系统可以分层次（图4-5）。

图 4-5　水环境治理多目标系统层次思维及优化模型

水环境治理复杂多目标系统可以分三个层次，最基本的是三大目标是质量或功能、时间、费用，这是现实性思维；往上，目标的要求提高了，希望共赢、各方满意，如所有参与水环境治理的组织具有企业行为，要盈利才能发展，才能满意；再往上是可持续发展与环境协调，这是生态文明要求，是更高的哲学思维。水环境系统治理着眼于追求多目标系统的满足与不断优化。

又如对水环境治理中的植被赋予了多目标（图4-6）思维，植被的绿化、美丽、滞水、蓄水、净水、修复、体验等多种功能被挖掘、利用。

图 4-6　植被多目标功能

（6）复杂性思维

水环境中自然、人工、社会系统的交叉、叠加、多层次以及自适应性、他适应性，系统愈加复杂，需要复杂性思维加以理解和思考。复杂性思维是一种综合集成思维，往往从多样性、多层次性、开放动态性、不确定性、自适应性、他适应性等方面综合考虑,如上述的多目标层次思维也是复杂性思维的一种。系统中组合单元增加,产生了规模效应;层次增加,产生了关联效应;要素和结构类型增加产生了结构效应。多种效应叠加,系统复杂性程度提高,更加需要复杂性思维(图 4-7)。首先,水环境系统治理工作需要有一定时间的积累,包括广泛的文献阅读、系统深入的思考,形成水环境系统治理思想;其次是水环境系统治理工作面向流域可持续发展要求,占领研究领域的空白区、新分支学科的切入点和制高点;第三是水环境系统治理创新研究要着眼于交叉,从交叉学科或相近学科中挖掘可用于水环境系统治理的知识要素,要善于开展集成创新研究;第四是水环境系统治理研究的素材主要来自工程实践,需要时时刻刻不停地深度思考。以上总体汇合成复杂性思维。

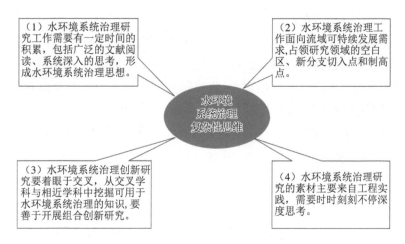

图 4-7　水环境系统治理复杂性思维

3. 系统与环境

系统与环境参见图 3-2,由系统边界分开,系统边界之外或者其上更大的系统是系统的环境,常称环境系统,这里的环境一词不同于水环境的环境。环境系统也是由系统外的相关要素与要素之间的关系组合而成的有机整体,环境系统具有极大的开放性、动态变化性、不确定性,如水环境治理系统之外的政策、政府、社区、农村农业、企事业单位等,环境系统可以分层,通常将其对系统影响程度分为强环境系统和弱环境系统。

系统环境的内容(图 4-8)包括物理技术环境、经济管理环境、社会人文环境,系统环境的分析方法有 PESTC(政治、经济、科学、技术、文化)、SWOT(优势、劣势、机会、挑战)等。

环境系统对系统的影响有上层系统问题、上层系统战略、环境制约因素等方面,而系统对环境也有影响,系统与环境的相互影响有益或有害均存在,并且由于系统与环境均在变化中,有时边界模糊、变化。系统与环境也会因时因地显示层次性,一个区域的水环境之外的环境系统可能是更大一个区域的水环境系统。其影响主要体现在:一是环境决定着对工程系统的需求,决定着工程系统的存在价值;二是环境决定着工程系统的技术

图4-8 系统环境的内容

方案和实施方案以及它们的优化；三是环境是产生风险的根源；四是环境对于水环境工程及其系统治理具有决定性的影响。

系统是应环境或客户需求驱动的，水环境治理工程立项是系统与客户需求沟通的开始，而系统或工程的交付验收是系统与客户连接的开始。

系统与环境有技术边界和管理边界，边界特征显示了系统的开放或者封闭特性，通常开放是绝对的，系统多多少少会对环境产生影响，而封闭是相对的，是在一定的条件下的封闭。水环境治理工程中的管理系统边界厘定十分重要，只有明确了上下左右边界和接口，管理职责才能划分清晰。

第二节 系统秩序、组织与控制

1. 系统的秩序

水环境系统在要素之间有规则的关联条件下，系统正常、有序运动，具有秩序性。可以从结构与功能两方面理解系统的有序性，结构上的秩序性显示要素及其关联是有规则、有规律、明晰的，功能上的秩序性显示系统的过程性结果或阶段性后果的稳定性、确定性、可计划性和协调性。

由于系统要素的多样性、变化性，无序是常态，有序是相对的，追求的是有序化，即希望在规则、规律作用下，朝着有序方向演化，特别是水环境系统演变的复杂性和缓慢性，要采取正确的方法，应用正确的规则和规律，使得水环境不断向净化方向演变。管理团队的文化建设、工程价值观的培育无不都是希望管理系统的有序化，从无序到有序，从低级有序到高级有序。

2. 系统的组织

系统组织有物的一面，也有事的一面。作为客观对象，比如流水施工组织、项目组织；治理技术多涉及物，如工程施工组织；管理系统则多涉及事，如会议组织、关联方沟通；组织也可以是一个系统的逐步有序化的过程，其结果就是系统化。

所谓自组织即主体在系统内,相对应地,所谓他组织就是组织主体在系统边界外。

根据第三章图3-3水环境治理系统概念模型,治理系统按照目标系统来研究、开发、规划、设计技术系统,然后由组织系统执行治理行动中的各项计划、方案、方法和理论。

按照系统动态性原理,系统组织是系统的要素按照某种需求、指令不断调整其关联、结构,形成特定结构与功能的过程。系统治理也是水环境这个物系统的组织化、有序化,也包含了不同专业队伍、不同企业按照合约进行协同、配合,使得组织有序化、文化趋同、价值观趋同的事的组织化过程。

3. 系统与控制

对系统进行控制即为系统控制,系统控制是在对系统的信息进行采集、处理和使用的基础上,控制主体对控制客体进行的目标导向的操作。

控制系统是控制主体、控制客体和控制要素、结构、关系的有机集合体,控制主体可以是人(上一级负责人)或物,控制客体也可以是人(下级)或物。控制具有较强的目的性,如系统达到了目标状态,则系统会力求保持所需状态。如系统未达目标状态,则控制作用力图趋向目标状态。智能控制是具有优化选择最佳路径到达目标状态的特性。

控制是对系统的信息进行采集、处理和反馈、使用的过程,为了控制客体按照目标进行活动、运动,要收集客体的相关信息,并与目标、标杆、计划信息比较,发现偏离目标,则发出纠正操作指令,这是一个信息处理的过程。

控制有两类,一是反馈控制,接近于事后控制、被动控制,就是采集信息与目标值比较,发现偏差后通过控制装置或纠偏方法、手段去纠正偏差。比如质量检查中发现钢筋数量少了一根,补一根,以满足要求(达到目标)。二是主动控制也称前馈控制,也称事前控制,就是预先发现偏差趋势,控制或采取措施,使得导致该偏差趋势的要素不发生影响或者给一个与该要素相反的要素,平衡掉致偏要素的影响。比如,预料到某个工序容易产生安全隐患,进行班前安全教育,避免安全隐患的产生,不发生安全事故;又如控制源头污染物排放标准与排放数量,满足水环境质量;动态监测水质,分析判断已实施和在实施工程措施对水质的改善程度和动态影响。

系统均有目标,因此系统离不开控制,控制则与信息密切相关,因此,系统、信息、控制互为关联。

第三节 水环境治理系统工程的方法论

1. 系统工程的方法论体系

在研究处理水环境系统治理时,应用了以下4方面的知识。

① 对象系统领域知识,例如水环境系统治理需要水环境治理方面的技术知识。

② 系统共性方面的知识,例如系统工程方法论、系统思维。

③ 工程管理、管理工程共性方面知识,例如工程项目管理、工程经济、管理科学、管理方法与艺术等。

④ 经验性知识,还没有形成科学、技术等的规律性东西,难以言表或传达,也叫隐性知识。目前尝试通过知识工程方法加以总结传承。

对于方法论体系,一般由下往上分 4 个层次。

① 直接用于工程实践、处理具体问题的工具类方法,如质量管理中的直方图、鱼骨图、计划表单等,简单实用。

② 处理问题或事物的具体行动方式、方法、方案,是使用工具的方法,例如网络计划技术、系统预测、系统决策、系统评价技术、GIS、BIM、AI 等技术。

③ 应用什么技术来满足目标的方法,例如是采用定性方法还是定量方法,又或者是综合集成方法。

④ 处理问题的一系列思想、思维,是方法论层面。方法的方法,前述的系统思想、系统思维均属于此类。

这 4 个层次相当于钱学森先生的工程应用、工程技术、基础科学、系统论或环境论。

面临复杂的水环境治理任务,以生态文明思想指引,系统论为指导,提出系统治理理念,应用水环境治理 6 大核心技术,恰当的管理方法、技术,合理的管理工具和方法,收到较好的治理效果。

2. 硬系统方法论

在早期,系统工程主要处理的是与物相关的东西,要素、结构、边界相对比较明确,俗称硬系统方法,霍尔提出的硬系统方法针对的是问题比较明确的优化方法。

美国学者霍尔于 1962 年、1969 年根据在贝尔实验室的经验,对系统工程一般的工作步骤、阶段划分和常用的知识范围进行了概括总结,提出了著名的霍尔三维结构模型,为解决规模大、结构复杂、涉及因素众多的大系统问题提供了科学的思维方法(图 4-9)。

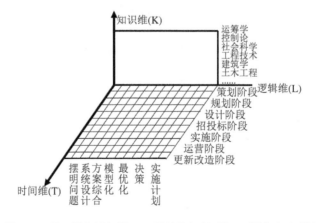

图 4-9　基于霍尔思想管理三维结构(时间维、逻辑维、知识维)

时间维是工作阶段(图 4-10),逻辑维是系统分析方法,对应着系统分析的 7 个步骤、三大阶段(图 4-11),知识维是系统分析所需要、所关联的知识。

(1)策划阶段	分析环境条件,确定所需资源与目标,制订策划大纲
(2)规划阶段	依据策划大纲制订详细、具体的建设大纲
(3)设计阶段	根据建设大纲、设计任务书进行设计
(4)招投标阶段	制订、实施采购计划,合同谈判与签约.
(5)实施阶段	施工、安装、验收,并拟订详细的运营计划
(6)运营阶段	系统投入运营,实现功能,以及期间的监测与维护
(7)更新改造阶段	根据运行过程中出现的问题,改进系统或用新系统替代,或取消系统

图 4-10 时间维

(1)明确问题	把握问题的实质,抓住主要矛盾,找出行动方向
(2)确定目标	针对问题确定要达到的目标
(3)系统综合	收集能达到目标的若干备选方案
(4)系统分析	对各方案进行分析,认清方案的品质
(5)系统评价	根据目标对方案作出评价
(6)决策	选定行动方案
(7)实施	对选定的方案具体实施

图 4-11 逻辑维

系统工程方法论可在三维结构空间上扩展,但在作为具体方法采用时一般只使用时间维和逻辑维,构成活动矩阵,矩阵要素可表示处在该阶段和该步骤的唯一行为(表 4-1)。

表 4-1 系统工程活动矩阵

时间维	逻辑维						
	明确问题	确定目标	系统综合	系统分析	系统评价	决策	实施
策划阶段	α_{11}	α_{12}					α_{17}
规划阶段	α_{21}						
设计阶段	α_{31}						
招投标阶段				α_{44}			
实施阶段							
运营阶段	α_{61}						α_{67}
更新改造阶段	α_{71}						α_{77}

3. 软系统方法论

在遇到需要处理事或物与事均要处理时,特别是与一些社会、环境问题相关,以及与人相关的管理问题,问题的结构并不清晰(无结构问题),俗称软系统方法(或切克兰德方法),软系统方法针对的是问题比较模糊的求非劣解的方法,水环境系统治理遇到的是复杂系统，大量涉及的就是这一类问题。该方法分三个阶段：感性具体、抽象（综合、系统）分析、理性具体（实施总结、反馈），三阶段论同步于硬系统分析的三阶段七步骤（图4-12）。

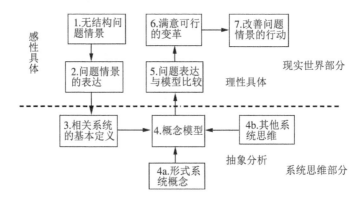

图 4-12　切克兰德方法论工作流程

软系统（无结构问题）具有以下特点：

① 往往是对系统的现状不满意，或希望维持现状产生了对未来的危机感，而这种危机感是与当事人对未来的追求紧密相连的。

② 把不满意的现状转化为可解决的问题的表达方式，即确定行动所要达到的目标或该干些什么的确定回答之间有较大的距离，而走这段路又没有成熟的技术方法可运用。

③ 所关心的实体系统在时间上是无限存在的，某一时刻的行动是对时间上无限的系统的瞬间切入。一些问题解决后，必将引发新的状态与问题。

④ 问题解决的衡量标准与以目标为起点的衡量标准有较大差别，目标导向的问题要求目标的实现的检验标准是"硬"的，而无结构问题却难以确定优化标准，往往是能够改善系统的状态就行了。

⑤ 随着环境的变化或时间的推移，不满意的感受会随之变化，有时问题自动消失，或可能被其他问题替代。

对解决这类问题，切克兰德关注了从系统的存在状态到行动全过程的特点，总结了研究这类问题的分析与思维原则。这种方法是从系统中存在的不满足或不满意的感受出发，希望找到有效的改进方向与可行的行动为起点，一直到找到可行的、能改变不满意状况的行动为止。

步骤 1 无结构问题的问题情景。这一步骤的主任务是判断要处理的背景或系统的现状，是一个人类活动系统中的无结构问题。实际上，这一步骤就是要判断是否用软系统思想来解决所面临的问题。这时，一方面要结合问题本身的特点，另一方面要结合方法的特点。

问题情景，简单地说就是所面对的人类活动系统中不如意的感受，或希望改善的愿望。问题的情景往往是一系列片段式问题的集合。

步骤 2 表达问题的情景。步骤 2 对步骤 1 所收集到的素材进行整理，寻找零散问题之间的联系,或对一些问题进行概括,找出其共同特征。这往往与观察角度有关,不同的角度会产生不同的概括,因而要求从多个角度去概括,称之为表达问题的情景。步骤 2 是对步骤 1 的抽象。谜面就是问题情景,谜底就是表达。

步骤 3 相关系统的根定义(系统是什么)。步骤 3 是该方法一个很重要的步骤。这一步骤首先要理解表达所对应的那个系统的存在性,进而找出这一系统的特征,并给这个系统起名。当然不同角度的概括可以引出不同的相关系统,根定义就是这个相关系统的名字或特征。是对某些系统性质的简洁明确的陈述,当然随着理解的加深该陈述随时都可以进行反复修改。这些定义被称为基本定义,是一种从某一特定角度对一个人类活动系统的简要描述,旨在表明所定义系统的基本性质。步骤 3 是对步骤 2 的进一步抽象。

步骤 4 构造和建立概念模型(系统做什么)。步骤 4 是步骤 3 的展开与深入,由根定义规定了一个系统,这一步骤就是要表明根定义规定的系统必须有些什么内容,即根定义规定系统的必要结构。概念模型是根定义的一个实现。步骤 3 与 4 是思维与智力活动的产物。构造概念模型时,可以说任何描述方式都是手段,不必强调是什么手段,能把系统说清楚就行。正如相同的主题可用不同的文章体裁一样,一个概念模型与根定义之间可能并不存在一一对应关系,但需要把握所构造的概念模型能够体现根定义的要求。

概念模型建立后,就要分析其有效性。考虑到软系统问题及其模型的有效性检验上不同于一般的硬系统模型,故提出一种形式系统模型,用户考察所建立的概念模型的有效程度。形式系统模型是一种人为活动系统的广义模型,是一个根据系统理论建立的、与经验相联系的、但不对人类活动系统的现实世界表现进行描述的"评价系统",其作用在于将概念模型与它相对照,以使概念模型及其依据的基本定义的不足在检验时得以暴露。

形式系统模型的价值在于能够在设计概念模型时审查问题。诸如,该模型的进度显示是否明显,如何达到更好的进程,该模型的子系统是哪些,是否考虑到决策系统的活动对于系统及其环境的影响,系统的边界是否已被定义等。

虽然利用形式系统模型不能保证概念模型一定有效,但至少能保证它与客观现实作对比时,不至因过于草率使系统结构成为无用之物。当然,除此之外,作为有效性的测试手段,还有其他同样受到系统分析者赏识的系统思想可以利用。概念模型的检验还可以采用与人为活动系统相关的任何系统理论和方法进行,以达到所要求的目的(4b. 其他系统思维)。

步骤 5 概念模型与现实比较。步骤 5 把由步骤 3 与 4 思考产生的概念系统与实际的系统进行比较,比较概念系统与实际系统的差别,并且与问题情景相关的人员就其差别进行讨论。该种方法要求尽快地进入比较。这一方面是为了在比较中对研究活动进行反馈,即修改根定义或概念模型;另一方面是为了避免分析者为了追求更精美的概念模型而不愿进入比较。该步骤属于判断和评价阶段。

步骤 6 实施可行的合乎需要的变革。步骤 6 在讨论的基础上确定可行的变革(实际系统的结构设计或改造)，由于是人类活动，这里所说的可行变革有结构的、过程的和"态度"的变革。结构变革是对系统组织结构的改变，如设立新的权力子系统、改变权力分配、增加两个子系统之间的关联或相互之间的控制与制约。过程变革是动态元素的改变，如改变信息流程、汇报制度、文件发放与保存过程的变革等。"态度"的变革是处于问题情景中的个人和集体的意识特征的改变，如系统中普遍存在的观念(类似企业文化)的变革。

步骤 7 改善问题情景行动。步骤 7 把步骤 6 选择的可行的行动进行实施。这种方法获得的行动，在可行性上是有保证的，尽管该方法不是以特定的目标作为行动的导向，但所依据的分析推演是以系统中人的共同价值观为基础的。

软系统方法的核心有两点：

① 选择并建立根定义，由此展开成概念模型。

② 从概念模型与现实的比较中导出可行的行动。

正如水环境治理中往往一时难以完全解决所有的水环境问题，只能从系统治理角度，朝着改进的方向，一步一步地分阶段实现水环境改善，最终达成战略目标。

4. 系统建模的功能模拟和黑箱方法

在实际系统难以描述的问题与场景，如社会、经济、军事大系统，其行为和效果不能用直接实验或简明公式表述时，某些工程技术问题，也许能够借助实验掌握系统的部分要素、结构与功能、特性，但付出的代价太大，得不偿失。需另辟蹊径，采用系统建模功能方法。

"模"是法式、标准的意思，"拟"是设计、打算的意思。系统建模的功能方法是指根据与环境之间的相互作用关系来确定描述系统行为的数学模型。由于在系统建模和系统研究过程中主要是对系统的输入、输出数据及其相互之间的关系进行分析，而不需了解系统内部的结构状态，因此它又经常被称为系统建模的"黑箱"方法。

(1)"黑箱"方法概述

黑箱，也称黑盒、闭盒、暗盒等。指某些事物的结构或机理不能够或不便于剖析，犹如一只封闭的箱子，人们无法打开它直接观察，只能从外部加以研究，通过把握其功能间接识别其内部构造。

"黑箱"一词最早出现于电气工程，指的是在电器网络指定部位更换失效部件时只要求新部件与失效部件的输入输出相同或相近，而不必剖析其内部的结构特性。只要是仅根据对其外部性质的研究来对它进行判断的任何系统都是黑箱系统。

常见的黑箱系统包括：人脑；中医诊病"望、闻、问、切"等，华佗"诊脉视疾"；神经生理学中，通过观察动物的刺激反应来推断其内部神经结构的；初次开门：输入值(如左右转动门把手)和输出值(门是否打开)，而不知其内部结构；考察在课堂上是否认真听讲、确有收获；黑箱方法在人类活动中具有普遍重要的意义。

正所谓"知其然不知其所以然"。

（2）相关概念

白箱，是指内部结构状态完全明确可知的系统。

灰箱，是指系统内部结构信息不完全或不确定的系统，又称部分可观测的"黑箱"。

黑箱的概念是相对的，同一研究对象，对于不同的认识主体，由于主体拥有的经验、技术手段及认识任务的不同，可以是"黑箱"，也可以不是；在不同的历史时期，由于人类认识能力的提高，某一客体开始是黑箱，后来可能是"灰箱"或是"白箱"。

认识对象是否是黑箱，不仅取决于客体本身，同时也与认识主体有关。

（3）黑箱方法

黑箱方法一般包括如下的基本原则和步骤：

① 相对孤立的原则，确认黑箱，把所要研究的对象看成是一个整体。确定了对象的一组输入和输出，就意味着一个黑箱的确立。

② 观测和主动试验，考察黑箱。考察黑箱就是要考察对象的输入、输出及其动态过程。

③ 建立模型，阐明黑箱。建立关于研究对象的模型（框图模型、动态登记表、数学模型等），然后定性、定量和静态、动态的分析评价，对系统的未来行为做出某种预测，对系统的内部结构和机理做出某些推测和假说。

20 世纪 60 年代后期形成的系统辨识方法为研究"黑箱"一类的系统提供了理论基础和有效手段。

5. 系统工程几对关系处理

系统工程特别是水环境污染治理中的系统工程，由于与自然环境、人类活动密切相关，因此要关注 4 个方面的关系。

（1）人与自然

人与自然的关系中，人是主动一方，人不去骚扰自然，自然按照其自身规律运动，人类的恰当活动，所谓的天人合一，不会对自然造成不好的影响。不恰当的活动、违背自然规律的行为，会对自然造成一定的影响，自然会对人类处罚，如发生洪水、泥石流等。人与水环境之间就是这样的关系，水被污染，环境恶化，无法喝水、用水，臭气熏人。人要处理好与自然的关系，顺应自然规律，保护好绿水青山。

（2）人与人工自然

人类文明进步建设了无数的人工自然体，开发建设中使用了自然资源，建设后的运营或多或少影响到自然界，还有一些劣质人工物，比如漏水管道引起地面塌陷，堵塞排污管污染环境，严重影响着自然环境。因此，人工自然物不但要在建设过程中实现低影响开发，而且要在长期的运营过程中与自然友好。

（3）人与人

系统工程中的人与人之间的关系更为复杂，在水环境系统治理中通常有四方面的人，一是政府或治理委托人，二是决策者，三是实施者，四是干系人，一般前两者是同一方，EPC 工程则二、三是同一方，干系人比较复杂，特别是水环境治理工程更甚。

这些人属于不同的组织和团队，有各自的利益诉求，既有个人行为也有组织行为，因此在进行系统分析一开始就要明晰各方关系与需求，不同的团队时而对立、时而一致，比如甲乙方，在处理这类关系时要有辩证思维、系统思维，强调对立统一的后者，追求各方满意，突出治理目标第一、工程目标一致的思想。

（4）人内心

人无论是上述四类人中的哪一方（个），都有其自己的需求，文化和价值观各异，能力强弱等等，具有很强的动态变化性。工程人要树立生态文明思想，追求可持续发展，不断提高自己认识世界、改造世界的能力。

总之，系统工程指导下水环境系统治理是多因复成论，即多种因素复合或综合集成后的结果，要进行全生命周期、全方位、全过程、全要素综合分析考虑。

第四节　水环境系统治理

1. 水环境系统

水环境系统是流域内与水相关的非生物和生物的、有机和无机的各种环境要素及其相互关系的总和，非生物的有水、土、气、岩石、地下管道、河岸、桥梁、船、码头、垃圾等要素，生物要素中的植物分陆地的和水生的，动物有陆地、水下、空中的，包括人类，它们之间以及与非生物要素之间彼此相互作用、密切关联。水环境系统是一个不可分割的整体系统，构成水圈的主要组成部分，它与大气圈、岩石和土壤圈、生物圈的各种物质相互作用、相互渗透、相互依赖，在这些圈层的交界带尤为明显。

水环境系统的内在规律是水与各种环境要素之间的相互联系、相互作用过程，揭示这种规律及其结果——水环境问题，对于研究和解决水环境问题有重大理论与实践意义。人类的不恰当生产生活活动导致了严重的、各种各样的水环境问题。

水环境系统是一个开放复杂巨系统，相关要素在时空上不断变化，与其边界存在多种方式的输入、输出关系，水环境系统在人类少干预状况下长期演化的过程中缓慢地建立起自我调节机制，以保持其一定的相对稳定性。人类的活动加大，施加在水环境系统上影响要素增多，水环境系统不堪重负，失去良好的平衡态，造成水环境问题。

2. 水环境系统特性

水环境系统由水及其相关的子系统和各组成部分之间相互作用，并构成一定的动态网络结构，与水的网状流相关。正是这种网络结构，形成了水环境的整体功能和集合效应，起着协同、关联作用。人类活动造成的连续不断的物质、能量流动，对水环境系统干扰十分巨大。水环境系统有如下特性：

（1）整体性

主要指的是时空上的概念，要对整体的各个部分进行分析，整体的作用和功能要大于各个子系统的简单相加。水环境的性质、功能比其子系统及其要素丰富、复杂,水环境要素之间的相互关系产生的集合效应构成整体的水环境。要运用系统的、整体思想来观察、思考和处理遇到的水环境问题。

（2）有限性

是指水环境的空间有限,资源有限,消纳输入物质的能力有限,或者说自身平衡能力有限。水环境在没有受到人类活动影响或者影响较小时,水环境具有一系列正常信息值,叫水环境本底值。水环境对于输入的物质、能量具有一定的运移、分散和同化、分解能力,该能力使得它可以容纳一定量的污染物质,其最大容纳量成为水环境容量,它的大小与水环境组成、结构以及输入物的物理、化学、生态特征相关。水环境在其运动变化过程中,对输入引起的物理、化学、生物变化有一定的处理和适应能力,从而达到一种新的平衡,保持水体较好的性状,这种作用和能力叫自净能力,一旦超过其容纳和自净能力,平衡破坏并朝着水环境恶化方向演变,这正是水环境有限性的表现。

（3）复杂性

是指水环境系统具有多个层次、多类型要素、时空变化的不确定性,其间关系复杂多样,复杂系统特征明显。

（4）不可逆性

是指水环境系统在运营过程中的能量流动和物质流动的不可逆,前一过程的不可逆可以用热力学理论说明;对于后一个过程表面上看是可逆,但是对于自然过程,可以恢复或者完全的复原几乎不可能。通常复原的成本远大于造成失衡的成本。

（5）灾害放大性

是指一旦失衡,通过水的网络结构作用,深度、广度明显放大,比如数十个排污管道只要有一个严重超标排放,会使整段河流污染,长此以往,土壤也污染,形成流域污染。

3. 水环境系统治理的提出

针对茅洲河水环境问题,要治理这个极其复杂的问题,在总结前人水环境治理经验教训基础上,以习近平生态文明思想为指引,以系统思想为具体指导,提出了系统治理理念,即水环境系统治理。

项目管理是程序化、标准化方法;工程管理是系统工程方法和技术,讲究整体性、层次性、有序关联性、目的性,应用硬系统方法;系统治理是复杂系统方法。什么是复杂系统方法？它是多层次、多目标、多关联、动态叠加开放环境的方法论,应用综合集成方法、软系统方法,既有在较高层次和全局性场景下的方法论,又有在基础层次和局部场景中具体实施的方法论。

4. 水环境系统治理涵义

水污染治理,单纯考虑水体,单纯考虑治理技术,难以完全治理、彻底治理。要牵涉水关联系统,因此称水环境或水环境系统。水环境系统是对象、状态,水环境系统治理是理念、方法和手段,治理不单是“物”即人工物和人工自然物,排放物、管道、水体、底泥、河岸、湿地等,还有“事”即相关的人、企业、社区、政府,以及“物与事”关联部分,在系统科学思想指导下，考虑全局性、整体性、层次性、动态性、复杂性，因此是系统治理，故名水环境系统治理。

参考文献

［1］钱学森. 论系统工程［M］. 上海：上海交通大学出版社，2007.

［2］李金海. 基于霍尔三维结构的项目管理集成化研究［J］. 河北工业大学学报，2008（04）：25-29.

［3］江恩慧，王远见，田世民，等. 流域系统科学初探［J］. 水利学报，2020，51（9）：1026-1037.

［4］嵇晓燕，宫正宇，聂学军. 基于系统理论的复合河流系统健康概念探析［J］. 人民黄河. 2015，37（3）.65-71.

［5］叶建春. 加强流域综合管理与治理为经济社会可持续发展提供水安全保障［J］. 中国水利. 2010，（24）.54-55.

第五章　水环境系统治理学科及其属性分析

第一节　设立水环境系统治理学科的工程实践需求

1. 水环境治理

水环境是指所有与水相关的事与物,可以是流域水环境,也可以是流域内一部分的水环境,还可以是跨流域水环境。

水环境治理是理事和理物,理事主要是处理引起水环境污染的人、社会、企业;理物主要是水环境污染的治理,针对多因复成,采取复杂系统方法处理。

水环境治理工程是理事和理物中的组织管理、方案优化技术,是环境治理的分支,属于环境工程科学,研究水环境治理技术手段,是"硬科学"。

2. 河湖水环境治理十大难点——以茅洲河为例

(1) 正本清源难

茅洲河流域城中村和商住企业混杂,城中村外来人口密集,施工牵涉面广。加上居住密度大,道路狭窄,施工难度大。沿街商铺、小企业大量污水排入雨水排水系统,雨污混流情况严重,分流改造工作量大。

(2) 暗涵整治难

茅洲河支流河道被覆盖的现象非常普遍,深圳侧总长约 47 km。暗涵内沉积大量黑臭淤泥,污水直排口多,多年来成为排污的"便利"通道。暗涵内部空间狭窄、有毒有害气体浓度高、施工作业安全隐患大,整治难度大、耗时长。

(3) 污水收集难

污水管网建设滞后、覆盖率低,部分污水干管长期未发挥收水功能,2015 年宝安片区已建的 152 km 污水收集干管中,仅 48.3 km 发挥了作用,加上缺乏维护,部分已建设管段破损、淤积问题严重,存在不同程度的功能性和结构性缺陷。另外,流域内非重点企业工业废水偷排漏排现象普遍存在,污水纳管率低,导致污水收集困难。

(4) 污水处理难

污水处理设施不完备、污水处理厂处理能力不足,2015 年茅洲河流域内 4 座已建成的集中式污水处理厂均处于超负荷运行状态,沙井污水处理厂服务范围内污水量达 35 万 t/d,但其设计处理能力仅有 15 万 t/d;沙井污水处理厂、松岗水质净化厂曾存在进水浓度较低、未达到设计值情况,污水处理效能不高。

（5）管线迁改协调难

由于大多数整治项目位于高密度建成区，涉及通信电缆、输电线路、供排水管、燃气管等大量管线迁改事宜，价值产权单位多，行政审批时间长，协调难度很大。

（6）深莞跨界河协调难

茅洲河跨越深圳、东莞两市，涉及双方水环境治理目标进度、实施方案不统一以及历史遗留、用地选址、治水技术体系、联合执法等各方面问题。

（7）底泥污染处理难

由于长期污染，茅洲河干支流河床底部沉积大量固体垃圾，仅宝安片区需清淤量便高达 420 万 m^3。另外，河道底泥重金属和有机物污染较严重，处理和处置也极为困难。

（8）感潮河流治理难

茅洲河下游界河段为感潮河段，水体交换能力差，污染带聚集在河口外 1.5 km 范围内。涨潮期间，海水上溯，大量垃圾底泥被带入河床，清理难度极大。

（9）高密度建成区拆迁难

征地拆迁问题是茅洲河治理推进中最大的"拦路虎"。在流域经济发展的过程中，人水争地所带来的河流被违法建筑侵占、蚕食问题非常突出。茅洲河综合整治项目施工路线长，拆迁面积大，仅宝安段即需征拆约 300 万 m^2，房屋拆迁约 30 万 m^2，而征拆赔偿标准较低，征拆谈判难，严重影响工程进度。

（10）污染企业管控难

作为深圳制造业重镇，茅洲河流域（深圳侧）的电镀、线路板、印染等重污染企业曾经高度集中，2015 年该区域的污染企业多达 3.87 万家。废水偷排、漏排、超排现象普遍，沿岸排污口密布，很多"散乱污危"企业混杂在居民区中，管控难度极大。

这十难也是国内大部分地区面临的窘境。

3. 水环境系统治理

面对困境，我们提出系统治理理念。系统治理是研究组织管理的，是既搞技术手段，又搞组织管理，既有"硬科学"，又有"软科学"的一门工程技术。系统治理是从整体的关联的角度，全方位、全过程、全要素治理，是综合治理、源头治理、科学精准治理和依法治理。

将系统治理应用于水环境治理是工程管理的升级版，特别针对管理对象复杂、管理主体组成复杂、管理层级复杂、管理手段复杂等复杂系统，系统的功能参数多、变化不确定性大，只要其中某个参数受到关联系统的干扰、影响，哪怕是微小的，也会在复杂系统放大作用影响下发生较大的变化，乃至系统失稳，系统功能发生变化，或者使原有功能低效化。水环境治理这类复杂系统管理在涉及人（个人或组织）、事、物多相融合下，系统既取决于物——设备、材料、构件的状态，也取决于人——人员的生理、心理状况，组织的诉求和行为还取决于事——管理流程、制度、能力水平。一些显性关联得以解决处理，而一些隐性相互作用不被觉察，易被忽视，造成管理系统失序。管理者要在不稳定、变化多的复杂客观环境下，以目标为导向，设法运用人与组织、物（设备、工具、资金）、事（指标、信息)等各类资源,来达到预定目标的各种活动和全部过程。系统治理侧重于工程"软系统"管理,也关注"硬系统"管理。

管理既有科学的规律可循,又有艺术的运用之妙。系统治理继承了管理科学中带有普遍性的客观规律的部分,例如严密计划、定量计算、全面评价、优化决策等,而且对管理中要求管理者发挥随机应变、周密算计、经验判断、当机立断等能力,用系统工程、综合集成方法来具体地解决带有个性的具体问题。此外,对于一些难以精确地分析和判断的人的行为,特别是一些非理性行为,以及非制度因素的影响。难以精确地预测环境的变化的场景,同样可以采用。

系统治理思想要普及,要贯彻到参与者、管理者,特别是当主要管理者的思想认识提高了,建设生态文明责任心、历史责任感、政策水平、决策能力提高了,治理效果才会显著。

水环境系统治理这一交叉学科才刚刚起步,暂时叫水环境系统治理学科或科学,待成熟了可称之为水环境治理系统工程学。

4. 水环境系统治理学科属性分析

根据钱学森《论系统工程》中所述,系统工程有它特有的学科理论基础,总称为系统科学,而系统科学是一个独立的体系,在系统工程改造客观世界的实践中,提炼出专门研究系统的基础科学以及从这一类基础科学出发,结合其他基础科学,形成一系列研究共性问题的技术科学,而直接研究改造客观世界的学问就是各门系统工程。所有各门系统工程在其学科归属上,只能理解为系统科学体系中的一个专业,归属于系统工程技术一个分支,不能和其他工程学科混为一谈。

科学问题通常在现实中无法找到现成答案。技术问题就是实现某个现实功能的途径;工程问题就是结合多个技术去解决一个系统化的现实问题的方案。技术与工程问题在小问题范畴有所重叠,如采用简单技术就可以解决了,水环境系统治理是一个复杂问题,一个技术还不能解决,需要多个技术的叠加或者多个技术的综合集成、多方协调才能解决,有的部分、区域、时间段,由于人—自然—管理的动态变化能否完全解决是不确定的,其中也包含了一些科学问题,因此,水环境系统治理涉及工程、技术、科学问题,前两者明显,后者,在国家自然科学基金项目对科学问题属性划分中是共性导向、交叉融通一类,突出了多学科交叉和对学科发展的影响。

5. 历史与未来

水是生命之源,我们要充分利用水来塑造自然,建设一个人类和水所需要的环境,人—水—环境三者,看似人主导一切,但是,如果不按照自然规律,终究会被自然惩罚。如人类在利用水之后,排放大量的污水,不加以管理,产生严重的水环境污染,不仅污染水体,长此以往,也严重污染了土壤环境和空气,茅洲河治理之前就是如此(图5-1)。环境恶化、生态平衡破坏、环境质量变差、生产生活难以为继。以往采取的一些水环境治理措施不得要领,治理效果不佳。

水环境系统治理科学是中电建生态环境集团有限公司在治理广东省茅洲河流域的

图 5-1　茅洲河宝安段治理前后对比（左：治理前；右：治理后）

社会实践中，在习近平生态文明科学思想指导下，以系统思想、系统工程为理论基础，在数百亿水环境治理工程投资、建设策划、规划、组织、管理中，发现整体、全局考虑水环境系统总体时所要解决的共性、个性问题，总结出来的成功经验与教训，借鉴和吸收了相关学科的理论方法，逐步建立起来的。由于它的产生和发展比较晚，还很不成熟，名字也可以称之为"水环境治理系统工程科学"，本书为了突出系统治理理念，故名"水环境系统治理（科学）"，属于系统工程技术的一个专业门类，是项目管理、工程管理与管理工程在处理复杂系统实践中不断演化的成果（图 5-2）。

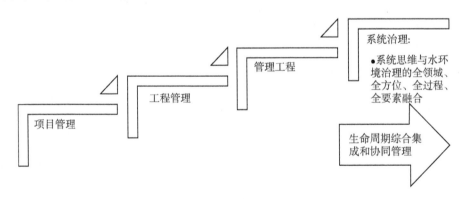

图 5-2　基于系统思想水环境系统治理方法演化

第二节　水环境系统治理研究内容、方法

1. 水环境系统治理研究内容

（1）水环境系统治理科学思想

我们要深刻学习领会习近平生态文明思想以及党中央、国务院有关污染防治攻坚战与水环境治理的系列政策，厘清发展脉络；聚焦水环境治理工程，提出水环境系统治理科学思想的定义，并从系统工程理论框架、水环境治理学科分析、水环境治理工程中的系统

思想与方法三个维度构建水环境系统治理科学思想的理论体系。

（2）水环境系统治理体系构建

水环境系统治理体系是本书的核心内容。

本书通过总结由中电建生态环境集团有限公司承担治理任务的深圳茅洲河等水环境治理典型项目，考察治理现状。通过专家访谈和文献资料分析，梳理我国水环境治理工程实践中存在的问题，分析系统治理思想在现有治理项目中的应用情况和体现出的不足。依据系统工程理论，将水环境治理的系统治理体系用四维结构进行描述，包括：水环境系统治理管理系统、水环境系统治理技术系统、水环境系统治理方法系统、水环境系统治理关联系统。

① 水环境系统治理管理系统

本书把水环境系统治理的管理系统分为工程管理和管理工程两部分。水环境治理的工程管理侧重于治理工程技术与工程单元的管理，属于中微观问题；水环境治理的管理工程指综合运用系统科学与其他思想解决水环境治理的管理问题，实现水环境治理目标，属于宏观问题。这两者存在层级上的差异，本书将首先厘清两者的内涵、区别与联系，并在此基础上构建水环境系统治理的管理体系。

从水环境治理管理系统的要素、结构、功能与环境等入手，结合水环境治理项目实践，将管理系统分为生命周期、内容、知识、标准四个子系统，分别进行研究。

② 水环境系统治理技术系统

以习近平新时代"节水优先、空间均衡、系统治理、两手发力"治水思路和生态文明思想为指引，运用"标本兼治"整体观，创新提出"流域统筹、系统治理"治水理念，以河湖流域复合生态系统为研究对象，以河湖水质改善和生态恢复为目标，利用污染控制技术、水土资源和生态环境保护技术，采用工程措施和非工程措施对河湖水环境进行综合整治，形成城市河流"寻水溯源、织网成片、正本清源、理水梳岸"的四步走治理方案，构建了"控源截污、内源削减、活水增容、水质净化、生态修复、长效维护"六位一体的城市河流水环境系统治理技术体系。

在此基础上，创新提出水环境治理 6 大技术系统：河湖防洪排涝与水质提升监测技术系统、城市河流外源污染管控技术系统、河湖底泥处置技术系统、工程补水增净驱动技术系统、生态美化循环促进系统、水环境治理信息管理云平台系统，以及"三网、两厂"水环境治理分部工程子系统：污水系统网、雨水系统网、河流水系网，建造污水处理厂、污泥处理厂等治理设施工程。

依据水的流动性、沿水流方向，以及依据污染源的产生和传播路径等，按照"源-XYZ（污水处理厂、管网等中间环节系统）-河"的水环境治理系统空间与要素，以及工程与管理系统的维度，梳理各技术子系统之间与各工程子系统之间的联系与相互影响机制，构建三维关系模型。

③ 水环境系统治理方法系统

将水环境系统治理工程中的治理方法按定性方法、定量方法和综合集成方法分类并进行归纳，总结各个系统治理方法的产生、定义和特点，研究方法中涉及的重要标准和指标、半经验半理论观以及基于综合集成方法的管理系统创新。

④ 水环境系统治理关联系统

本书从关联系统的人（组织）—事（协商）—物（工程）三个维度进行分析。组织系统主要包括与组织治理相关的概念与方法研究。治理相关方包括甲方业主群、乙方承包商、社会关注方群等的期望、责任与冲突管理的研究。外部管理要素则包括涉水关联（水＋N）和非涉水关联，如水资源、水安全、水生态、水景观、水文化等涉水关联要素，以及交通电力等非涉水关联要素的治理战略研究。

（3）水环境系统治理应用成效研究

以茅洲河流域治理项目为示范性案例，总结水环境系统治理中的管理系统、技术系统、方法系统和关联系统在实际项目中的实践应用。在上述应用成效基础上，针对水环境治理现存问题，从体制机制、工程管理与管理工程、工程推广三个方面，为水环境治理行业提出对策建议，扩大示范性项目与系统治理理念的影响力。

2. 复杂系统方法论

鉴于水环境系统问题的多因复成思想与复杂系统特性，应用复杂系统方法论，即多物质、多因素、多界面、多过程、多机制、多效应，定性、定量和定性定量结合以及综合集成方法。可以从以下几点进行综合集成：

（1）可操作性问题

复杂性问题的研究，目前还主要在定性思辨、理论探讨的方法论层面，在解决实际问题过程中可操作性不强。

（2）研究方法论转换问题

复杂性研究和复杂性科学是一种认识问题的新方式，这需要进行研究方法论的转换，需要还原论与整体论之间的综合集成，寻求描述和分析复杂系统演化的方法。复杂性问题需要用复杂性方法论进行思考、处理，而目前十分缺少实现复杂性方法论的具体方法和可操作的定量分析与建模技术，针对实际复杂系统的研究偏少。

可以结合工程系统、管理方法、技术系统与方法系统等理论和方法，结合从定性到定量的综合集成方法，建立复杂系统研究的理论和方法体系。

（3）具体研究策略问题

不断创新复杂性科学的理论成果，揭示产生具体复杂性特征的机理，扩展这些理论成果的应用范围，实现这些理论与实际的有机结合，将是复杂性科学的一项长期任务。需要在大量具体复杂系统（例如生态系统、社会系统、流域水资源系统等开放的复杂巨系统，人体免疫系统、生物神经系统、经济系统等基于规则支配的复杂适应系统，沙滩模型等非平衡系统）的实证研究成果的基础上进行理论上的归纳、总结、提炼和再创新。

（4）复杂系统模型及其构造方法、复杂系统的综合评价与决策方法的具体实现问题

例如，复杂系统的综合评价是自然科学、工程技术、经济学、管理科学、社会科学、人

文科学的交叉、综合性研究领域,目前虽然得到了一些分散的研究成果,但学术界尚未从方法论层次上对复杂系统的综合评价理论进行系统归纳、总结和提高,其主要原因有:①复杂系统往往涉及众多半定性、半定量因素;②由不同决策者和专家确定的评价目标一般呈递阶结构形式;③复杂系统的评价过程是一个在评价主体维、评价目标维、评价指标体系维和评价对象维四维空间中求解的复杂过程。

3. 系统工程方法

在茅洲河水环境治理中建立了基准-标准-监测、评价、控制、管理为核心的全过程、全要素、全方位的系统工程方法(系统治理路线),分一主二次三线推进(图5-3)。

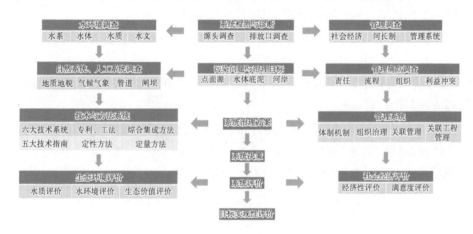

图 5-3 系统工程方法与水环境系统治理路线

主线(按照系统分析方法或逻辑维步骤):

① 水环境系统标准与基准:依据水环境相关的国家标准、地方标准,建立流域水环境系统检测基准,以统一衡量水环境系统各项指标。

② 水环境系统检测与诊断:对水环境系统的水、排污口、雨水口和河道底泥、河岸土壤、水生植物、水生动物进行系统采样、检测,发现异常,进行源头追索、溯源,鉴别污染物,诊断、查明污染源及其排放特征。

③ 污染问题明晰与治理目标的确认,明晰点源、面源、水体河道底泥、河岸等的污染状况,明确治理目标。

④ 依据各项检测与调查,选用科学、合理、可行的技术与方法,构建适合的管理体系、组织治理方法与模式、进行相关方管理,制定系统治理方案。

⑤ 优化系统方案,进行系统决策,并实施方案。

⑥ 对实施效果进行系统评价。

⑦ 最后进行目标实现性评价。

次线一:

① 水环境系统调查,进行水调查,包括水系、水质、水体调查,了解河流水文水动力条件、水体流动状况。

② 自然系统和人工系统调查，了解地理、地质、地貌、地形状况及其变化，了解气候气象状况及其变化趋势；了解水利设施、管网等相关设施运营管理状况，底泥淤积和污染程度等；了解水生态变化，水生动植物生态及其功能变化等。

③ 技术、方法系统论证与选择，六大技术系统及更多治理新技术选用策划，定性方法与定量方法在系统治理方案中的应用。

④ 配合系统评价进行生态环境评价，包括水质评价、水环境评价、生态价值评价。

次线二：

① 管理调查，包括区域社会经济调查、河长制调查、水环境管理系统调查，了解流域内社会经济发展状况，企业性质、规模和种类，居民生活方式和状况。

② 管理痛点调查，包括河长制落实情况、管理责任与权职匹配、管理流程科学性、组织体系运行状况、各方利益冲突与否等。

③ 管理系统构建论证，要构建系统治理方案中的体制机制、组织治理方法与模式、关联方管理方法与模式等。

④ 配合系统评价进行社会经济效益评价，包括满意度评价、经济性评价等。

4. 污染防治与资源化一体化方法

水环境系统治理采取污染防治与资源化一体化方法。

（1）废水、雨水综合利用方法

（2）城市污泥、垃圾无害减量与资源化利用一体化技术

① 污泥炭化制陶技术；② 污泥陶粒混凝土；③ 污泥陶粒制砖；④ 生活垃圾制气工艺；⑤ 干式厌氧发酵产气；⑥ 沼气收集利用系统；⑦ 垃圾焚烧余热发电技术。

（3）畜禽养殖污染控制与集中资源化利用技术

这些工艺具有以下优点：① 体现循环经济思想，有效实现资源的低消耗、废物的再循环与再利用；② 整个工艺流程基于微生物过程，避免采用耗能大、二次污染重的化学过程；③ 体现了一体化的思路，目的是实现污泥、垃圾的无害化与减量化，是资源化的前提与基础。

第三节　学科核心和学科定义、内涵、特征

1. 学科核心与基础性问题

作为学科的水环境系统治理，是一门处理复杂系统的工程技术，综合应用自然科学、社会科学、技术科学的成果，直接改造复杂性客观世界。基础是强调整体性与系统性，应用复杂性思维与方法。

2. 定义

水环境系统治理科学属于系统科学一个（水）环境治理方向——环境系统工程下

的一个分支,它运用系统科学、管理工程和水环境治理工程学科的原理和方法,研究人的生活活动、工农牧生产、自然条件、气象变化等关联方面对水环境治理这类复杂系统的影响;研究合理利用与保护水环境,防治水污染与生态破坏的复杂系统管理技术。在系统科学的基础上,形成揭示水环境污染治理要素生命周期管控的水环境系统治理理论、方法,以及工程、信息、经济、社会、法律等综合集成的水环境治理管理体系。

3. 内涵

（1）水环境系统治理科学

水环境系统治理科学研究涉及两个范畴,一是研究治理规律"事"的;二是研究治理技术、方法与手段"物"的合理应用,软硬科学两个系统。事物是联系在一起的,研究"事"和"物"的科学应该是关联的。系统科学是其思想方法论,管理工程科学是其工具方法论,水环境治理是前两者的应用场景,经过综合集成形成了由管理(包含组织、关联方)、技术、方法等系统组成的水环境系统治理科学(图 5-4),研究其本体论、认识论、管控论等科学现象、规律、本质,各子系统结构、功能以及相互之间的作用、交互演化、协同发展规律,研究"事"和"物"的内在演化机理、规律,并将机理、规律应用于系统设计、改造和提升的方案优化、实施途径,应用于水环境系统的管理、调控和评价,以求得系统各要素匹配、优化和水环境系统与自然系统、社会系统、经济系统等的平衡与协调等。

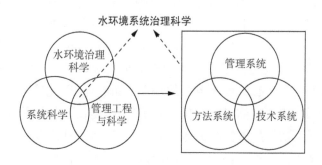

图 5-4 水环境系统治理科学形成

（2）水环境系统治理工程

系统治理工程的第一个方面是找出问题、分析矛盾,根据问题的大小、轻重缓急来决策技术方案、手段,要根据原有状态,采取不同的解决方案,涵盖方案论证、设计、施工、验收、运营的生命周期组织管理过程。

系统治理工程的第二个方面是分析水环境系统治理的工程技术过程,寻找水环境治理的最佳技术经济途径。

系统治理工程强调问题导向实践性,研究治理中的有机构成、合理组合、最佳运营的一门工程实践学问,是系统工程、管理工程技术融合后,在水环境治理工程中的综合集成应用,经历了思想、组织、决策变革,产生了新的机理、规律、体制机制体系,进行了流程重组,实现了整体管理框架的变化(图 5-5)。

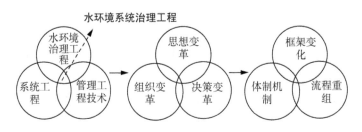

图 5-5　水环境系统治理工程演变

本书从水环境治理的实际需求出发，探讨了水环境系统治理的实施路径，包括系统治理思路的转变、分阶段制定建设目标、开展风险评估、构建系统治理目标与指标体系、水环境布局响应、系统治理能力提升、规划与管理以及多元参与和协同治理等。

4. 水环境系统治理目标分析

（1）目标

在水环境治理的组织管理中应用系统工程，能在治理人所需要的优美水环境系统中找到最佳的方案，取得最优的综合效果。这就要全面处理好水环境这个系统中各个组成部分之间关系以及系统整体和组成部分之间的协调配合关系，改变项目、部门之间各行其是，互不协调甚至互相扯皮的现象。

水环境系统治理就要从科学技术上克服单纯从某一部位、某一部门、单一目标、单一因子考虑问题的弊端，这就要求我们正确处理系统的复杂空间结构和功能。从空间上来说，水环境系统是由各个部分如水、河岸、河道、土壤等组成的一个有机整体，经纬交叉、错综复杂；水环境治理系统是由各个专业如水文水资源、水工、环境工程、给排水、水处理、底泥处理、景观工程、生态工程等组成的一个有机整体，因此要关注局部目标与整体目标的关系，局部目标服从整体目标。从时间上来说，是由一个个阶段组成的生命周期过程。所以，我们既要协调好整体和部分之间，总体和各专业之间以及各专业之间的关系，又要注意生命周期全过程中各阶段之间的过渡和衔接，因此要关注阶段性目标与生命周期总目标的关系，注重长远利益目标。

（2）多目标分析

水环境系统治理特别要注意处理多目标结构，水环境治理的总目标是水质和环境改善，但是，水环境系统中的各个组成部分还有具体目标，如排放达标、底泥达标、补水目标、构筑物质量安全性能目标等，以及一些关联性目标，如政府要求的政治民生目标、关联工程同步实施目标等，这些总目标和分目标的类型和性质不同，有的可能还有矛盾，形成一个复杂的目标系统。妥善处理多目标系统，要从整体、全局、长远的利益出发，兼顾局部、眼前利益，并考虑实施中的技术经济目标，如质量、费用、计划、安全等，建立一个多类多层级的目标系统，尽量量化目标，进行综合评价和协调。单一目标、模糊目标、片面的做法不利于长远发展、可持续发展。

（3）多因素多因子分析

在水环境治理过程中，系统治理理念贯穿始终，并且要充分发挥人的主观能动性，使得技术系统、方法系统效果最大化。系统治理是科学治理，要优先围绕水质改善和提升这个中心，采取各类措施，往往需要多种措施并用，这就出现多因素多因子非线性关联、影响问题，找出这些因子与水环境治理之间的关系，是水环境治理的必要依据，需要应用定性、定量、综合集成等方法，收集数据、建立模型、进行计算、优化方案。

（4）水环境系统治理学科需求分析

日积月累的水体污染，严重影响了自然生态环境、人文生活环境，自然生态恶化不但破坏自然生态系统，也影响社会经济生活，各种水质污染引发的疾病层出不穷。在习近平生态文明思想指引下，迫切需要治理水环境，改善、修复自然生态系统。

而不少水环境治理工程效果不佳，给我们提出了如何更好地科学治理水环境的难题，通过茅洲河流域水环境治理工程实践，在总结思考提炼基础上，提出了应用系统治理理念，有了水环境系统治理学科构建的想法。

5. 水环境系统治理学科结构、功能、价值分析

（1）水环境系统治理学科结构包括思想、理论、方法、工具

思想具有指导作用，系统治理是思想变革加上决策变革（图5-6）；理论是基础，方法和工具是具体实施的核心内容。系统治理的目的是提供人工与自然有机融合工程产品和服务，以满足水环境治理需求；使命是满足各类、各层级用户需求，承担社会与历史责任，体现价值；准则是敬畏自然、生态文明思想与低碳绿色理念，以人为本，促进社会和谐，经济可持续发展；总目标是满足功能质量要求、经济合理、时间科学、相关各方满意、与环境协调、可持续发展（图5-7）；组织、管理理论和方法与工具是系统治理的实现保障（图5-8）。

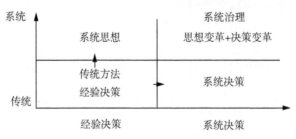

图5-6　水环境系统治理思想的形成

（2）水环境系统治理学科功能

其功能是在更高层面上解决水环境治理这个复杂系统问题，从而为管理工程、工程管理、项目管理提供新思路、新策略。

6. 水环境系统治理学科特性

（1）交叉性

水环境系统治理学科具有明晰的跨学科性质，技术方面有水文学、地理学、生态学、

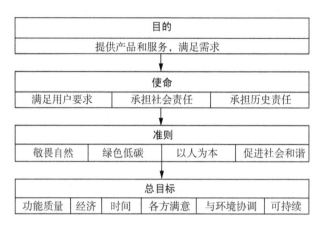

图 5-7　系统治理体系的构成

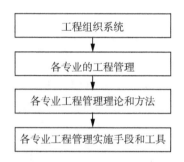

图 5-8　系统治理体系的实现保障

环境学、水处理工艺学、底泥处理工艺学、水利工程、土木工程、排水工程，管理方面的系统论、工程管理理论体系、项目管理技术等，方法方面的运筹学、定性方法、定量方法、综合集成方法（图 5-9）。

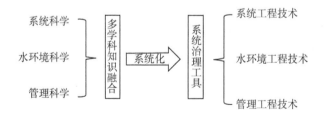

图 5-9　系统思维指导水环境治理工具系统化

　　紧密相关的至少有三个一级学科，即 0711 系统科学、0830 环境科学与工程、1201 管理科学与工程；工程基础科学有生态学、建筑学、土木工程、水利工程等多个一级学科；关联科学有哲学、理论经济学、应用经济学、法学、地理学、生物学、地质资源与地质工程、林学、工商管理等多个一级学科。如表 5-1 所示。

表 5-1　水环境系统治理涉及的学科

大类		一级学科		二级学科（专业）	
代码	学科	代码	学科	代码	学科
01	哲学	0101	哲学	010108	科学技术哲学
02	经济学	0201	理论经济学	020106	人口、资源与环境经济学
		0202	应用经济学	020205	产业经济学
03	法学	0301	法学	030108	环境与资源保护法学
07	理学	0705	地理学	070501	自然地理学
				070502	人文地理学
		0710	生物学	071004	水生生物学
				071005	微生物学
		0711	系统科学	071101	系统理论
				071102	系统分析与集成
		0713	生态学	071101	生态科学
				071102	生态工程与技术
				071103	生态规划与管理
08	工学	0813	建筑学	081303	城市规划与设计（含：风景园林规划与设计）
		0814	土木工程	081401	岩土工程
				081402	结构工程
				081403	市政工程
				081405	防灾减灾工程及防护工程
		0815	水利工程	081501	水文学及水资源
				081502	水力学及河流动力学
				081503	水工结构工程
				081504	水利水电工程
		0818	地质资源与地质工程	081802	地球探测与信息技术
				081803	地质工程
		0830	环境科学与工程	083001	环境科学
				083002	环境工程
09	农学	0907	林学	090706	园林植物与观赏园艺
				090707	水土保持与荒漠化防治
12	管理学	1201	管理科学与工程		
		1202	工商管理	120204	技术经济及管理

（2）综合性

水环境系统治理吸取了相关学科的丰富养分，综合集成为特有的综合性学科，如系统思想与分析方法、设计施工一体化理念、综合评价技术等。

（3）地域适应性

水环境系统治理理论、方法应因地制宜、因时制宜、因人制宜。不同地域、不同季节、不同组织团队，技术经济方案不同。

7. 水环境系统治理特点

（1）自然—人—社会—经济特点

水环境系统治理关联了自然、社会以及人，不单纯是一个自然环境问题、技术问题、社会问题或者经济问题，是各种交叉因素、影响因素汇合后的人与自然、社会、经济关系如何处理、协调以及如何对待等问题。

（2）跨界特点

水环境系统治理存在学科上的跨界，而且领域跨界、组织跨界，还在行政上跨界、技术跨界、方法跨界。

（3）可分可合特点

水环境系统治理过程中的很多内容可分开治理，也可以合并治理，但是都要在系统治理指导下进行，才能达到最优化效果。

（4）动态变化特点

水环境系统治理具有性能上的动态变化性，即由于输入的不确定性，造成治理效果的反复性。水环境系统治理还具有治理范围上的动态变化性，源于水体的流动范围变化。

（5）复杂性特点

水环境系统治理对象客体、治理者及主体均具有复杂性特点。客体的有机与无机、人工与自然，变化莫测；主体的多元同构与多源异构，利益相近、一致与利益对立，组织同化或组织异化，千姿百态。

（6）多目标优化性

水环境系统治理需要满足多方需求，政府、企业、社会，甚至涉及为政为官者个人政治前途、职业生涯，目标多元化，特征明显。

第四节　关联学科与产业

作为一门交叉学科，水环境系统治理关联学科与产业主要涉及下述几个方面。

1. 工程技术方面

主要是直接应用于工程实践相关学科的理论与方法，包括环境工程、土木工程、水利工程、水环境治理工程技术、管理工程与技术、系统分析与集成技术、生态工程与技术等。

2. 技术科学方面

环境科学、水环境治理科学、生态工程规划与管理、组织管理学、系统理论、运筹学等。

3. 基础科学方面

物理学、化学、物理化学、生物学、生态学、生物化学、环境科学、组织论、系统论等。

4. 关联产业

水环境系统治理与水环境治理技术学科、方法学科、工具门类相关联，一起为环保产业、生态产业，特别是水环境治理产业提供科技支撑(图 5-10)。

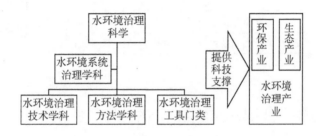

图 5-10　水环境系统治理学科的关联产业

第五节　水环境系统治理学科框架

1. 学科框架

水环境系统治理学科总体框架包括顶层的系统规划，其下依次是系统决策、系统综合、系统分析(图 5-11)。水环境系统治理中无论是管理系统还是技术系统等均先从系统规划开始。系统规划是从宏观上明晰问题、确认目标、制定规划；然后进行前期的策划与决策；进而是具体方案优化与实施的系统综合；最后是具体过程管控的系统分析。

图 5-11　水环境系统治理学科框架

水环境系统治理学科的思想和理论是系统思想、设计施工一体化模式、投融管退融合路径。水环境系统治理的方法论包括系统决策方法、优化方法、定性方法、定量方法、定性与定量结合方法、综合集成方法等。水环境系统治理的管理技术包括系统工程技术、系统评价技术、目标管理技术、信息管理技术等(图 5-12)。

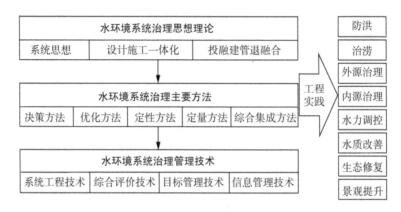

图 5-12　水环境系统治理理论体系概念模型

实施中归纳为科学思想、管理系统、技术系统、方法系统、关联系统 5 大部分。

2. 基础理论

水环境治理系统已经演化出结构高度交错繁复的系统，对这个复杂系统的管理呈现出多维度、多结构、多层次，各系统从宏观到微观的纵横交织、错综复杂的动态非线性复杂系统特性。水环境系统治理主体有必要借鉴国内外的治理经验，在生态文明思想指引下，依托系统工程技术，应用水环境治理技术，以开放的复杂系统理论为指导，通过面向水环境的管理、技术与方法创新体系的建设，走上思维、技术创新支撑和引领下的水环境系统治理之路。

3. 过程与方法

水环境系统治理源于系统工程，解决了一般系统工程解决不了的复杂系统问题，是实现复杂系统最优化的科学，涉及运筹学(最优化方法、网络理论、多目标优化方法)、一般系统论(信息论、控制论、可靠性理论)、系统工程技术(硬系统方法、软系统方法)，以及自然科学、经济学、管理学、社会学、心理学等关联学科。对复杂系统的系统治理重在项目规划与实施，追求不同系统、不同层级系统综合集成和最优化，以满足系统整体目标。系统治理过程与方法使得总体决策者能够理解选择不同方案的结果，并提供给决策者有关复杂系统问题的有效结构框架。复杂系统过程包含多个子系统工程过程，每个子系统工程过程包含了过程输入与输出，其中经历了需求分析、功能分析与控制、功能分析与平衡、综合集成、验证等循环，整体系统也经历了类似的循环，差异之处是增加了复杂系统环境输入(图 5-13)。

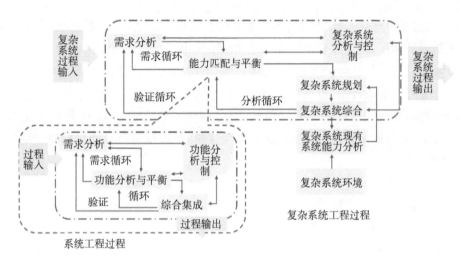

图 5-13　水环境复杂系统工程过程

　水环境系统治理以解决复杂系统的构建与演化问题为目标,其研究对象是复杂系统,区别于系统工程所处理的简单、一般系统对象,在过程原理、方法上有较大的不同,以系统化治理为主线,对系统功能、成本、计划及经济可行性、风险和风险管理进行策略分析,在反复多次的需求分析以及功能、成本、计划系统分析之下,在设计施工一体化分析与验证循环之后,经过系统评审才进入实施。"全过程、全要素、全方位"的系统治理,构成了系统治理体系(生态):一是工程管理系统与要素,包括了多领域、多专业、多层次子系统和要素的综合集成、运用于运营的系统的分析方法和工具、工程管理支撑和保障系统;二是技术系统与要素,包括了工程标准、需求数据、设计规程实施指南、运营手册、工程能力等;三是过程系统化,系统思想贯彻水环境系统治理生命周期;四是功能系统化;五是全方位的策略分析,系统治理工程技术评审、招标采购合同与组织等相关方管理。此外,我们还应十分重视复杂系统之外环境与边界的分析,即水关联工程与非水关联工程,注意其动态性分析。以上系统分析并行推进,构成了系统治理体系(或称系统治理生态)(图 5-14)。

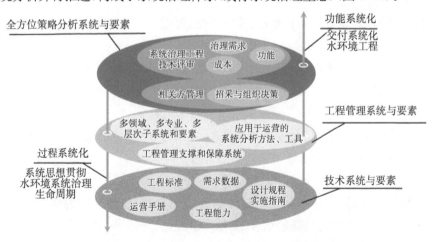

图 5-14　"全过程、全要素、全方位"系统治理体系

系统治理是由管理系统、技术系统（含工程系统）、方法系统、关联系统（含外部环境系统）等构成的体系，通过过程系统化实现功能系统化。

水环境系统治理具体技术和方法较多，针对不同的场景、时段，系统治理采用综合集成方法，有针对性采取技术、方法组合，套餐制、模块化，具体系统工程路线方法见图5-3，源于系统检测，经过问题明晰与目标确认，综合系统治理方案，方案优化后作出系统决策，实施方案，阶段性治理或治理完成进行系统评价，最后要进行近期目标和远期目标的实现性评价与分析。

4. 管理技术与工具

系统治理需要大量的管理工具和支撑技术，才能运作好系统治理。一系列的管理工具形成管理工具箱，包括投融资管理、决策管理、招投标管理、合同管理、计划与控制管理、组织管理（治理）、干系人管理等；一系列支撑技术有网络技术、信息技术、新能源利用技术、虚拟建造技术、计算机技术、项目门户技术（PIP）、并行工程技术、可视化工程管理技术等（图5-15）。

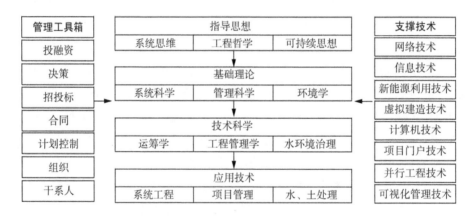

图5-15 系统治理中的管理工具箱与支撑技术

5. 管理提升

水环境系统治理促进了项目管理、工程管理、管理工程的提升。

（1）理论与实践互动加强

针对复杂系统的治理，不断向理论提出新挑战，新的理论急需到实践中去检验，理论与实践的互动、迭代加快、加强，并且涉及多个层次、多个专业领域。

（2）理念、文化、伦理与模式融合

系统治理的系统思想理念、生态文明思想、天人合一、可持续发展观等与设计施工一体化和EPC模式融合，使得水环境治理更加有效。

（3）体系、细节的协调与控制统一

管理体系、工程体系、技术体系与具体的管理细节、工程细节的协调与控制相统一，实现了宏观与微观、整体与局部的结合，实现了系统化。

（4）规范与创新互相促进

系统治理既严格遵守现有的规范体系，也创新制定了众多的新标准，在茅洲河治理过程中，无论在技术还是在管理方面，均有很多管理和技术创新，进而促进了规范规定的完善、升级与体系化。

（5）团队能力与水平共同提升

系统治理的实践是一个勇于面对困难并不断解决问题的过程，在这个过程中团队成员不断融合学习、进步，增长了知识与才干，提高了实施团队的能力与水平。

参考文献

[1] 钱学森. 论系统工程[M]. 上海：上海交通大学出版社，2007.

[2] 李全喜. 马克思主义环境治理学：作为一个学科概念的内涵解析[J]. 哲学探索，2020(01)：233-246.

[3] 迟国梁. 关于新时代流域水环境治理技术体系的思考[J]. 水资源保护，2022,38(1)：182-189.

[4] 路文典,刘鹄. 茅洲河全流域水环境综合治理方案及创新[J]. 水资源开发与管理，2022,8(1)：34-39.

[5] 郭珉媛,牛桂敏,杨志. 京津冀水环境协同治理的实践与经验[J]. 环境保护，2019,47(19)：51-55.

[6] 丁杰. 我国水环境治理要素的协同发展研究——基于复合系统协同度模型[J]. 生产力研究，2019(12)：114-118.

[7] 徐艳晴,周志忍. 水环境治理中的跨部门协同机制探析——分析框架与未来研究方向[J]. 江苏行政学院学报，2014(6)：110-115.

[8] 王俊敏. 水环境治理的国际比较及启示[J]. 世界经济与政治论坛，2016(6)：161-170.

第二篇

水环境系统治理的管理系统

本篇是水环境系统治理的管理基础篇,将从水环境治理的工程管理与管理工程,以及管理系统与要素两个方面论述管理系统,构建起水环境系统治理管理基础理论与管理系统理论。

本篇的第六、七章将分别介绍这两部分的内容。

第六章　工程管理与管理工程

系统治理的基础乃是工程管理和管理工程，工程管理作为管理科学与工程的子学科，工程管理更加面向实际项目的中观到微观层面，管理工程则面向过程的中观到宏观层面。系统治理包括了工程管理与管理工程的本体论、认识论、管控论三个方面。

第一节　工程管理本体论

1. 工程

钱学森把服务于特定目的的各项工作的总体称为工程。工程是人类为了生存和发展，实现特定的目的，有效地利用资源，有组织地集成和创新技术，创造新的"人工自然"，运营这一"人工自然"，直到该"人工自然"退役的全过程的活动。水环境治理工程有两类即排水管道、水闸等"人工构筑物"和湿地、亲水河岸等的"人工自然物"，后者也称人工自然系统。

工程的生命周期可分为建设、运营、退役三个阶段，其研究的成熟度依次而减，实践上也呈现出"重建设、轻运营、弱退役"的现象，特别是水环境治理工程，因与自然密切相关，退役研究文献稀少。工程生命周期评价是对工程的全生命周期中投入、产出及环境影响进行定量化评价的系统评价方法。

工程具有技术集成性和产业相关性。如水环境治理工程六大技术或其中几项技术的集成应用，并不是简单相加，而是"1＋1＞2"的有序集成。也与两方面的产业相关，即水环境治理产业与污染排放物源头相关产业。

工程人聚焦的是工程活动及其过程。工程产物是烙印在其心中的标志。

工程作为一门独立的学科，它包含工程科学、工程技术与工程管理。

工程科学是技术客观规律背后的原创性思想、理论，包涵了自然与社会的客观规律的分科知识体系——自然科学与社会科学。在科学方面，水环境治理要抓住水污染本质，分析水污染物质迁移规律，研究水环境调控机理、治理和修复机理，分析人的行为、心理状态在水污染生成、扩散中的影响。

工程技术是人类为了满足社会需要而依靠自然规律和自然界的物质、能量和信息，来创造、控制和应用"人工—自然"系统的手段和方法。具有可行性、实用性、经济性、成熟性、集成性。

2. 工程管理

（1）工程管理含义

工程管理是对工程活动进行管理，工程管理科学是关于工程管理的客观规律的知识体系。

（2）工程管理的多维结构模型

工程管理基础是三维结构模型，包括组织维、职能维和过程维。

组织维包括水环境治理系统内的业主方、总承包方、咨询和顾问方，以及供应商等其他相关方，还有系统外相关的政府、企业、社区。它们构成全方位组织架构体系。

职能维包括决策、计划、组织、指挥、控制、协调的全管理过程。

过程维包括策划、设计、审批、建设、监督、运营、退役的全实施过程。

工程管理的第四维是全要素维，离散性地渗透到基础三维结构模型中。工程全要素包括质量、费用、工期、HSE、资源、合同、风险、信息、功能、目标。

工程管理的第五个维度是哲学要素维，包括思想理念、伦理、心理、习俗、文化、邻避、矛盾、价值观，如工程与社会、工程与自然、人本、人与人、人与工程的关系和互动的科学、技术与艺术。工程管理倡导"以人为本、天人合一、协同创新、构建和谐"的价值观，这16字在茅洲河治理全过程、全要素中得以充分体现。

（3）工程管理科学

工程管理科学包含三个层次（图6-1），基础是运用定量分析与数学模型等方法，经过融合后叠加数学、统计学、计算机方法，最后是综合运用相关各类基础学科，如生物学、物理学、化学、植物学、水力学等，反映其综合、交叉科学的属性。

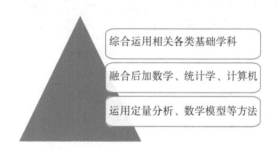

综合运用相关各类基础学科

融合后加数学、统计学、计算机

运用定量分析、数学模型等方法

图6-1　工程管理科学层次

（4）工程管理技术与工具

工程管理技术包括目标控制技术、信息技术、费用管理技术、价值工程技术、风险管理技术等。工程管理工具有质量管理方面的直方图、控制图、鱼骨图等，时间管理方面的网络图、横道图等，成本管理方面的工程量清单、限额设计、成本库等。

（5）工程管理艺术

工程管理艺术指的是工程管理者的品德、魅力、风格以及为人、做事、沟通的方式、方法。核心能力有 5 大技巧，即统驭、沟通、说服、工作、口才。其表现维度包括直觉、经验和洞察力，非量化，局限性，属于思维科学范畴。

（6）工程管理特性

工程管理具有系统性、综合性、复杂性三方面特性。如水环境治理突出了系统内适应系统环境外，系统内各子系统协调；要考虑不同技术相容性的综合集成方法；由于参与、涉及方多，涉及工程类型和数量多，工程管理上升为复杂性、不确定性更大的管理工程，要运用多学科知识、思想。

第二节 工程管理认识论

1. 认识论与系统分析

认识论源于哲学，有三个方面，一是可知论，认为客观世界的物与事不但可以被认识，而且经过人们的思考可以透过现象看其本质；二是反映论，即客观世界独立于人们的意识而存在，所谓认识仅是对客观世界的部分反映，是从反映到感知再到思维；三是实践论，就是认识与实践反馈互动，多次反复、不断深化。

对于工程管理的认识论经历三个阶段：感性具体（明确问题、确定目标、系统综合）、抽象分析（系统分析、系统评价）、理性具体（决策实施、实施反馈），三阶段论同步于系统分析的三阶段（图 6-2）七步骤。

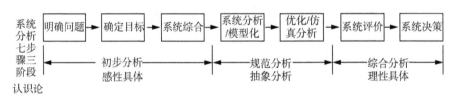

图 6-2 三阶段认识论与硬系统分析

2. 工程管理认识论的三维度分析

（1）时间维度

从时间维度上看，工程管理的认识过程遵循了实践—认识—再实践—再认识的循环提升与深化途径。以中国为例，经历了古代朴素工程管理思想、建设管理制度、过程控制措施，近代工程管理思想、制度、措施，现代的计划经济模式，改革开放后的工程管理体系繁荣发展、"四制"（法人责任制、招投标制、合同制、监理制）完善、融资模式多样化、组织管理模式丰富化、承发包模式全能化，以至 EPC（设计施工一体化）和 PPP（政府与社会合作模式），极大地提高了工程管理效益，确保了工程管理目标，丰富了工程管理实践与理论、方法。大量的工程实践如三峡工程、茅洲河治理工程等，不但考虑了建设过程的系统计划，而且对运营进行了系统部署。

（2）认识和理论维度

古代工程管理是一套独立的发展体系，新中国成立初期我国主要借鉴了苏联的计划经济管理体系，改革开放后开始引进以合约为中心的市场化管理，2000 年后随着我国大型、巨型工程等重大工程的大规模实施，工程管理理论、方法得以全面提高，早期以工程实录为主，系统性理论较少，后来在一大批大型工程项目的实施中，引入综合集成方法的相关研究创新，逐步形成重大工程综合集成管理方法。

（3）方法维度

工程管理方法有早期的计划方法，如华罗庚等的优选法；改革开放后项目法施工，网络计划技术应用，全面引进项目管理方法，项目管理成熟度不断提高，特别是在风险管理方面大量的系统方法应用，促进了工程管理方法深入、广泛的应用；互联网时代的项目管理面对 VUCA（易变性、不确定性、复杂性、模糊性），工程人多维度透视工程管理理论与实践的系统治理趋势，挖掘出基本规律和准则，揭示工程管理认识的本质是系统治理化，进而在现代工程管理数智化环境下，高新技术为基础，创新驱动，综合集成各种资源、新技术、新方法、新材料、新工具于工程管理，逐步凝练发展成系统治理。

第三节　工程管理管控论

工程管理与控制即管控论是工程本体论与认识论走向实践的指引与路径。

1. 管控论内涵

工程管理与控制是工程管理人员在特定产业环境中对于特定形式的技术集成体、活动集成体的管理，是面向特定对象、特定形式的决策、计划、组织、指挥、协调与控制的工作。水环境治理技术很多，茅洲河治理效果在 2017 年前后不同，后期突出强调了集成管理以及活动集成体管理，抓住了系统治理这个根本，成效显著。

2. 管控论本质特征

一是物化特征，工程管控对象比较具体，处理的是"物"与"事"之间的关系，物与物、物与事、事与事；二是智化特征，"办法总比困难多"说出了人的智慧性，此外，信息时代，需要综合集成智能化技术处理大量的数据、信息进行管理与控制；三是价值化特征，工程本质是管好它，控制其不出偏差，体现价值性，全方位、全过程追求管理价值实现。

3. 管控论思想与理念

工程管理应用了系统思想与理念。系统思想是钱学森在《论系统工程（1983）》中提出的，为工程管理理论提供了基础。

随着人工自然物规模越来越大，工程对自然、社会影响力不断增强，人们从哲学层面反思，工程哲学日趋成熟。

工程规模的巨型化，对人的影响力激增，工程人不断从工程伦理角度思考工程与人的关系，以人为本就是工程伦理的具体表现，工程伦理也是工程人思想上的明道。

大量短命工程出现，工程对环境的影响，引出了可持续发展理念，水环境治理中的人与自然和谐的系统工程方法，为可持续发展提供了思想基础。

系统思想与理念在工程实践中的不断渗透，使得工程管理从经验走向科学，工程哲学、工程伦理、可持续发展科学也得以不断完善，进一步丰富了工程管理思想体系。

4. 工程管控方法与手段

工程管理大量的事务是策划和决策，工程决策具有引领性，按照系统分析方法，决策后才有实施。决策首先有前期决策、全过程决策，前期决策主要是投融资决策，做大量、仔细的投融资风险管理分析；其次是重大工程方案决策，往往要收集资料，运用系统分析的逻辑维方法进行系统综合、建模仿真、计算、优化，作出系统决策。全过程决策则是各种技术、管理决策。比如，水环境系统治理中的投融资决策、承包模式决策、治理技术与方法论证等。

决策后的实施需要工程计划指导，工程的里程碑计划、总进度计划、年度计划、季度计划、月度计划、周计划、业主计划、设计计划、施工计划、供应商计划、投资计划、质量计划、安全计划、资源计划等等，构成了多维度、多方位、多要素的计划系统。目前有大量成熟的信息系统，可以对计划作出周密的管理。水环境系统治理的计划系统是管理系统的重要组成部分，按照流程有计划编制、实施、监控与反馈。

计划系统由人去组织实施，水环境系统治理涉及干系人多，组织治理复杂，要据以目标系统，对各种治理业务活动进行结构分解与组合分类，明确职能、职责、工作流程，各类界面管理与协调，并且要根据实际情况对组织系统进行动态调整。组织治理要营造良好的工程文化，发挥个人、团队主观能动性，构建有序化的组织系统。

工程协调系统是计划实施中的管理系统，涉及事和物的协调，就有了管理系统协调和技术系统协调，通过协调使得系统走向有序，少些矛盾和碰撞、摩擦。

控制系统是实现工程目标管理的基本手段，是对实施中的不一致、偏差进行纠偏的过程，借助于反馈与控制系统实现目标管理。

风险管理系统是管理系统中的保障，借助于风险管理系统识别风险、不确定性要素，对其进行评价、监控或转移，以确保工程目标实现。

5. 工程管控理论体系框架

工程管理理论体系是系统思想指导下的工程管理理论的整体化、系统化，明确了工程管理科学内容，揭示了理论、方法、技术的层次关系，理清工程实践的应用领域（图6-3）。工程管理科学作为一门交叉科学，吸收了相关学科的养分，成长为具有丰富理论与方法的学科体系，应用于大量的工程实践。

6. 工程管控方法论

（1）哲学方法论

作为工程学与管理学的交叉学科，工程管理学科最高层次的思想方法是工程管理哲学方法论，主要有思想上的辩证思维、对立统一、实事求是，行为上的天人合一、知行

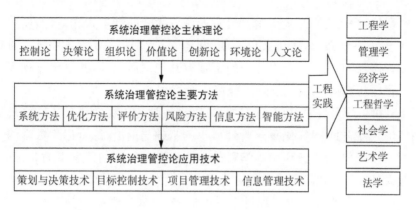

图 6-3　工程管理理论体系概念模型

统一。

（2）一般科学方法论

主要有系统科学、管理学、经济学、社会学、法学、数学、信息科学、物理学、化学、物理化学、生物学、生物化学、工程学等，属于基础科学层次。

（3）技术科学方法论

运筹学、系统动力学、统计学、项目管理学等。

（4）工程技术方法论

建模仿真技术、网络计划技术、系统评价技术、系统决策技术、价值工程、限额设计技术、BIM 技术、水处理技术、土木工程技术等。

7. 工程管控应用技术

（1）策划与决策技术

做好工程管控的前提是要对工程进行管理策划进而作出最佳管理决策。

（2）目标控制技术

应用控制论，针对目标进行管理与控制，如控制图技术等。

（3）项目管理技术

PMBOK 十大模块技术的应用。

（4）信息管理技术

信息技术日益渗透到工程管理与控制的各个方面，有大量的管理与控制软件可用。

第四节　管理工程

1. 管理工程概述

传统的工程管理教育是技术与管理分别传授，很少有充分融合的课程与学科能够注重技术与管理知识相结合的系统性教育，能够将这两方面游刃有余地进行理论结合实践教学的师资奇缺，特别是研究生级别。也有人认为优秀的技术人才，自然而然地成为工程管理人才，但是在实践中，往往只能成为专业有余、宏观把控不足的将才。管理工程作为宏观层面管理，对于大型复杂工程中的管理有其特别需求性，并希望管理者能够对于复杂系统工程、多类型项目群的管理工程特征给予关注。

管理工程承接管理科学，指引管理技术，管理科学与工程学科是研究管理活动规律及其应用理论和方法的学科，侧重于管理科学的基础与前沿，综合运用数学、统计科学、系统科学、行为科学以及信息科学等学科的方法研究各种制约因素下的管理问题，研究成果为专业人员进行管理研究或实践活动提供有效的科学理论、方法与技术支撑。管理科学与工程依托于自然科学与工程科学发展起来，呈现出学科的交叉和知识融合的特点。自然科学、工程科学、行为科学以及社会科学领域的理论与方法的发展为管理科学与工程的建立、发展和完善提供了可借鉴的理论、方法与技术。与其他学科相比，管理科学与工程学科有着以下特点：与其他学科的交叉与知识融合；基础学科与领域的拓展性；理论研究与应用的结合；突出管理学（门类）的研究方法、方法论（及分析的哲学）与研究工具，并给出在相关学科领域的应用示范；突出学科的基础性。

管理工程与其他学科的交叉、融合能够推动其他学科研究成果的应用研究，为其他学科的发展增添了活力和动力，同时也为本学科的发展提供了理论、方法、实践等多方面的有力支持，为本学科的发展提供了更广阔的空间并奠定了更坚实的基础。此外，通过大力推动学科交叉才有可能在国际上提出若干新的学科方向，从而推动管理科学和相关学科的发展，并且为解决我国社会与经济发展中的重要问题作出更大的贡献。

管理学是研究管理活动的基本规律和一般方法的科学，管理工程在本场景（水环境治理）中则是管理科学在系统治理活动中架构与工程管理之上的特有规律和具体技术与方法。思考在现有的条件下，如多项目、多目标、多范围变化、多指标变化、多技术方案组合等，如何通过合理地组织和配置人、财、物等因素，提高水环境治理效率、效益和生态文明水平。工程管理学是研究工程管理规律的，是用来指导工程建设全过程特有的决策、计划、组织、指挥和协调工作的。管理工程是工程管理的管理，现代管理进入以人为本时代，需要管理工程的应用。

系统治理下管理工程改变了传统的项目管理、工程管理体系。一是管理变化，包括了思维、对象、范围、方法四个方面的变化，如水环境系统治理的复杂系统思维、复杂对象、范围动态性、方法综合性；二是管理提升，目标定量化、主体更加明确、体制机制更有可行性、风险管理计划可靠（图6-4）；三是管理变革（图6-5），从河流到水网，再到流域、空间的变化，人、自然及社会系统、经济系统复杂性增加，以及复杂系统响应能力增加，发生了鲜明的管理变革，呈现多目标复杂系统特性；四是模式变化，即从传统模式走向系统模式，出现了多元化投融资，要进行多目标优化分析与决策、要进行全方位全过程多方案比选、要以需求导向和目标导向进行优化、要充分考虑投入运营先后不同而引起的诉求差异性（图6-6）。

图 6-4　管理变化与管理提升

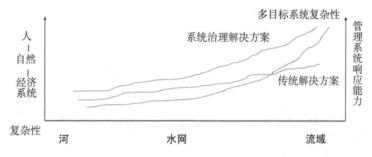

图 6-5　基于复杂系统需求牵引的管理变革

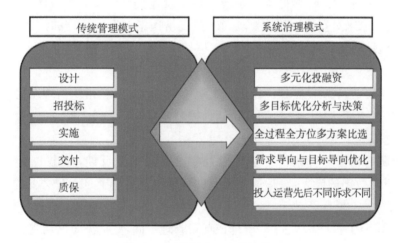

图 6-6　系统治理 VS 传统管理

2. 管理工程中的策划与决策

系统治理中的管理工程面临的是复杂系统,需要进行总体筹划,决策和策划偏重宏观性与战略性,是据以系统工程方法的策划和系统决策,管理工程筹划的策划与决策是全过程、全方位、全要素的。例如是战略采购还是一般采购,是平行发包还是总承包,是EPC 总承包还是一般总承包,是一项技术还是多项技术组合或综合集成。

管理工程的策划与决策具有战略性,水环境治理战略是以实现水环境治理的长远目标所选择的治理策略和选择的行动方针,以及关于治理资源整合、配置策略和方案的总体纲领和计划系统。治理战略包含四个步骤(图 6-7):

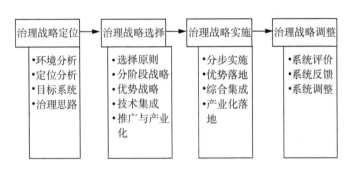

图 6-7 水环境系统治理战略管理框架

（1）治理战略定位

这是一项跨组织、跨领域的系统工程，影响水环境治理的因素多并且变化多、关系复杂，既要考虑所在地自然环境因素、社会经济发展因素，还要考虑各方面的承受力，也受自身技术、管理体制、人员素质等的制约。需要进行系统的环境分析、定位分析，制定目标系统和治理总体思路。

（2）治理战略选择

是在选择原则指导下，做好复杂系统的顶层设计，全局、局部相结合，综合考虑水环境治理的现实、未来对系统治理的要求，技术、经济因素对系统治理的约束，筹划治理战略和总体实施计划及所有的活动。

（3）治理战略实施

做好组织规划，从功能定位出发进行组织体制、组织架构、组织治理结构，以及责任、权力、利益体系、管理流程、业务流程、计划与控制体系等一系列任务。

（4）治理战略调整

这是指随时根据环境条件的变化以及实施结果信息反馈，做出的系统评价与调整，由于信息与数据的庞大，管理信息系统的辅助决策与调整是十分必要的。

3. 管理能力与赋能

系统治理下的管理能力与工程管理或项目管理不同，更加需要大局观、复杂性思维，除了熟悉管理对象、工程技术、项目管理、工程管理外，还需要具有面对复杂系统的协调能力、资源整合能力、组织治理能力，以及系统工程相关的多目标优化、选择排序、关联分析、动态控制能力等。不但要具有管理科学知识，还需具有一定的管理艺术、技巧。

系统治理下的管理工程，需要多方面的知识与技能，数字化赋能是管理工程信息化的基础，复杂大系统的治理，大量信息以及数据的分析，需要管理信息系统支撑，特别是现代信息技术如 BIM 技术、GIS 技术、CIM 技术等都为大范围、大空域、动态系统的模型可视化、管理驾驶舱奠定了基础，为管理工程赋予了锐利的武器。

4. 管理过程与控制

管理过程是管理工程的主体对管理计划与控制实施的行为，对过程的控制是管理工程的核心工作。管理工程不单基于系统分析方法的三阶段七步骤，而且是全过程、全员、全方位、全要素与控制融合。在管理控制过程中涵盖了决策、规划、组织、资源、协调、控制等一系列次级过程。

系统治理也是问题导向的管理过程，以业主（政府、客户）的问题与目标、需求为导向，做出的一系列管理行为。

（1）控制的基础是信息

管理过程中的信息多种多样，有项目管理 10 大模块分类信息，如质量信息中的合格信息、偏差信息。管理过程要采集、传递、预处理、分析和归档信息，控制要进行实际信息与标杆信息或计划的比对，找出偏差、及时纠正，总结提高，不断持续改进管理水平。现代信息技术发展，管理信息系统的完善与提高，信息化进入数字化和智能化，可以进行据以数据的管理即工程数据管理（EDM），提高了管理过程的颗粒度，进入精细化管理时代。

（2）控制方式

管理控制主要有如下两种控制方式：

闭环控制即反馈控制，追求信息、过程的闭环，侧重于追踪、溯源并形成记录与归零报告，要销账归零、日清日高、零缺陷。明确问题归零责任人、监督人、配合人、完成时间和完成形式，实现动态反馈管理。

实时控制突出了控制的及时性、即时性，及时消除偏差，减少损失。实时控制一是要在反馈控制基础上加强事前分析、防患于未然；二是加强动态数据收集与分析能力，应用管理信息系统提高控制的时效性。

4. 管理界面与控制

（1）概述

系统治理的管理界面（接口）多层级、多类型，总体上可以分成内部界面与外部界面，所谓的外部界面就是系统的边界，而所谓外部界面也是相对的，即本层次的外部界面可能是更上一个层次的内部界面。

界面应加以管理和控制，科学的界面管理和控制是系统治理成功的关键，包括界面的辨识和描述，界面的协调和控制，在系统内部，要素之间或子系统之间构成了内部界面。要素或子系统的相互作用、信息传递、资源出入是通过界面发生的。

水环境系统子系统之间界面的划分和联系分析是系统分析的内容，在系统治理中界面具有广泛的意义，水环境的各类系统，它们的系统单元之间，以及系统与环境之间都存在界面。例如：目标系统的界面、技术系统的界面、行为系统的界面、组织系统的界面。各类系统与外界环境系统之间存在着复杂的界面。

（2）界面管理

在管理中，界面是十分重要的，大量的矛盾、争执、损失都发生在界面上。对于大型复杂工程，界面必须经过精心组织和设计，并纳入整个管理工程的范围。对于界面管理的要求如下：

第一，界面管理首先要保证系统界面之间的相容性，使工程系统单元之间有良好的接口，有相同的规格；

第二，保证系统的完备性，不失掉任何工作、设备、数据等，防止发生工作内容、成本和质量责任归属的争执；

第三，对界面进行定义，并形成文件，在工程实施中保持界面清楚，当工程发生变更时特别应注意变更对界面的影响；

第四，界面通常位于专业的接口处，工程生命期的阶段过渡和连接处；

第五，在工程的设计、计划和实施中，必须注意界面之间的联系和制约，解决界面之间的不协调、障碍和争执，主动、积极管理系统界面的关系，对相互影响的因素进行协调。

(3) 界面的定义文件

界面定义文件应能够综合的表达界面的信息，如：界面的位置、组织责任的划分、技术界限、工期界限、活动关系、资源、信息、能量的交换时间安排、成本界限等(图 6-8)。

界 面 说 明

项　目：

子项目：

界面号：

部　门：　　　　部门：

技术界限：　　　　已清楚　尚未清楚

工期界限：　　　　已清楚　尚未清楚

成本界限：　　　　已清楚　尚未清楚

签　名：

图 6-8　界面定义与说明案例

总之，管理工程重在对整个工程的筹划与决策，对工程全过程把控能力上，正如水环境治理往往从运营目标导向到建设实施方案，再到交易机制设计及投融资架构，问题导向方案决策、计划与控制机制。

第五节　水环境系统治理中的管理工程设计

管理工程设计的主要任务是确立水环境系统治理中管理工程的战略构想，制定中长期管理规划，对整体系统、具体子系统或者项目进行规划论证，科学确立和及时调整组织系统和运营系统，创新体制机制、技术集成系统、运营管理机制。

1. 水环境问题的系统分析与总体思路

针对多目标排序、项目组合选择等关键问题，遵循目标导向、问题导向，按照系统分析方法步骤展开研究。

2. 系统治理管理工程设计模式

系统治理需要顶层设计,按照系统治理的管理体系、管理制度、管理技术三个维度展开(图6-9)。管理体系顶层设计要更新管理理念、转变发展方式、全面贯彻系统治理理论;构建系统治理体制机制,明晰责权利制度、优化组织结构、推广系统治理的管理模式;综合应用系统治理管理技术,创新组织体系、建立适用技术体系、完善方法体系。

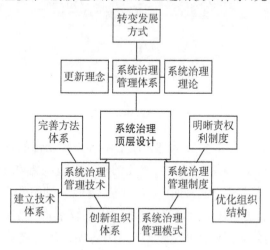

图6-9 系统治理顶层设计

3. 系统治理管理体系构成

水环境系统治理管理体系由目的、使命与价值、准则、总目标几个部分构成(图6-10)。目的是提供优质管理服务,满足各方期望。要尊重多元价值观、认识社会历史使命、承担社会历史责任从而实现管理的使命与价值。遵循生态文明、以人为本、绿色低碳、和谐发展管理准则。实现质量、费用、计划、各方满意、与环境协调、可持续发展等多元化目标。

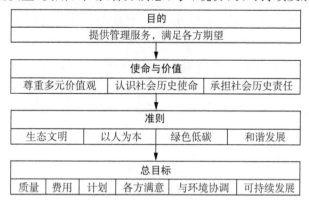

图6-10 系统治理管理体系构成

4. 系统治理的组织、文化、伦理与监管保障

系统治理需要多重、多维、多要素监管保障(图6-11),需要从实践到理论,再到实践的理论与实践的互动、提高;需要新的理念、生态文明与工程伦理,以及与新模式的融合;

需要管理体系、管理细节等的协调与控制；需要规范与创新互相促进；需要所有相关团队能力与水平的共同提升。有了这些才能给予系统治理更好的落地保障。

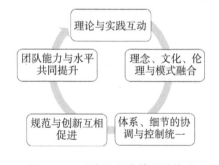

图 6-11　系统治理监管保障体系

　　水环境系统治理是科学治理，在治理艺术上不再是强制性的，更不是使用暴力，而是理念指导下的鼓励和说服。那些严厉的、僵化的规定融化在温和的调控体系之中，其规则对不同的参与者来说已成为不言而喻的东西。行政治理不再独断专行，而是创造谈判、协商的空间，并保证其正常运行。因此，水环境系统治理的空间成为一个广阔、和谐的活动场所，所有人的行动都处在一个多元文化和透明的环境之中。

参考文献

　　[1] 吴登生，李建平，蔡晨. 管理科学与工程学科现状与发展趋势[R]. 管理科学与工程学科发展报告，2014.

　　[2] 何继善，陈晓红，洪开荣. 论工程管理[J]. 中国工程科学，2005.

　　[3] 段红波. 水环境治理项目管理系统建设思路浅析[J]. 数码设计，2018(5):182.

　　[4] 罗梁波. 国家治理的技术框架：从管理工程到社会工程的空间重塑[J]. 学术月刊，2021,53(10):102-117.

　　[5] 姜斌. 大都市水利工程管理问题和对策研究[D]. 华东理工大学，2014.

　　[6] 王青娥，王孟钧，郑俊巍，朱卫华. 工程管理理论体系概念模型构建分析[J]. 中国工程科学，2013,15(11):103-107.

第七章 水环境系统治理的管理系统与要素

第一节 水环境系统治理的管理系统基本理论与特征

1. 管理系统概述

科学理解水环境治理的管理系统，引入系统理论与系统工程的方法论。管理系统是由多个（数百个以上）有机联系、相互依存的目标、对象或技术、行为、组织等系统要素所组成的，具有特定功能、结构和环境的系统。水环境系统治理的管理系统是管理体系的主体，它把不同子系统的人机料法环测等资源要素，组织、人、流程等管理要素，以及水环境治理技术、方法要素，有机集成高效利用，达到价值最大、机制最优的复杂系统，实现管理系统的最优化。以工程系统最优化实现客户目标，管理系统最优化实现企业经营目标，两者有机融合，实现多赢格局。

它具有本体地位，具备特有的运动与发展规律，有自身的目标指向和价值追求，它具有环境适应性的社会、经济、人工自然体。系统治理包含科学、技术、方法、艺术，是对客观规律认识形成的知识体系，是各类方法、技术的综合，是过程中对人、团队、物的管理与协调。具有系统性、综合性、复杂性。

它在生命周期中的不同阶段，在治理的每一个领域均要选择一种或多种方法进行水环境系统治理的各项方案的优化，这也是管理系统使命所在。

2. 定义与组成

水环境系统治理的管理系统是按系统科学和工程管理知识、工程经济规律组织起来的基于工程系统承载能力、具有高效的管理过程及和谐的管理功能的有序关联的系统，由本体论、认识论、管控论三大部分组成。本体论包括管理系统结构与关系，范畴分析（物质与非物质、理性与非理性、集权与分权、平衡与非平衡、正式组织与非正式组织等关系分析）；认识论有主体与客体，包括管理的系统预测、决策、计划等活动；管控论包括系统的组织、指挥、控制、评价以及协同、协调、协商。

管理系统方法论是实现系统目标的手段和工具，包括了知识系统与标准系统。

3. 管理系统特点

管理系统与实体系统不同，主要体现在以下几个方面：

（1）管理系统以人和组织为研究对象，把人作为系统结构、组织中的核心要素，发挥人的主观能动性和组织功能。

（2）管理系统涵盖计划、实施、控制、反馈，涉及多领域、多层次的复杂系统，充满策划与决策功能，在水环境治理系统中具有时间性、经济性、社会性、技术性、可行性。时间性是指管理要能够通过计划安排提高时间效率；经济性是指管理能够控制成本、提高投融资效益；社会性是指管理不仅要考虑项目本身的目标，还要考虑项目社会效益；技术性是指管理要以工程技术为基础，熟悉管理对象的技术方面，以便更好地管理；可行性是指管理过程中要考虑策划、决策的方案可实施性和可操作性，是在经济、技术等各方面可行的。

（3）管理系统兼具信息管理系统作用，应能据以数据预测系统内及系统外部环境的变化，采取相应的对策与措施，以适应新的状态。

（4）管理系统多层次、多类型、多目标，水环境系统治理要对计划子系统、技术子系统、施工子系统、方法子系统做出最优选择，采取最优行动方案。

（5）管理系统应能发挥主观能动性，推动系统有序化，推动环境系统改变自身状态向着好的、绿色低碳、可持续发展方向演化，有利于目标实现。

4. 水环境系统治理的管理系统特征

（1）具有明确主题。不仅仅是围绕单一主题而策划、实施，涵盖了"水＋"（水关联系统）与"非水＋"，在决策水环境系统治理同时考虑了社会、经济与自然。

（2）通过技术与管理方法，提高水体质量，减少环境影响或生态破坏，但水环境系统治理不单纯是环境技术或生态绿色的集合，还包括水文化、生态文明思想教育与普及。

（3）通过工程实施，贯彻、展示可持续发展行为与理念。

（4）具有环境保护与治理的基础设施，使河流和整个周边的环境状况得到持续改善。

（5）指导应用减废减污减碳、节能节水的经济型设备。

（6）指导修复环境、恢复生态。

5. 水环境系统治理的管理系统复杂性

（1）多组织管理复杂性

在管理系统中，大型工程往往有多个参与方组织，其组织构架、组织文化、利益分配不同，导致各参与方的管理目标不统一，进而引发管理系统在组织领导和战略制定等方面差异化。在参与各方之间缺乏契约精神且无约束性文件对其进行互相管控时，容易激发内部矛盾、加大管理系统不确定性，如水环境治理 EPC 模式下设计与施工方、建设方、政府部门等。

（2）多角色管理复杂性

管理系统由多种组织、多个法人组建而成，各方根据自身技术优势承担了管理系统中的部分角色，但基于水环境系统治理的管理系统这一整体组织机构，单一政府部门单一承建方通常既要具备自身角色的优质管理经验，也要具有对管理系统全方位整体管控能力。

（3）多参与方沟通机制复杂性

管理系统涉及的机构多，包括政府、企业、项目公司、承建方、金融机构、运营商、保险机构以及其他受影响的组织或个人等,在合作的过程中,面临复杂的关系和协调工作。通常情况下,大多数总承包商缺乏灵活动态的磋商机制和能力来解决不同参与方之间、不同项目阶段的沟通问题,使得很多项目举步维艰甚至失败。

(4)全生命周期管理复杂性

复杂管理系统建设周期长,各阶段产生的风险都可能对下一阶段造成连锁反应,管理识别阶段研究不充分、前期论证不足可能会导致子项目超概算甚至费用控制失败。目前大多数水环境治理工程存在重建设、轻管理、轻运营的问题,工程建设质量的好坏直接影响运营期的质量和生态可持续发展问题,由于工程质量差增加运营风险,导致治理项目失败的例子比比皆是。

(5)多子项目管理复杂性

管理系统涉及多类型子项目,且项目边界复杂,关联缠绕、互为依存,行业不一,各个子项目建设运营内容不同,还存在分批分期竣工、运营、移交不同步、发挥功能不同步的问题,以项目管理为导向的管理机制对于复杂水环境治理来说显得特别吃力,不仅需要为各子项目设计不同的管理机制,还需要耗费大量的人力针对不同子项目进行精细化管理,不仅加大了对不同行业的子项目管理机制的设计难度,其实操性不强,也难以全部落地。目前的水环境治理工程项目缺乏以企业战略发展为目标、能够涵盖所有子项目管理且实操性较强的全方位管理机制。

(6)项目风险多样复杂性

由于水环境治理工程建设运营模式、组织结构、资金渠道复杂,导致在全生命周期过程中所遇风险多样且复杂,如履约风险、管理风险、协同风险、金融风险等。不同的子项目又需要根据具体情况进行风险识别、评估和管理,应重点把控水环境治理工程全生命周期的风险管理。

像茅洲河水环境治理这类拥有复杂性特质的工程,复杂度与一般项目相比是指数级增长,需要引入一种以系统工程思维为指导,以问题和目标为导向,全方位、全实施过程、全要素的管理系统机制和方法。

6. 管理系统结构

管理系统按其构成要素的性质及其关系,可分为5大结构子系统:

(1)管理实体结构子系统

是指主要由实体要素及其关联构成的管理实体系统,也是管理活动的物质基础。主要由管理主体、管理客体及链接主客体的关联子系统,主体呈现多元化,如河长制、设计施工一体化等,客体有范围、质量、进度、费用、HSE、风险、沟通、采购与合同以及标准等,关联者如一些相关的中介机构等。

(2)管理时空结构子系统

时空是管理实体结构子系统存在的方式,所有的管理活动总是在相应的时空中运动的。

时间通常是单维度,有着先后逻辑关系或称时序结构、生命周期,如工程通常按照设计、施工展开。

时间过往瞬变，因此也有时机性，可称之为时机结构。管理系统在日常是一种连续的量变过程，达到临界点，由于某种随机的影响或扰动，产生质变，形成新的结构，该时刻机会状态称时机结构。抓住机会事半功倍，否则得不偿失。由于其随机性，因此需要管理的艺术性——审时度势、善抓机会。

时光不再来，珍惜时间，妥善安排、利用、计划好时间，无论是个人还是组织都要很好地管理时间，做好各种时间安排，如时间计划结构即各种时间计划，工作时间计划与非工作时间计划，个人时间计划与组织时间计划，自身时间计划与关联协同时间计划等。

空间是主客体存在、活动的状态、位置、规模和体积，具有多维度性，在管理活动中，管理的空间结构包括了组织结构、布局结构、活动结构等。

总之，管理的时空结构具有客观性、相对性、无限性、统一性。

（3）管理信息结构子系统

即与管理相关的所有物理、事理、人理方面的知识、信息、数据，它们所构成的系统。现代信息科技发展，"ABCD2"即人工智能、区块链、云计算、数据技术、数字孪生技术等的应用，信息子系统日新月异，给管理科技带来革命性的变化。

面临日益增加的 VUCA（（volatility（易变性），uncertainty（不确定性），complexity（复杂性），ambiguity（模糊性）），信息极大地有助于管理主体对复杂系统事物认识的广度与深度。

现代信息结构系统除了传统的目的性、价值性、共享性、可控性外，还具有层次性、多源异构性，这需要结构化、编码化、集成化，以便于对信息进行收集、预处理、传输、存储、中心处理、输出、共享等，并通过上述操作使之系统化、数据化，方便管理、协调、控制，实现管理目标，一般状况下信息结构系统包含传递结构系统、处理结构系统、空间结构系统（图7-1），可以实现全程、全方位、全要素的融合处理、共享应用。

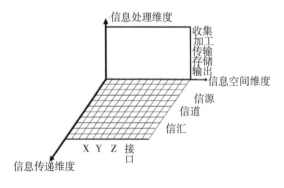

图 7-1　管理信息系统本体三维结构模型

不管是在材料供应、运输、施工的水环境治理施工的上下游链条之间，还是在"重峦叠嶂"的公司管理层级内部及关联公司之间，如何让信息能迅速、无误地进行传达，是工程企业必须克服的难题。管理信息生态系统通过其知识性、载体性、方法性可以实现无障碍交流、合作共生(图 7-2)。

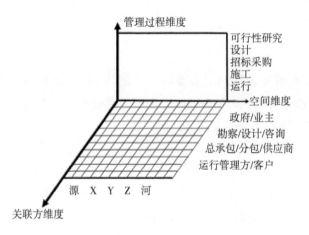

图 7-2　管理信息系统三维结构模型

(4) 管理组织结构子系统

是由组织对象、活动、方式方法等要素按照一定的方式链接起来的具有特定功能性和目的性的有机整体,从本体论来讲,组织是一个复杂控制系统,其结构包括控制机构、执行机构、反馈机构、被控对象、层级结构,通过组织系统实现。依据运动状态控制可以分为计划控制(程序控制)、目标控制(随机控制)、协调控制(适应控制);依据控制方式分为事前(主动)控制、事中(过程)控制、事后(被动)控制;依据信息论,组合系统也是一个信息反馈系统,依靠信息流进行反馈控制、调节构成相互关联的控制系统。

组织结构子系统是管理系统实现的手段、方式,其职能也是管理职能中的基本职能,其他的职能都是通过组织职能实现。组织任务有活动分解、资源(包括人力资源)配置、明确系统内部隶属关系、协调关系、接口关系、信息沟通方式,以及与外界环境的各类关系。

组织结构子系统可以分为直线式、职能式、直线职能式、矩阵式、事业部式、网络系统式组织结构,最后一种是适应于现代复杂系统,依托网络技术关联起来的一种扁平化组织结构系统,应用在关联单元多,需要快速反应,目标、过程动态变化大的复杂组织系统中。无论何种变化,组织系统均要保持指令的统一、层级管理、目标管理、职责一致。

(5) 管理环境结构子系统

是指所有与管理系统边界之外与其管理系统相关的、产生物质能量交换的所有事物和条件的集合体。一是与水环境治理管理系统相关,因此需要遴选,如生态文明建设、治污攻坚战等与水环境治理密切相关;二是环境结构系统的复杂多变性和不确定性,影响要素的加入、影响大小等都呈现不确定性;三是分层性或称远近、紧密疏远性,构成一定的圈层结构。

第二节　生命周期系统与要素

水环境系统治理的生命周期中有不同管理阶段：策划开始到设计、实施、运营与更新、到生态恢复到相对稳定。在治理的每一个领域均要选择一种或多种方法进行水环境系统治理的各项方案的优化。

1. 策划与决策系统

（1）多方案策划与决策

策划若干个方案，进行系统决策，从若干个可以相互替代的可行方案中选择一个最优或非劣方案并实施的分析判断过程。要注意四个要点：一是目标性；二是两个或以上才可以进行比选；三是需要评价标准；四是过程中有一定的准则和持续。

（2）策划与决策需要系统科学思维

一是问题导向的回溯性思维，主要有四种：倒推法是按照问题发生的经过顺序倒推，以寻找问题是在哪一个环节引起，进而找出问题症结所在。析因实验法是通过实验找出原因。概率统计因果法是通过对某种原因在历史上出现的概率进行统计，以找出原因。再认识法是对已经认识过的因果关系，根据新的信息和经验重新加以认识，以取得新的认识成果，找出新的原因。二是目标确定与预测性思维，应用系统预测方法。定性预测有集思广益法、德尔菲法（Delphi）、主观概率法、交叉概率法。定量预测有因果关系预测、时间序列预测和结构关系预测。三是系统综合的结构化思维，通向目标的途径有多条，通过结构化思维，多维度多层次构建解决方案。四是选择方案的系统决策思维，决策贯穿于管理的全过程，管理就是决策，核心是决策，决策是系统工程工作的目的，系统分析从某种意义上就是决策分析。五是实施方案和计划的计划与控制思维，注意计划的实施条件，计划的层次性、阶段性、措施性，就是要考虑计划与控制的实际状况，要关注里程碑计划、总体计划、年度计划、月度计划、周计划，也有按照实施阶段的计划，特别要注意计划与控制的实施保障措施。

（3）管理系统决策建模仿真

水环境系统治理的管理问题向着多元化、复杂化、信息化、多种形式关联化演进，各种决策思想与工具方法广泛地应用于管理实践。

决策模型中任何决策问题至少要包含如下要素：

决策者——是进行决策的集体或个人，一般是指领导者或领导集体。

状态空间 Ⅱ——指不以决策者的意志为转移的客观情况，是决策者不可控制的因素，但对决策结果有重大的影响。状态空间是某种环境要素、某个自然状态或它们的集合，属于状态变量。

$$\theta_j \in \Pi \qquad\qquad (7\text{-}1)$$

$j=1,2,3,\cdots,n$。

决策空间 A——由可供选择的方案、行动或策略组成,是决策者可以控制的因素。决策空间是决策者的某个策略、方案或它们的集合,属于决策变量。

$$a_j \in A \tag{7-2}$$

$i=1,2,3,\cdots,m$。

决策函数——每一状态下所对应的每种决策将产生某种结果(受损或受益),将这种结果表示为 a_i 和 θ_j 的函数:

$$R = f(a_i, \theta_j) \tag{7-3}$$

决策准则——是决策者对决策进行最后的评价、比较和选择的标准。在决策时又分为单一准则和多准则。决策函数也就是决策问题矩阵模型,是决策者在某种状态下,选择某个方案的结果,是决策问题的价值函数。

$$V = g(R) \tag{7-4}$$

综上所述,一个决策问题可以用如下表达式加以描述:

$$\begin{cases} R = f(a_i, \theta_j) \\ V = g(R) \end{cases} \tag{7-5}$$

(4) 管理系统决策过程

决策过程是一个动态过程,大体上由如下四个阶段构成。

准备阶段是前提,主要包括发现决策问题、确定目标和确定价值准则;分析阶段是基础,主要包括拟定方案和分析评估;选择阶段是关键,首先要根据实际情况确定决策准则,运用科学的分析和思维方法对各种拟定的方案权衡利弊,从中选取其中一种,或综合成一,最后确定采用的决策方案;实施反馈阶段是验证,当方案选定后,要在实践中实施、验证(图 7-3)。

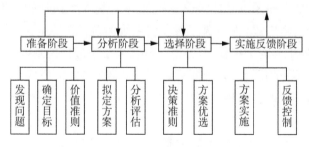

图 7-3　决策全过程

2. 设计系统

水环境系统治理的设计系统是为解决水环境问题勾画蓝图,具有研发创新性,满足自然可持续,满足人类正常工作、生活需要,应用了最新的管理、技术要素,它是在目标约束下的一系列有目的的活动,建立在多学科基础上,勾画物质文明蓝图的活动。系统思维指导下的设计系统是在多约束下，在管理、技术可行基础上，考虑当时、当地的社会、经济要素；满足目标的方案、路径是多样的，需要反复优化、抉择；以求最优或非劣解为上策。

设计系统三要素即价值、功能、费用：

$$V = F/C \tag{7-6}$$

式中，V 价值，F 功能，C(cost) 费用。

或者效益是约束和时间的函数：

$$B = f(C, T) \tag{7-7}$$

式中，B 效益，C(constraint) 约束，T 时间。

更广泛地，约束 C 通常为投资、成本、周期或者规范、规程、标准，以及政治目标和社会评价满意度。

设计系统的思维范式有可知论、功能与效益和效应观、可持续发展观。设计系统的分析思考过程遵循逻辑维的三阶段七步骤，特别地对于水环境系统治理这个复杂系统问题更要建立起整体性思维、综合集成方法、现代管理工程技术与方法。

现代信息化技术与智能化技术的加持，使得设计系统发生了深刻的技术革命，如 BIM 技术、大数据技术、云计算、数字孪生，为提高设计效率，更好地满足客户需求，智能设计正迈出坚实步伐。

设计系统中的面向对象思想，暗合了系统思想。对象可以是子系统、要素乃至部件、构件，聚合为类、族，以空间计算（计算几何学）为基础，实现问题空间到解空间的映射乃至孪生。

设计系统的面向对象方法蕴含了整体性设计思想，以整体最优来考虑统筹局部的优化方案。面向对象方法可以将设计系统中的分类关系、组合关系、因果关系、关联关系等，无论是其属性的哪方面关系均可以作出模型化表达。

3. 实施系统

蓝图勾画后的实施是系统功能实现的关键，水环境系统治理的实施采用设计施工一体化（EPC）为主的实施模式，正是源于水环境系统治理的复杂性特征，也是整体性思维的落地，有利于管理工程的全过程、全方位、全员、全要素过程控制。

实施面临的环境更加复杂，系统要素动态变化，要严格按照规划、计划、体制机制去实施，做好实施的检查、监督与控制，做好实施过程的系统评价，及时反馈，以适应不断变化的系统环境。

实施的理论与方法均以系统思想为指导，有面向项目的项目管理理论与方法，有 PMBOK 及其十大模块；面向多项目的工程管理理论与方法，有工程管理理论架构体系；面向项目群、复杂系统的管理工程理论与方法，有管理战略、策划与决策、能力与赋能、过程与控制、界面控制、功能与结构等。

实施中特别要注意处理目标系统内部的对立与统一关系、主次关系、辩证关系，如功能治理与造价，进度与质量，在产生矛盾时要抓住主要矛盾以及矛盾的主要方面。

在设计施工一体化实施中存在着设计与施工的复杂关系,有的施工单位存在着做到哪里要求设计单位变更设计到哪里,设计师则以不符合规范等拒绝修改设计,矛盾与问题重重,因此要在设计时尽量考虑施工的可行性,最好做基于 BIM+GIS 的虚拟建造,既要设计可行、施工方便可行,又要节省成本,水环境系统功能完善。设计施工一体化实施中要抓住主要矛盾和矛盾的主要方面,往往施工提出的要求、意见比较多,因此要构建以施工为主体的懂设计、懂管理、懂运营的工程组织体系,建立完善的设计施工一体化特色的管理体制机制,以取得管理系统效益最大化。

4. 运行系统

水环境运行系统是为满足水环境目标而实施的所有运行环节与职能机构的集合,包括采取的一系列管理措施、技术与方法措施,在运行过程中存在着多方面的物质、能量、信息的交换关系。管理系统为运行系统提供了管理手段,规定了运行系统的规制,提供了管理增值服务,确保了运行系统的良好秩序。运行系统为管理系统规定了目标和进程,也是管理系统显现功能的场所。

水环境运行系统具有持久性、多发性、相对确定性、动态反复性等特征,还要处理好水环境运行中的排放标准与水质保持,污水排入量与水环境容纳量之间的矛盾等。

为了确保水环境运行系统的均衡、有序,需要注意:一是管理系统的合理性,包括人员、设备、设施、强度等的合理化配置;二是与外部条件的协调性,水环境相关的外部要素要与内部要素、子系统协调;三是管理系统基础工作的保证性,能够使得管理系统均衡有序地运行,为组织管理提供数据、信息,以便进行集合、组织、指挥、协调、控制;四是组织指挥的及时和有效性,这与管理人员素质、能力有关。

为了良好地管理运营系统,需要确保输入运营系统的技术系统正确性、完备性、接口匹配性,技术系统的功能和水平决定了运营系统的功能和水平。

技术系统也规定了运营系统的行为规范,包括设计图纸、交付模型、工艺方法、质量标准在内的一整套标准、规程、程序等技术指导文件。这是运营系统实施的依据、行为规范。设计、施工质量在很大程度上决定着运营系统的水平与效益以及可持续性。

技术系统要为运营系统提供高质量、有限时长的服务。

第三节　内容系统与要素

水环境系统治理的内容系统多元多维多型,涉及很多方面,本书主要阐述生态文明建设、河长制、治污攻坚战内容及其要素。

1. 水生态文明系统与要素

(1) 水生态文明现状

水生态环境质量下降,主要体现在北方水资源开发过度,东中部水污染严重,水污染事件频发，水生生物栖息地被破坏，近岸海域局部污染较严重，湖泊富营养化严重。客观原因乃是我国的自然条件和水情特点以及我国的经济社会发展规律所致。主观原因乃是：一是水生态文明意识薄弱；二是对水生态文明缺乏科学认知；三是在水生态文明机制体制方面有欠缺。

（2）水生态文明建设存在的问题

一是缺乏对生态问题的清醒认识与思考，人定胜天思想残留，对自然的巨大潜力认识不够，比如对湿地、林地、亲水河岸的自然调度、循环作用缺乏认识；二是没有将自然系统本身的修复调节功能很好地用于水环境修复中去，实现人工系统与自然系统高度融合；三是没有把人水和谐思想和水生态文明理念贯彻到水环境治理的全过程、全要素、全方位。

（3）水生态文明建设思想基础

水生态文明建设兼具物质与精神双重性以及系统性、长期性、复杂性、差异性，有其自身结构、属性。水生态文明建设是水资源节约、水环境保护、水安全维护、水文化弘扬、水制度保障"五位一体"的有机整体，形成一个相互联系、相互影响、相互作用、相互协调、相互促进、相辅相成的系统。水资源节约是系统存在的基础，水环境保护是系统质量的条件，水安全维护是系统平衡的根本，水文化弘扬是系统运营的灵魂，水制度保障是系统功能的保证。

（4）水生态文明建设措施

一是优化水资源配置格局，明确水域的空间功能格局，合理配置生态、生活、生产用水，既遵循自然规律又考虑经济社会发展需求，促进生态文明进步；二是全面建设节水防污型社会，以可消耗水量、可占用水空间、水污染负荷作为规划经济社会发展的总量、结构与布局，从源头上规范全社会的供水、用水、排水行为，构建保护水生态系统体制机制，建设节水型社会、循环经济、清洁生产；三是构建美丽健康品质河湖生态系统，水质方面的截污导流、生态疏浚、水生态系统重建与修复、水功能区全面达标，水量上的合理调配多种水资源，空间形态上水网畅通、岸线生态自然、景美宜居；四是生态文明建设保障体系，要建立评估考核制度、生态价值补偿机制，进行全年龄、全方位的意识教育、体制机制创新，要有投入保障。

2. 河长制系统与要素

河道是水环境系统的主体，大到江河，小到水网末梢的沟渠，水环境健康与否河道是关键。因此，针对河道及水环境严重恶化状况，国家立法推出河长制这一世界首创的水管理制度，是政府水环境系统治理的主要内容。

（1）河长制管理系统的原则、架构、保障

河长制的四大原则：生态优先、绿色发展，党政领导、部门联动，问题导向、因地制宜，强化监督、严格考核。

河长制的基本架构是责任体系、任务体系、制度体系三大部分。责任体系明确了河道管护主体和责任人，省、市、县、乡四级河长体系；任务体系包括了河长制的六大任务：水资源保护、水污染防治、水环境治理、水域岸线管理、水生态修复、加强执法监管；制度体系包括会议制度、信息共享与报送制度、工作监督制度、考核问责与激励机制、验收制度等。河长制的推行是领导责任制,信息化平台作为河长制建设的抓手,信息化系统的建设目标是管理任务全覆盖、工作过程全覆盖、业务信息全覆盖。

河长制的四大保障:加强组织领导、健全工作机制、强化工作问责、加强社会监督。

（2）河长制系统内容要素

涉及两个层面的内容:一是行政工作方面,包括具体的工作方案、完善的工作机制、实用的工作制度;二是具体工作方面,包括河道信息摸底、河长职责划分、河道日常管理、考核监督,这些具体工作要求数据可落地、考核标准化、管理流程化、信息公开化。

（3）河长制系统管理需求

体制机制满足河长履职、考核、一河一策、跟踪监督等措施的规范执行;河长可以随时随地了解与掌控动态变化以及相关事件处理状况;方便公众参与系统治理;整体管理网格化、责任化、量化。

3. 治污攻坚战系统内容与要素

中国特色的社会制度以及工程管理体系,结合水环境治理特点,采取运动式的治污攻坚模式,运动式治污有利于集聚各方力量,形成各方共识,起到短期解决大问题的效果。

（1）工程内容与要素

依据水环境系统治理的理论、方法与路径,选取水环境系统治理工程对象、内容与要素,厘定分部分项工程及其配套工程内容,明确应用六大技术系统、五大技术指南和其他相关工法（第三篇详细介绍）。

（2）非工程内容与要素

治污攻坚战的非工程内容是工程内容的一种补充,解决工程内容系统难以解决的水环境治理问题,其主要由人们主动协调与污水治理关系的自然观和社会观组成,强调"以人管人"来协调"用水治水"。非工程内容系统要素主要包括环境法律法规、政府防污治污职能、公众参与机制、水环境保护意识加强手段、政府的监管和决策机制等。

（3）社会内容与要素

治污攻坚战的社会内容主要包括社会生活子系统和社会生产子系统等。社会生活子系统中包含了以"人的体验"为评价尺度的要素,包括个人或整体对于水环境治理成效的体验、评价、生活幸福感的提升等。社会生产子系统中包含了产业和企业生产理念与方式转变的相关要素,包括以生态文明为指引的围绕节水、防污等在内的一系列生产理念和措施。

第四节　设计施工总承包模式的管理系统与要素

水环境系统治理宜采用设计施工一体化（EPC）的总承包模式,其管理系统简称为EPC管理系统。

1. EPC 管理系统

EPC 管理系统是一种综合集成管理系统，具有下述特征。

（1）整体与范围管理的过程变革

水环境治理涉及面广、工程范围易变，不同的施工方案，对投资、功能结果影响很大，采用设计施工一体化模式有利于工程决策与管理，减少工程投融资风险。因而水环境系统治理是从获得良好的水环境产品这个角度去关注产品实现过程，体现目标导向，进行研发、创新、设计、施工，关注水环境产品功能、特性和量质。

（2）合同与采购管理一体化，体现综合协调、控制协同

①业主把工程的设计、采购、施工工作全部委托给一家工程总承包商承担，总承包商对工程的安全、质量、进度和造价等全面负责。②总承包商可以把部分设计、采购和施工任务分包给分承包商承担，分包合同由总承包商与分承包商之间签订。③分承包商对工程项目承担的义务，通过总承包商对业主负责。④业主对工程总承包项目进行整体的、原则的、目标的协调和控制，对具体实施工作介入较少。⑤业主按合同规定支付合同价款，承包商按合同规定完成工程；最终合同双方按合同规定验收和结算。⑥总承包商支持业主管控水环境治理的治污目标，并以动态提供方案提供支持（图7-4）。

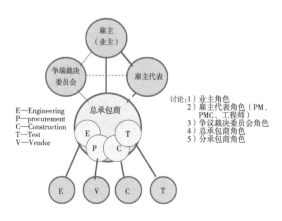

图 7-4　EPC 模式交易结构图

（3）设计施工一体化（EPC）的基本特征

EPC 是以工程技术为基础，具备设计、采购、施工或施工管理、运营服务、项目管理服务全功能，能为业主提供工程建设全过程和全方位服务。

EPC 的基本特征可归纳为：①专营或主营工程建设项目。②具备 MEPCT（前期决策咨询、设计、采购、施工、交付）全功能。③专长工程技术综合集成。④专业技术人员齐全、素质高。⑤有完善的项目治理体系。⑥以项目管理为中心。⑦实行矩阵式管理。⑧有完善的项目管理基础工作。⑨具备相应的融资能力。

2. EPC 管理系统、要素与方法

（1）EPC 管理系统五维度方法

EPC 管理系统方法有别于传统管理方法，呈现五维度思想即全过程全方位全员全要

素及系统化和集成化新特征。一是由过去部分空间工程管理向全方位系统管理转变；二是由过去部分要素工程管理向全要素系统管理转变；三是由过去单一部门和岗位的管理向全员系统管理转变；四是由过去阶段性管理向全过程生命周期管理转变；最后是对上述四个方面进行系统化和集成化管理（图 7-5）。

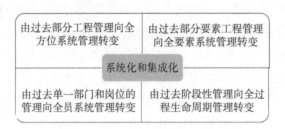

图 7-5　EPC 五维度管理系统方法

（2）PDCA 循环方法

系统治理的 PDCA 循环方法，以目标（计划）管理为基础，以实施中动态系统管理为手段，以各阶段的系统化计划、跟踪、控制为要点，以不断纠偏、反馈、总结提高为常态的全过程全员全方位全要素的系统控制。

（3）EPC 管理要素

EPC 管理产品实现过程要素有报价管理、初始阶段管理、设计管理、采购管理、施工管理、试运营管理（开车管理）六个方面；项目管理过程有项目启动、项目策划、项目实施、项目控制、项目收尾五个要素；项目管理的主要内容有项目综合管理、项目范围管理、项目进度管理、项目成本管理、项目质量管理、项目人力资源管理、项目信息沟通管理、项目风险管理、项目合同管理，加上项目相关方管理，共十个方面（图 7-6）。

产品实现过程		项目管理过程		项目管理的主要内容	
1	项目报价管理	7	项目启动	12	项目综合管理
2	项目初始阶段工作	8	项目策划	13	项目范围管理
3	设计管理	9	项目实施	14	项目进度管理
4	采购管理	10	项目控制	15	项目成本管理
5	施工管理	11	项目收尾	16	项目质量管理
6	开车管理			17	项目人力资源管理
				18	项目信息沟通管理
				19	项目风险管理
（实现产品功能、特性和质量）		（实现效率和效益）	20	项目合同管理	
			21	项目相关方管理	

图 7-6　EPC 全要素管理图

3. EPC 管理流程系统

（1）策划阶段工作流程

EPC 管理流程系统的策划阶段过程包括下列 21 个子过程：①项目范围策划，形成项目范围说明和项目范围管理计划。②项目范围定义，对项目范围进行分解，形成 WBS。③项目活动定义，列出项目活动一览表。④项目活动排序，确定项目活动之间的逻辑依赖关系。⑤项目活动历时估算，估算每项活动的工作时间（周期）。⑥项目进度计划编制，根据③④⑤编制进度计划。⑦项目风险管理计划编制，制定如何管理项目风险。⑧项目资源策划，确定项目活动所需人、设备和材料及其数量。⑨项目成本估算，估算完成项目所需的成本。⑩项目成本预算，把项目估算按 WBS 分解和按进度分配。⑪项目计划编制，汇总项目各方面的计划，编制成连贯一致的计划。⑫项目质量计划编制，确定项目质量标准及达到标准的方法。⑬项目组织策划，确定项目组织、职责、报告关系。⑭项目人力资源策划，筹划如何获得项目所需人力资源。⑮项目信息沟通计划编制，确定项目干系人的信息和沟通需求。⑯项目风险识别，识别可能影响项目结果的各种风险。⑰项目风险定性分析，定性地排列风险对项目目标的影响程度。⑱项目风险定量分析，测量风险发生的概率和净值。⑲项目风险应对计划编制，制定一旦风险发生的应对步骤和方法。⑳项目采购计划编制，确定采购品种、数量和时间。㉑项目询价计划编制，编制询价文件和确定询价厂商（图 7-7）。

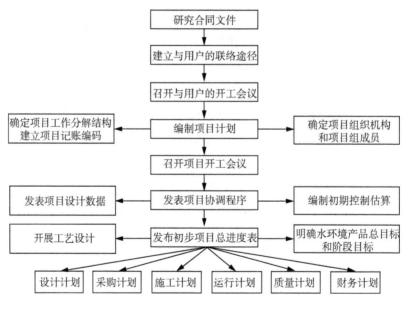

图 7-7　策划阶段工作流程图

（2）初始阶段的工作流程

主要有以下 18 项，该阶段的主要工作为 EPC 管理准备工作，要求将管理初始阶段的工作纳入管理程序，初始阶段的流程（图 7-8）。

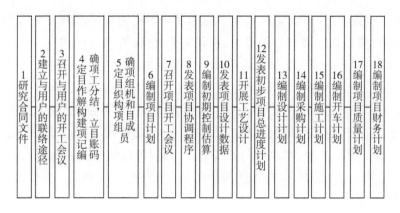

图 7-8　初始阶段工作流程图

（3）设计管理流程

包括以下 8 项工作（图 7-9），要做好 ACF—Advanced Certified Final Drawings（先期确认图纸），以及 CF—Certified Final Drawings（最终确认图纸）。要注意采购纳入设计程序是 EPC 工程总承包的显著特点，与单纯设计有重大区别。

水环境系统治理 EPC 管理系统中设计与施工要有效衔接，管理效益提升：一是有经验的总承包商协调业主、设计、施工以及社会各方；二是实现了施工经验加入设计，避免了返工和变更；三是落实了图纸和设备交付进度，避免了窝工；四是设计与施工的内部有效协调，降低了运作成本。

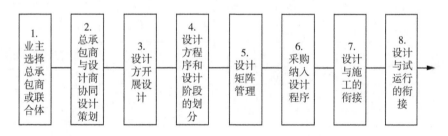

图 7-9　设计阶段工作流程图

（4）EPC 责任

负责任的 EPC 承包商将同步以水环境目标实现和工程建设任务完成作为应共同完成的同向双目标，并支持委托人协调好这两个目标的差异，促成双目标的实现。

第五节　知识系统与要素

1. 知识系统与要素涵义、概念模型

知识系统是由人和组织、技术、方法、工具以及知识载体共同组成的复杂系统。知识系统是一个多层级系统,子系统很多,而其基本要素归纳为知识点/集、人、载体。在知识系统的知识点/集要素之间有交叉关系、相同关系、隶属关系、相关关系等,在知识点/集与人、载体之间有存储关系、映射关系、集成关系等,人之间有交流、合作、共享关系,载体之间有相似关系、分类关系,人与载体之间包括了个人因创新、吸收、利用、文档而构成的知识关系。三个要素及其关系又构成三大子系统即知识子系统、知识主体子系统、物质载体子系统。后者多为显性知识,如文字、图表、声音、影像等;知识主体的知识则多为隐性知识,如直觉、预感、经验,需要专门处理得以保存;组织或机构的知识,则有物质载体的和人或主体的,也需要专门处理或工具加以保存,以便传承、利用。这些构成了知识系统管理的主要工作。

知识系统的主要功能包括获取和组织知识、保存知识、传播知识、创造知识、经营与管理知识资产、营造人和组织的知识文化。

知识系统作为水环境系统治理管理系统的子系统,涵盖了系统工程＋管理工程＋水环境治理知识的有机集成体,一个复合知识系统及要素和过程,是由大量跨界知识要素构成的各类知识子系统,各类知识子系统综合集成后构成水环境系统治理管理系统下的专业子系统－知识系统(图7-10)。理论知识指导方法知识,方法知识指导技术知识。三者融合应用于工程实践的方方面面,并在实践中总结经验教训,形成新知识、指导新实践。

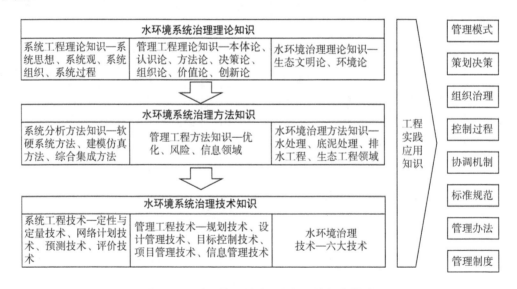

图 7-10　水环境系统治理知识系统概念模型

有关思维方式和方法是认识系统、修复和改造系统、新建系统的一般方法理论,是哲学方法论;研究系统有序化的基本方法和解决问题的逻辑思维程序、步骤是一般科学方法论层次;融合实际系统工程问题的是专门的现实系统方法论。

2. 知识系统与要素的管理

知识系统与要素的管理是针对知识分析得到的衍生知识,结合规范知识(规范标准、技术细则、专家经验、领域知识、用户偏好、情境等因素），利用知识系统工程和知识管理的方法，对衍生知识进行提取、存储、共享、转化和利用，以产生有效的决策支持。知识系统与要素的管理强调知识挖掘、沉淀结果的"二次"处理以及对知识挖掘与沉淀中领域知识、经验知识等的重视。目前知识系统与管理相关研究可以分为两个大类：领域驱动的知识挖掘与沉淀和二次挖掘与沉淀。领域驱动的知识挖掘与沉淀指的是将知识管理的思想融入知识挖掘与沉淀的建模过程，强调将专家经验、情境等软性因素加入知识发现的过程中，以更好地支持现实中的决策；而二次挖掘与沉淀则是以知识挖掘与沉淀获得的"隐含规则"即"衍生知识"，在实践中进一步将衍生知识技术化、规范化，形成规范知识。

作为研究起点，对其进行测度、评价、加工与转化来获得支持系统决策的系统知识，主要集中在兴趣度评价、规则提取、可转化挖掘与沉淀等方面。

知识系统可以分为哲学层次的系统思维，方法论层次的综合集成方法，体系层次的结构化思维，工具层次的流程、模块化（图7-11）。

图 7-11 知识系统层次图

知识系统在横向上可以分出技术知识、方法知识、管理知识、工程知识等。

3. 知识系统与要素的传播

通过水环境系统治理知识传播将系统思想、系统治理理念、水环境系统治理、六大技术扩散、传播，以服务于水环境治理产业。

（1）内外技术培训，组织开展内部培训，同时与国内外高校联合举办相关技术培训。

（2）专业联盟，传统"线下"为主，目前已拓展到"线上"。

（3）诊断咨询，继续夯实 EPC 总承包业务，积极开展水环境治理咨询，争取开拓全过程咨询业务，在咨询服务实践当中，引导政府、业主从评估诊断、流程梳理与需求分析、整体规划到实施方案设计，完成水环境系统治理咨询规划。帮助政府、业主进行系统治理解决方案的选型，在项目实施过程中进行全过程监控，项目完成后进行验收评测，形成咨询服务的闭环（图7-12）。

图 7-12 知识传播与诊断咨询协同发展

（4）水环境治理技术发展的国际前沿趋势如何？工程企业应用状态如何？存在哪些问题？环境治理各细分市场发展态势如何？各地相关产业成长状态如何？这些问题都是推进水环境治理必须回答的问题，也是政府、水环境治理产业界十分关注的方向性问题，需要专业的支持，要加强知识传播。

（5）推进系统治理知识服务，专业人才、专业团队是核心要素。工程企业从事相关工作的员工，由于专业背景不同，需要补充学习的知识点也不同，而且系统治理团队需要形成知识面上的互补。为此，将举办培训、论坛和在线研讨会的专家讲座素材，在线学院平台，并不断充实在线课程，为政府/企业提供系统治理知识服务（图7-13）。

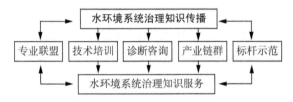

图 7-13　知识传播与知识服务良性循环

推进系统治理，进行知识系统构建，强调队伍建设，强调天人合一、以人为本。

4. 水环境系统治理知识系统与要素的管理思想

知识系统与要素的管理思想包括工程文明思想、全生命周期管理思想、系统化思想等。

（1）工程文明思想

文明包括了物质、政治、精神、社会、生态五个方面，工程文明思想就是这五个方面在工程系统中的落地。工程特别是水环境治理工程要充分体现这五个方面的文明。

工程文明以工程为对象，把工程活动提升到文明高度加以认识和研究，考虑工程文明的特点、本质、地位、作用，分析工程对物质文明、政治文明、精神文明社会文明、生态文明的作用和影响。

社会发展从农业经济、工业经济，进入知识经济时代，知识经济时代的工程文明思想是以知识作为资源、要素与资本，知识系统与文化密切关联，知识进步推动了文明提升，文明价值观、信念渗透到工程界，体现工程文明，而工程文明思想促进了知识系统完善与提升。

（2）全生命周期管理思想与全过程管理

全生命周期周期管理思想是指工程管理从其需求分析、可行性研究、规划设计、建设、运行使用维保、回收再用处置的全生命周期中的信息、过程，它既是一门技术，又是一种工程管理思想，它支持全过程管理、设计施工一体化管理、协同管理。全生命周期管理期望一个骨干团队一张蓝图干到底。应用该思想构建的项目生命周期管理（PLM）平台是工程信息化的关键技术之一，可以提高市场竞争力。提炼全生命周期管理知识系统与要素，将其应用于全过程管理实践，是当下不懈努力的方向。

（3）系统化思想

系统治理所必需的知识，从来不是以整体的方式存在，而是以不完整甚至经常矛盾的方式散落在不同个体中。就整个水环境系统而言,对于某个能够预测其结果的单一方案来说,从来就不是给定的、最优的,难以是最佳的。"要运用有关各种场景知识、信息,从来就不是以一种集中的且整合的形式存在的,而仅仅是作为所有彼此独立的个人所掌握的不完全的而且还常常是相互矛盾的分散知识而存在的。"(哈耶克)

将所需要的知识建立起关联及有序关联化,才能够构建起自有的知识网络及网络化知识系统,可以借助于思维导图等工具。知识系统的网络化可以用知识、人、存储载体等三类要素及其之间的复杂关系构建知识超网络模型,从而形成知识组织、知识结构分析、知识定位搜索,分析知识系统与要素的管理活动。

把知识系统化的最好方法是主动输出,输出的过程也是知识系统化过程,多分享知识,会强化思考、强化关联,从而形成知识系统,才能有效地应用于所需场景。

信息、知识只是水环境这个生命体的血液,系统治理才是水环境治理的魂,水环境系统的信息、知识正因为系统治理才显现灵性之光。为了系统治理成效应打好知识系统的思想基础、管理基础、技术方法基础。

(4) EPC 总承包复杂知识系统与要素的管理思想与理论

包括项目群管理理论、项目群系统工程技术理论、资源配置优化理论、项目管理模式设计与组织治理理论、招投标管理理论、合同系统分析与设计理论、供应链管理理论等,以及管理工程应用理论、精益建设理论、并行建设理论、智能供应链管理理论、虚拟建设与虚拟组织理论、设计施工一体化理论、全过程咨询管理理论、巨型项目管理理论等。

第六节　标准系统与要素

标准化作为一种管理手段,组织、设计、构建、实施标准系统,使得工程管理与管理工程走向系统化与有序化,是当代市场竞争的核心手段,在占领工程技术领域高地及工程创新中发挥重要作用。

1. 标准系统概述

为了促进社会经济持续、高质量发展,国家、行业、企业均需要标准,标准系统是由标准构成的,并且具有一定关联的标准集合体。

(1) 标准系统具有以下特征:集合性即标准往往不是单个,而是多个标准一起发挥作用;相关性即标准之间往往有相互关联、相互影响的;目的性即每个标准均有其明确的目的,主要是规范行业秩序,提高行业水平;环境适应性即标准存在于一定的专业、行业以及社会、经济环境中,它要受某些专业、行业以及社会、经济条件的约束、制约和影响,一旦环境有变化,标准也要修订以适应相应的变化;整体性或系统性即标准系统是一个有机整体,其功能也是标准集合体来体现的,要以标准整体性来规定、约束、协调各个标准的制订、实施。此外,标准均有一定的执法性,就是在其相应的范围、场景内有较强的约束性、规范性、权威性、统一性，也是行业管理的手段、方法之一。故应建立一套水环境治理相关的标准系统，以约束管理水环境治理行业的行为准则，但国内缺少一套完整的水环境治理标准系统。

（2）标准系统工程就是应用系统工程理论方法指导标准及标准系统的构建，以求得标准化工作在技术上、经济效益上最优化的方法，标准系统不仅研究工程而且关注标准的实施与贯穿，促进产业发展。标准是产业高度发展的产物，是体现行业水平的知识产物。标准系统通过制定、组织实施标准，环境变化后的信息反馈进而修订、贯彻标准。制定水环境治理标准系统应站在水环境治理技术、质量的制高点服务于社会经济建设。

（3）水环境治理标准系统建立意义与必要性。标准系统促进了技术进步，可以最大化满足客户需求，源源不断地产出优质、合格服务于工程的产品，也是成就企业、提高企业竞争力的驱动源泉所在。标准系统规范了行业行为，使得社会经济形成良性竞争态势，因此，标准系统对于各方、各界均十分必要。

标准系统是现代科技与生产力高度发展的成果，科技进步催生了企业、行业要占领制高点的冲动，标准系统为其提供了先机。特别是复杂系统工程如水环境治理，大量的新技术、新方法、新工艺产生，以及新设备的应用，各个子系统需要标准来协调、统一，急需行业、企业规范，标准系统构建显得十分迫切。标准系统的多专业性、综合性，从整体出发，系统性地规范、约束它与各方面、各因素的关系，成为管理工程技术一项新方法，以更好地为水环境治理服务。

应用系统工程技术进行标准的大规模制订，形成了标准系统工程，行业、企业通过标准系统把行业、企业的相关部门、相关环节的标准化活动有机地纳入标准系统工程中去，形成合力，促进行业、企业技术水平和经济效益的提升。

（4）标准系统方法遵循系统工程方法，强调整体效果、相关部分的有序化。标准系统方法遵循局部服从全局、部分服从整体的系统方法，在整体观下兼顾局部。标准贯彻也要特别注意各相关因素的相互影响，否则达不到标准的目的。标准系统把复杂系统简化为标准模块，有利于对复杂问题进行总体、合理、高效率的解决。

（5）标准系统推广应用系统方法，将标准系统分解为多层级多性质子系统，按照标准系统性质，匹配关联方落地实施，以标准系统保障技术系统、方法系统及其实施，以技术系统、方法系统保证工程标准系统的实施，从而确保水环境系统治理的落实。

2. 水环境系统治理的标准系统结构

标准按照其属性，可以分为三类，构成三维空间结构（图7-14），分别是级别维的国际标准、国家标准、行业标准、团体标准、企业标准，性质维的管理标准、经济标准、技术标准、方法标准，对象维的产品标准、工艺标准、基础标准、通用标准、专业标准。标准系统的三维结构可以与系统工程的霍尔三维结构（图7-15）关联，形成六维结构模型。

管理标准是对需要协调统一的管理事项所制定的标准，管理标准系统是按其内在联系形成的科学的有机整体。

经济标准是对需要协调统一的经济事项所制定的标准，经济标准系统是按其内在联系形成的科学的有机整体(图 7-16)。

技术标准是对需要协调统一的技术事项所制定的标准,技术标准系统是按其内在联系形成的科学的有机整体。

方法标准是对需要协调统一的工作方法、工具事项所制定的标准,工作方法标准系统是按其内在联系形成的科学的有机整体。

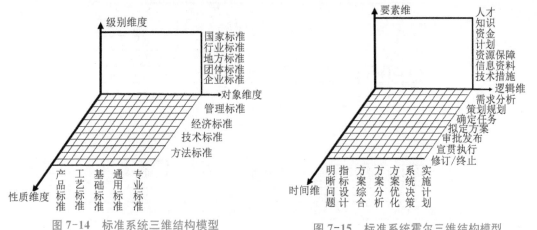

图 7-14 标准系统三维结构模型   图 7-15 标准系统霍尔三维结构模型

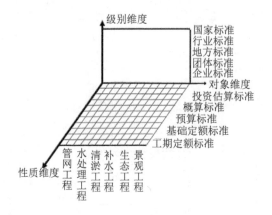

图 7-16 水环境系统治理工程计量计价标准系统

标准系统的霍尔三维结构包括了时间维的需求分析、策划和规划、确定任务和对象、拟定标准系统方案、标准的审批和发布、标准的宣贯和执行、修订更新或作废七个阶段;逻辑维的明晰问题、指标设计、方案综合、方案分析、方案优化、系统决策、实施计划等七个步骤;要素维的人才、知识、资金、计划、资源保障、信息资料、技术措施七个方面。

3. 水环境系统治理的标准系统应用实践

(1) 水环境系统治理的标准系统框架

区域治理标准、管理规范协同一致是水环境系统治理的基础和保障,构建系统治理制度性合作体制机制是当下急需。按照水环境系统治理标准系统六维结构建立了水环境系统治理标准系统总体框架(图7-17)、水环境系统治理生命周期标准系统(图7-18)、水环境系统治理经济(定额)标准系统(图7-19)。

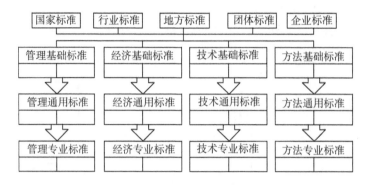

图7-17 水环境系统治理标准系统总体框架

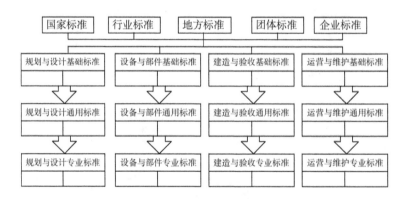

图7-18 水环境系统治理生命周期标准系统

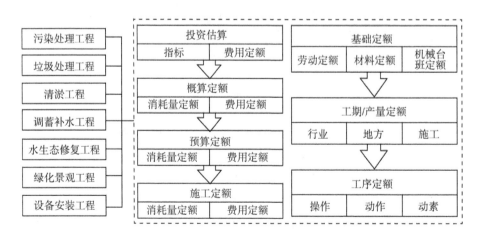

图7-19 水环境系统治理经济(定额)标准系统

（2）水环境系统治理标准系统组成与构建

标准系统的建设是一个系统工程,需要科学合理的规划和设计,否则会造成标准制定的交叉或重复,遗漏或缺陷。应用系统工程方法论研究某领域或专业的标准系统构建,就是按照构建某领域或专业标准系统的目标,选定标准系统框架,采用系统工程方法,研究选定或制定最少的标准数量,以标准之间相互衔接、协调、支撑,系统配套,达到构建标准系统的目的。

水环境治理工程是一项涉及多行业、多专业的综合性系统工程。水环境系统治理标准系统以保障水安全、防治水污染、改善水环境、修复水生态、提升水景观为总体目标,按防洪工程、治涝工程、外源治理工程、内源治理工程、水力调控工程、水质改善工程、生态修复工程、景观提升工程、交通工程、其他工程等来构建水环境治理技术标准系统,重点在水环境治理工程所涉及的八大类工程的技术活动和工程实践,覆盖水环境治理工程全生命周期过程中的技术活动为对象的标准。

通过总结对比分析研究有代表性的行业标准系统框架结构,可为构建水环境治理技术标准系统提供指导。按照国家技术标准系统编制原则和要求,结合水环境治理技术标准系统的特点、建设目标,适度考虑便于同国际标准接轨,借鉴相关行业技术标准系统构建方法,按照水环境系统治理工程"功能模块序列+全生命周期"理念构建水环境系统治理技术标准系统框架(图7-20)。按照此法划分,标准系统结构层次清晰,便于标准分类,同时将全生命周期理念融于其中,便于水环境治理工程全生命周期管理,有利于提高管理工程质量。

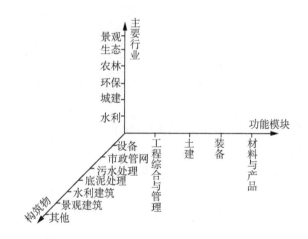

图 7-20 水环境系统治理标准系统三维结构图

根据水环境治理工程的项目组成和技术要求,在参考相关行业标准体系基础上,对水环境治理工程涉及的现行已颁布的各类行业标准进行梳理,包括水利(SL)、城建(CJ)、环境保护(HJ)、生态、园林景观等与水环境治理相关的标准,理顺它们之间的相互关系,构建水环境治理标准系统层次结构,完成水环境治理标准系统的顶层设计;再根据顶层设计分批有序高效地开展规程规范、技术标准、管理标准、经济标准、方法标准的制定工作。根据《标准体系构建原则和要求》(GB/T 13016—2018)中标准系统层次结构的构建方法,借鉴相关行业标准系统研究成果,结合水环境治理工程的项目组成和特点,构建水环境治理标准系统层次结构如下：

① 按照水环境治理工程领域的"共性标准"和"个性标准"构建标准系统层次，共性的通用及基础标准安排在上一层次，个性标准安排在下一层次。

② 水环境治理工程领域的管理过程标准，按照水环境治理工程功能模块序列展开，划分为工程综合与管理、土建、装备、材料与产品 4 个部分。

③ 对于水环境治理工程各功能模块序列下的标准，再进一步按照全生命周期理念对专业门类、项目组成、构筑物或设备类型等分层展开。其层次结构见图 7-21。

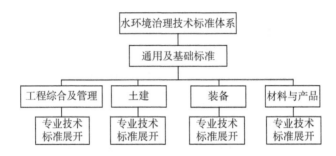

图 7-21　水环境治理技术标准系统层次结构图

参考文献

[1] 黄志坚. 工程系统概论——系统论在工程技术中的应用 [M]. 北京：北京大学出版社，2010.

[2] 付朝晖，常魁，杨国洪. 基于水陆统筹的水环境综合治理系统方案编制思考——以珠海横琴一体化区为例[J]. 给水排水，2020，46(7)：27-31.

[3] 丁杰. 我国水环境治理要素的协同发展研究——基于复合系统协同度模型[J]. 生产力研究，2019(12)：114-118.

[4] 刘雪洁，胡玖坤，孙麒，等. 小流域水环境治理过程信息互联与反馈系统设计[J]. 环境保护科学，2020，46(4)：62-66.

[5] 张凤山，魏俊，唐颖栋，等. 流域水环境模型在茅洲河流域系统治理中的应用[J]. 中国给水排水，2021，37(24)：100-106.

[6] 孔德安，王正发，韩景超. 水环境治理技术标准理论与实践[M]. 南京：河海大学出版社，2022.

第三篇

水环境系统治理的技术系统

本篇将主要介绍水环境系统治理的技术系统。技术系统是水环境治理工程中具有有机联系的技术总和,包括了水环境治理六大技术系统(治理技术)和分部工程系统(工程管理技术),将分别在第八章和第九章进行详细阐述。第十章重点论述水环境治理的整体性与系统性在技术系统中的体现。

中电建生态环境集团有限公司立足于中国电建"懂水熟电,擅规划设计,长施工建造,能投资运营"的优势,提出"流域统筹、系统治理"的治理理念,针对"水环境、水生态、水资源、水安全、水文化、水经济"的功能需求,特别是水环境方面,率先系统性地提出了一套切实可行的城市水环境系统治理技术路线:控源截污、内源削减、活水增容、水质净化、生态修复、长效维护。根据该技术路线,总结提炼出六大技术系统,包括:河湖防洪排涝与水质提升监测技术系统、城市河流外源污染管控技术系统、河湖污泥处置技术系统、工程补水增净驱动技术系统、生态美化循环促进技术系统、水环境治理信息管理云平台技术系统;提出"四步"逐级推进方案,通过"织网成片、正本清源、理水梳岸、寻水溯源(生态补水)"四个步骤,系统推进流域水环境系统治理;创新集成三维激光扫描、船载式 CCTV 等先进管网排查技术,研发了适用于暗涵、暗渠、暗管隐患排查的智能检测机器人、清淤机器人;总结形成成套水环境治理技术标准体系,制定发布一批标准、专利、工法、手册等。它们共同组成了一个完整的水环境治理技术系统,为水环境治理提供了系统的治理思路和解决方案。

第八章　水环境系统治理的技术系统与要素

　　本章节将结合对"源—XYZ(海绵城市、网、厂、湿地等)—河"排水路径的认识来分析水环境系统治理的技术系统。从空间维度来看，污水从产生源头起，经过 X(支流)、Y(管网、塘、库、池)、Z(污水净化处理设施)等流经的众多环节后排到河。从功能维度来看，将 X、Y、Z 看成是黑箱中的一系列功能和作用，被污染了的源头水体，经过一系列传迁输汇过程，经过诸如海绵城市、排水管网、污水处理厂、湿地等功能性单元后，最终排到河道。本章节将改善水环境的一系列功能总结为水环境系统治理的技术系统，将技术系统放在空间维度中研究，构建"空间—技术"模型，能够从更加系统性的角度认识水环境治理技术。

第一节　技术系统组成与功能及"空间-技术"模型

1. 技术系统组成与功能

　　一般地，我们从工程学(或工艺学)角度出发，将与同一类自然规律有关，或与改造自然规律有关的相互联系的技术及其过程整体(集合体)称为技术系统。例如，水力发电技术系统就是利用水的势能变为电能的技术过程，它由水坝及引水建筑、水轮装置和发电设备三种主要技术相互联系，组合成为一个技术系统。技术不但具有自然属性，还具有社会属性，从自然规律和社会条件两个方面出发考察技术之间的关系，并把各种技术在自然规律和社会因素共同制约下形成的具有特定结构和功能的系统称之为技术系统。

　　水环境治理为跨行业、多专业的环保细分领域，并不是单一的技术工程，它涉及管网建设、河道整治、污泥清淤处理处置、海绵城市和生态修复等工程，是一项复杂系统工程。目前各专业具有较为有效的工程措施和完备的各类技术，针对特定问题的解决路径较为明确，但是流域水环境治理项目各专业间的边界条件不一，治理效果难以通过简单的技术措施叠加得以保证，增加了治理效果的不确定性。

　　我国水环境治理方式已由传统的以污水处理和河道治理为主的"末端模式"转变为"源头减排、过程控制传输、分散或末端治理"的全过程防控水污染治理模式，工程治理措施采用源头收集、管网、调蓄池、污水处理厂、河道综合整治及生态景观相结合的系统治理模式。单从水环境综合治理工程措施需要采用的技术而言,主要包括水污染外源控制技术、内源净化技术、水体富营养化防治技术、雨污分流管网技术、污水处理技术、黑臭水体治理与净化技术、污染底泥处理处置及资源化利用技术、河道整治技术、滨岸生态修复技术、蓝藻水华预警及应急处置技术、河湖基质构建技术、水生植物系统构建技术、水生动物系统构建技术、水生生物系统构建技术、水力调控及调水补水技术等。覆盖的行业主要有水利、市政建筑、生态环保、农林、园林景观等。

中电建生态环境集团有限公司以习近平新时代"节水优先、空间均衡、系统治理、两手发力"治水思路和生态文明思想为指引,运用"标本兼治"整体观,创新提出"流域统筹、系统治理"治水理念,以河湖流域复合生态系统为研究对象,以河湖水质改善和生态恢复为目标,利用污染控制技术、水土资源和生态环境保护技术,采用工程措施和非工程措施对河湖水环境进行综合整治,总结提炼出以河湖防洪排涝与水质提升监测技术系统、城市河流外源污染管控技术系统、河湖污泥处置技术系统、工程补水增净驱动技术系统、生态美化循环促进技术系统、水环境治理信息管理云平台技术系统六大技术系统为核心的水环境系统治理技术系统。

2. 技术系统的"空间—技术"模型

为厘清各个技术系统在水环境治理空间上的分布关系,构建了水环境治理空间—技术模型,将六大技术系统中的关键技术所运用的环节(节点)在空间模型中进行标定,便于治理工程的管理者理解各个技术的应用范围和其相互补充的关系。

如图 8-1 所示,空间—技术模型以水环境治理工程的空间要素为基础,六大技术系统位于不同的平面,以表达层次关系。空间要素以"源—XYZ—河"的结构进行梳理,其中"源"代表污染源,"河"代表河湖水体(治理前受污染的主体成治理后的清洁水体),而XYZ 代表为控制污染源进入水体所需要的各个技术应用场所,包括源头污水收集系统、污水输送管网系统、污水处理厂(集中处理点)、污水分散处理点、污染底泥处理厂,还包括污染源与河湖水体本身。污水管网中包括传输污水的管、沟、渠、涵、池等,有时在合流制下,污水会"借道"市政雨水排水系统。

除水环境治理信息管理云平台以外,其余五个技术系统平面与空间要素平面平行,关键技术直接对应空间要素平面中的点。在河湖防洪排涝与水质提升监测技术系统中,水质监测技术应用于污染源与河湖水体,水情监测主要应用于河湖水体。工程补水增净驱动技术系统是水资源挖掘和增加水的流动性技术,其中水资源挖掘技术主要是为水力调控工程做前期的准备工作,它们不作用于空间要素,但与空间要素有直接联系;污染负荷分析主要针对污染源信息,辅以其他的社会经济信息,得出结论;水资源挖掘技术是基于对河湖水体(水资源)的分析提出补水增净方案,可以利用自然水体水资源,也可用经处理过的中水资源;此外的水力调控技术则是直接应用于河湖水体的实体措施。城市河流外源污染管控技术系统作用于空间要素中河湖水体的前端,包括在污染源进行源头预防或源头收集,通过排水管网系统进行过程控制,在集中处理厂与分散处理点应用末端处理技术。河湖污泥处置技术系统则是作用于空间要素中河湖水体的后端,包括在河湖水体本身进行原位处理技术,在底泥处理厂采用异位处理技术。生态美化循环促进技术系统的作用范围最狭窄,仅与河湖水体或河岸堤坡有关,对已经受污染不严重的水体进行原位的水质提升措施,生态修复与景观美化。

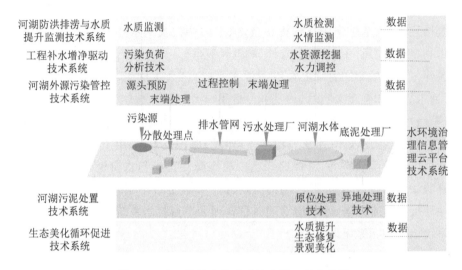

图 8-1　水环境治理技术系统空间—技术模型

　　六大技术系统中最具集成效应的是水环境治理信息管理云平台技术系统,在时间跨度上,它作用于水环境治理技术系统的全生命周期;在空间概念中,它并不直接作用于水环境治理的任何空间实体"硬"要素。在该模型中,其纵向平面排布表达了它同时整合另外五个技术系统产生的实时数据的功能,对信息进行融合、挖掘并产出优化方案,提升各个技术系统的运行效率。

第二节　技术系统描述及关系结构模型

1. 技术系统概述

　　水是生态环境中的重要因素之一,统筹"山水林田湖草沙"系统治理,是全面改善生态环境的努力方向。山水林田湖草沙是一个生命共同体。人的命脉在田,田的命脉在水,水的命脉在山,山的命脉在土,土的命脉在树草。水环境治理不仅涉及自然科学,还需要社会科学的支撑,必须用系统工程思维开展水环境治理。中电建生态环境集团有限公司在茅洲河水环境综合治理中,实行流域统筹、系统治理,探索模式创新、管理创新、技术创新、标准创新和工法创新,总结出我国城市建成区河流水环境综合治理模式和水环境系统治理技术系统。

河湖防洪排涝与水质提升监测技术系统等六大技术系统不是孤立、凭空设立的,而是从城市水环境综合治理的切实问题出发,在项目统筹、立足平台的基础上,相辅相成,有机融合在一起的技术体系;是以一个项目、一个平台、一个目标为前提,将流域治理作为一个完整单元,为政企统筹协调,设计施工运维一体化、标准化服务,最终实现全流域统筹、全过程控制、全方位合作、全目标考核的创新治理模式。

"管网排查、织网成片、正本清源、理水梳岸、寻水溯源"五大技术指南确保了新建与存量之间、子项与子项之间的顺畅接驳和有效衔接,彻底解决了以往长期想解决但未能解决的诸如"断头管""石化管"现象、"三不管"设施、"最后一公里"等治水问题,并运用于茅洲河全流域治理,有效保障分阶段水环境目标达成;不断丰富和完善管网排查技术,精准查找管网问题,有效提高管网排查效率,提升城市管网排水系统运行效率。

2. 技术系统的关系结构模型

六大技术系统之间的关系主要包括时序关系与信息关系,如图 8-2 所示为六大技术系统的关系结构模型,它表达了水环境系统治理技术系统的整体作用机理。

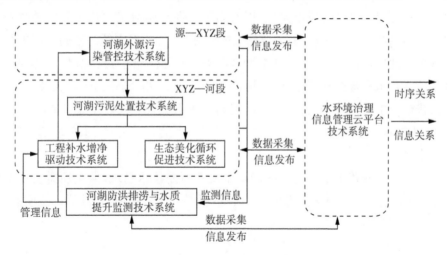

图 8-2　六大技术系统关系模型

各系统的时序关系以单向箭头表示,代表技术系统的作用存在阶段上的先后顺序,而由于污染扩散的空间属性与时间属性具有一定的对应关系,技术系统在阶段上的传递与在"源—XYZ—河"的空间结构上的传递也具有一致性(可参考前一节"空间—技术"模型)。城市河流外源污染管控技术系统和河湖污泥处置技术系统分别对外源污染和内源污染进行控制,在空间上分别对应源—XYZ段和XYZ—河段,时序上应是外源污染控制在先,内源污染控制在后,因为外源污染会经过一定的延迟传递至内源污染,若先进行内源污染控制,在外源管控措施不完备的条件下,会有新的污染输入河湖水体,降低水环境治理效率。内源与外源污染管控之后,则进入实现水动力条件改善与生态修复等后期目标的阶段,由工程补水增净驱动技术系统和生态美化循环促进技术系统进行驱动。

信息关系以双向箭头表示，代表信息的传递与调整。河湖防洪排涝与水质提升监测技术系统与前文所述的四个具有时序关系的技术系统均有关系，其功能是检验各技术系统目标的达成情况，根据"源—XYZ—河"全链条的水情与水质监测信息，调整污染控制与水力调控技术，及时更新污染防治的技术与手段，避免治理后反复污染。水环境系统治理信息管理云平台与另外五个技术系统之间均有信息交互关系，与水质水情的监测技术系统不同，云平台融合与挖掘各个子系统在项目全生命周期的全部数据信息，也包括材料设备、人员、资金、规划设计等。

第三节 技术系统的组成——六大技术系统的具体组成

六大技术系统是水环境系统治理技术系统的重要组成。水环境系统治理应以确保水安全为前提构建防洪排涝技术系统，以及为了掌握水质情况构建水质提升监测系统；然后对水环境系统进行外源污染、内源污染的治理，并且对于内源污染的污泥进行处置；完成内外源治理后，可以进行工程补水增净驱动，以及进行生态美化；最后，需要利用信息管理系统进行水环境的管理运维。根据这样的逻辑思路，构建出了六大技术系统。即河湖防洪排涝与水质提升监测技术系统、河湖外源污染管控技术系统、河湖污泥处置技术系统、工程补水增净驱动技术系统、生态美化循环促进技术系统、水环境治理信息管理云平台技术系统。

六大技术系统涵盖了水环境系统治理全流程所需技术系统，但是还需要技术指南、技术标准、技术专利、技术工法、技术产品（包括材料、设备、药剂、软件等）、专项技术等来指导具体的工程实践。

1. 河湖防洪排涝与水质提升监测技术系统

该技术系统由防洪排涝和水质提升两部分的监测技术构成，主要功能是完成水情与水质实时信息的连续采集、处理以及发布，为城市防洪排涝、水环境管理及其他综合管理目标提供优化服务。图8-3所示为该技术系统中包含的基本技术。

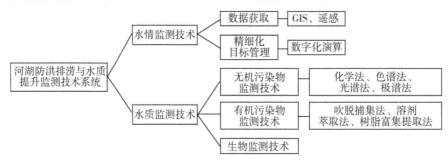

图8-3 河湖防洪排涝与水质提升监测技术系统

该系统有水情监测与水质监测两个主要功能。在水情监测中,既应用传统技术,又应用新兴技术,可系统运用 GIS、遥感技术等准确获得地区面雨量参数及数据,构建水情预报模型和预警机制,通过数字化演算实现精细化的目标管理。水情监测技术的结果为修建水坝水闸、疏通水系等工程措施和现代城市的防洪排涝规划设计都提供了依据。水质监测可利用自动监测站、无人船等,进行在线水质跟踪,根据监测情况调整水环境治理与维护的信息导向。防洪排涝与水质提升监测技术系统以在线自动分析仪器为核心,运用现代传感器技术、自动测量技术、自动控制技术、计算机应用技术,以及相关的专用分析软件和通信网络,组成一个综合性的在线自动监测体系,对于推进水情水质监测自动化具有十分重要的意义。

2. 河湖外源污染管控技术系统

河湖外源污染管控技术系统是以"源头预防、过程控制、末端治理"的思路,将受污染的水体在流入河流水体之前进行控制和处理的相关技术总体及其功能与联系。图 8-4 展示了该技术系统中的基本技术结构。

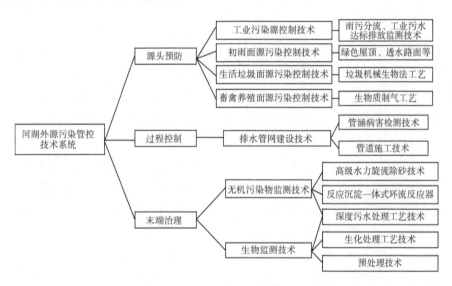

图 8-4　河湖外源污染管控技术系统

源头预防是指对集中排放的点源污染与分散排放的面源污染进行控制和预防,按照污染源产生源头可以将相关技术分类为工业污染、生活污染、初雨面源污染、生活垃圾污染、畜禽养殖污染等的控制所需的工艺技术。过程控制主要指排水管网建设的相关技术,将无法在源头处进行控制、收集和处理的污水输送到末端处理设施,相关措施包括新管网建设、新老管网的接驳与已建管网的检测和修复,涉及 CCTV、QV、三维激光扫描等各种检测技术,非开挖顶管敷设管道技术、非开挖管道修复技术等。末端治理技术包括污水处理厂集中处理的技术和分散式的污水处理技术,以及预处理技术、提标改造生化处理工艺和深度污水处理技术等。

3. 河湖污泥处置技术系统

河湖污泥处置技术系统是对受污染的河流与湖泊中内源污染物进行清理、处置所用技术的总体。图 8-5 所示为该技术系统的结构示意图。

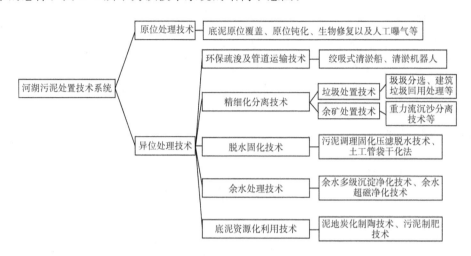

图 8-5　河湖污泥处置技术系统

根据处理方式可将污泥处置技术分为原位处理技术和异位处理技术。原位处理技术成本相对低廉，无须额外设置处理场地，但该项技术对于重污染污泥的处理仍处于实验室阶段，未见在实际应用中大规模使用成功案例。目前实践中主要采用的是异位处理技术。根据异位处理技术的流程来分类，异位处理首先需要通过机械清淤技术对河湖的污染底泥进行清除，然后对挖出的污染底泥进行精细化分离，分拣垃圾，过滤余沙，最后获得泥浆；再将泥浆进行调理调质，产生的余土需脱水固化，产生的余水采用深度净化技术进行处理，脱水后的泥饼则可用于土地利用、填方材料、建筑材料等资源化利用。

4. 工程补水增净驱动技术系统

工程补水增净驱动技术系统用于解决城市河流自然水量少，水动力条件不足，以及水循环不畅所引起的河道水体轻度黑臭或水体进一步提升问题。按照补水工程的技术路线，该技术系统主要包括污染负荷分析技术，水资源挖掘分析技术和水力调控技术（图 8-6）。

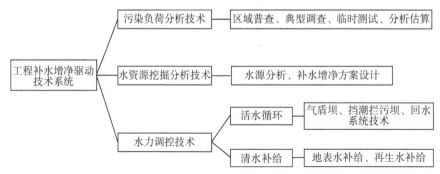

图 8-6　工程补水增净驱动技术系统

在污染负荷分析前,需通过区域普查、典型调查、临时测试和分析估算等方法对流域内水资源与水污染源进行全方位调查,据此进行水环境容量计算分析与流域污染负荷分析。根据水资源与当地相关规划进行补水增净方案的设计,进行经济分析与综合比选,确定最优方案。水力调控的手段包括活水循环与清水补给。活水循环用于在城市缓流河道水体或坑塘区域提升水体流动性,以治理污染保持水质。清水补给则适用于城市缺水水体的水量补充,或滞流、缓流水体的水动力改善。

5. 生态美化循环促进技术系统

生态美化循环促进技术系统主要是利用生态系统的自我恢复能力,辅以人工的工程和非工程措施,使得生态系统向良性循环发展,提升水质和景观的相关技术。图 8-7 所示为该技术系统的结构示意图。

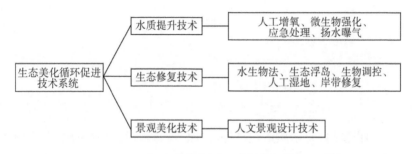

图 8-7　生态美化循环促进技术系统

根据该技术系统的功能划分,可以将其中的技术分为水质提升技术、生态修复技术和景观美化技术三类。采用人工增氧、微生物强化、应急处理等技术进行水质净化;在水质提升、稳定水质的基础上,采用水生物法、生态浮岛、生物调控、人工湿地、岸带修复等技术构建水生态系统。促进物质循环,恢复水体自净能力,达到长期维持水质稳定的效果;最后,对河湖人文景观进行提升,实现景观河道与城市的整体和谐。同时,水质提升与生态修复技术当中的扬水曝气、生态浮岛、岸带修复等措施也具有一定的景观提升效果。

6. 水环境治理信息管理云平台技术系统

水环境治理信息管理云平台技术系统是一项服务于工程生命周期管理的立体化管控技术体系。利用前述的五个技术系统实施过程中产生的实时数据,以及关联工程系统的实时数据,实现工程网络化管理、智能视频监控、进度可视化管理、政府协同工作等功能。图 8-8 所示为该技术系统的架构。

根据技术类别可将该技术系统分为体系架构技术、数据技术和管理技术。水环境治理信息管理云平台采用 SOA(面向服务架构)体系结构和组件化设计,基于 J2EE(分布式应用程序开发规范)的体系架构设计和 MVC(模型,视图,控制器)框架体系设计。平台的数据技术包括利用 RFID(射频识别技术)、视频检测等技术进行数据的采集,采用决策树、神经网络、贝叶斯网络等人工智能算法进行数据挖掘,利用 GIS 技术进行数据可视化。管理技术包括 PRP 项目管理系统的搭建,以 PMBOK(项目管理知识体系)为基础,以中国建设工程项目管理规范为依据,对施工项目全生命周期进行信息化管理;利用信息技术、物联网技术等对项目进行网格化管理；同时还涉及人员、设备材料、合同等体系的管理技术。

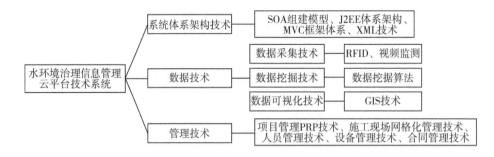

图 8-8　水环境治理信息管理云平台技术系统

第四节　五大技术指南

结合城市水环境条件与水质治理目标，按照"控源截污、内源治理、水质净化、清水补给、生态修复"的治理思路，筛选出技术可行、经济合理、效果明显的技术方法，形成城市水环境治理的五大技术指南，包括管网排查、织网成片、正本清源、理水梳岸和寻水溯源（生态补水）。五大技术指南所针对的问题和侧重点各有不同，需要在分析城市河湖水环境的污染源、水质水量、排水系统等现状中存在的问题后，根据现状问题来采取相应的一项或多项技术措施。五大技术指南通常可按管网排查—理水梳岸—正本清源—织网成片—寻水溯源（生态补水）进行实施，管网排查是基础，可为其他技术措施提供数据支撑，并视问题严重性、水质目标、工程实施规划等实际情况进行调整。

五大技术指南是包含市政管网、建筑排水、管道清淤修复、补水、河道清淤、生态修复等工程的综合性方案，涉及污染源调查、水质监测/检测分析、排水体制选择、管材选型、交通疏解、低影响开发等基本技术方法。

1. 管网排查

城市黑臭水体治理，根源在岸上，核心在管网。如何准确找出管网问题所在，对于提升水环境治理效果，提高排水系统运行效率至关重要。在茅洲河水环境治理实践中，构建管网排查技术系统，包括 CCTV、QV、三维激光扫描等管网排查技术，研究针对茅洲河流域排水管网存在的问题，创新提出"声呐加电法测漏"的方式，研制无人潜航系统，成功解决"大管径，高流速"满水管段功能性缺陷和结构性缺陷诊断难题。自主研发水质水量监测设备，实时监测管道内水质流量情况，构建水质水量平衡分析模型，通过水质水量沿程变化情况，分析管道外水入渗入流，缩小管网 CCTV 检测范围，极大节约管网排查成本。

另外,暗涵是很多城市排水系统的重要部分且很大一部分是合流制管网组成部分,雨季作为雨水排泄通道,旱季又可能成为污水排放和积蓄的场所。暗涵排查主要是摸清暗涵内部淤积情况、排水口情况及追溯污水来源等。暗涵排查是在做好安全防护措施的前提下,潜水员携带三维激光扫描系统、光学摄像设备、水下测量工具等对暗涵水上部分进行三维数字信息采集,通过对实测三维数字信息进行处理与分析,完成暗涵本体尺寸特征、暗涵检查井空间分布情况,以及排放口的探查与统计。其中,排放口的探查与统计信息包括了排放口的空间位置、管底标高、直径、材质、实测时是否有污水等信息。必要时,对暗涵先行实施清淤,再调查排水口、沿程渗漏等信息。对暗河、暗管的排查,一般采用类似的排查技术。

2. 理水梳岸

理水梳岸是指在一定的河湖流域范围内,以城市排水管渠(涵)末端为起点,通过对该范围内水体的外源污染和内源污染调查分析,提出合理可行的治理措施。

理水梳岸主要针对城市河湖沿岸排水口、支流明渠、暗涵等污水入河和底泥污染问题,在开展河湖外源污染、内源污染及治理现状调查和分析的基础上,提出治理方案,确保污水纳管、清水入河和河湖健康的技术,通过对"源、网、厂、河"进行流域统筹、系统治理,实现"污水进厂、清水入河、河流健康"。

3. 正本清源

正本清源是指在一定区域范围内,以产生排水来源的工业企业区、公共建筑区、居住社区、城中村等为源头,以就近布设的排水系统为目的地,按照雨污分流原则,通过新建、调整或修复污水、雨水排水传输管路,形成衔接合理、排放通畅的雨污水分流管网系统。

正本清源主要针对城市建成区雨污混流、管网错接和污水乱排等问题,开展相关区域排水用户内部雨水、污水管网系统调查和分析,提出工业企业区、公共建筑区、居住社区和城中村等雨污分流排水系统设计方案,实施水污染从源头进行治理的技术。正本清源工程不同于片区雨污分流工程,其主要对象为区域内各类建筑排水区域,重点在于从源头梳理错接乱排,通过三级、四级支管网的建设,实现源头收集。在原有雨污分流管网工程的基础上,沿现状支路及巷道敷设污水管,就近接入现状污水支干管系统、片区雨污分流干管系统,实现区域内污水全覆盖收集,最终形成完整的源头收集、毛细发达、主干通畅、终端接驳的污水收集管网系统。

4. 织网成片

织网成片是指在一定区域范围内,以建筑排水小区为源头,以污水处理厂或受纳水体为目的地,充分考虑已有排水系统的现状和区域内排水需要,通过有序开展新建、调整或修复各级排水管路,形成衔接合理、排放通畅的雨污水干支管网联通系统。

织网成片主要针对城市排水管网碎片化建设、各级排水系统不能合理衔接及过流不畅等问题,在开展城市已建排水管网现状调查和分析的基础上,提出排水管网系统完善设计方案和施工组织设计方案,确保"污水入厂,雨水入河",各级排水管网系统合理连通,形成完整有效的排水管网系统的技术。

5. 寻水溯源（生态补水）

寻水溯源是指以加强污染物扩散、净化和输出，提高水体自身纳污能力为出发点，全面梳理流域内径流、再生水、地下水、雨洪利用以及外流域调水等水资源利用情况，寻找多元化补水水源。生态补水是寻水溯源的一种主要措施，指在一定的河湖流域范围内，通过对城市河湖水环境、水生态、水资源及水环境治理现状调查分析，以满足河湖水质提升并达到一定的生态修复能力为目标，提出相应的补水措施。

生态补水主要针对河湖水环境容量、生态基流及水动力等不足问题，在开展城市河湖水环境、水生态、水资源及水环境治理调查和分析的基础上，提出城市河湖多源补水方案，改善水体水质，修复水生态系统，确保河湖给定的生态环境保护目标所对应的生态环境功能不丧失或正常发挥的技术。

第五节 其他相关技术

水环境治理系统治理技术系统除了六大技术系统、五大技术指南外，还逐步开发出一些专项技术。本节简要介绍分散污水一体化处理技术、人工湿地构建技术等其他技术，形成一批水环境治理关键技术标准、专利、工法，进一步丰富完善系统治理技术系统。

1. 分散污水一体化处理技术

该技术针对城市黑臭水体的污染现状，富集分离出高效有机物降解菌和氨氧化菌，并基于固定化微生物技术，优选功能化载体，结合曝气生物滤池工艺的优势，开发出一套能有效降解氨氮、COD等黑臭水体主要污染物的一体化污水处理设备，可应用于分散污水的处理，水力停留时间为 1.8 h，吨水占地面积仅为 0.056 m²/t，低于同类工艺；出水可稳定达到《城镇污水处理厂污染物排放标准》（GB 18918—2002）一级 A 标准，优于市场上同类技术。

设备结合最新的自动化控制技术，拥有水头损失的智慧控制系统，能够简便实现对曝气生物滤池水头损失异常进行实时在线监测并辨识控制，达到对曝气生物滤池水头损失异常情况进行及时、准确的智能判定和高效合理地控制处理的目的，提高运行效率。它比传统污水处理工艺节约 50% 以上的占地面积和基建费用，能显著去除水中污染物，可应用于城中村分散污水、农村污水以及工业园区生活污水处理等场景，解决污水处理"最后一公里"难题，具有广泛的推广前景。

2. 人工湿地构建技术

采用现场调查、监测分析和室内外试验相结合的方法，分析重污染河流的生境因子特征和河流生态系统现状，构建适合各类河段生态修复及景观提升集成技术，形成了适用于感潮型河段生态修复技术；通过实地调查及勘测，筛选土著植物和微生物，优化其快速繁殖与培养参数，构建促进植物修复效果的联合修复技术及水生植物系统构建技术；

根据研究区内水系所处地形地貌、水文地质特征、河道水流水动力条件、泥沙冲淤规律，通过构建高效生态基质、水生植物系统、动物系统等，形成人工湿地生境恢复技术及生态构建技术。

3. 技术标准

中电建生态环境集团有限公司结合工程建设需求和水环境治理行业标准缺失现状，基于系统治理标准系统，深入开展技术标准系统研究以及技术标准编制工作，取得丰硕的成果。至2021年底，已发布实施企业技术标准31项，编制广东省地方标准1项、深圳市地方标准/指引5项、团体标准10项，参与完成行业标准1项，支持政府有关部门制定了一批技术指南（指引）等技术性文件，有效地指导了水环境治理工程实践活动的开展，奠定了公司在水环境治理领域的技术优势。已发布水环境系统治理标准见表8-1。

公司初步构建了"水环境治理工程勘测设计标准子系统"，形成了涵盖"水环境治理工程建设管理""设计阶段划分""综合规划设计""可行性研究""初步设计"等勘测设计阶段全过程的技术标准系统，彰显了公司在水环境治理工程技术标准领域顶层设计的能力；将拥有自主知识产权的河湖内源污染治理关键技术转为技术标准，推出"河湖水环境治理污染底泥清淤工程设计、施工""河湖污泥处理厂建设、设计、验收""河湖污泥厂运行管理与监测""河湖污泥处理厂产出物处置"等一系列企业标准和地方标准，基本形成了"河湖内源污染治理技术标准子系统"，可作为生产经营、质量控制和服务保障的依据和手段；制定发布的织网成片、正本清源、理水梳岸、寻水溯源（生态补水）4项专题报告编制指南，有效推广服务于东莞市石马河流域综合治理工程、龙岗龙观两河流域消黑工程、茅洲河正本清源工程、光明区全面消黑工程等工程实施，为开展水环境治理工程系统化顶层设计以及分阶段战略实施提供了标准化支撑。发布实施的《河湖污泥清淤与处理工程消耗量定额》《河湖污泥清淤与处理工程施工机械台班费用定额》《河湖污泥清淤与处理工程计价规则》定额标准，有效指导了河湖污泥清淤与处理工程开展，解决了水环境治理工程河湖污泥清淤与处理工程计量、计价问题，为茅洲河项目概预算编制及今后类似工程有效控制投资提供了依据，填补了我国河湖污泥清淤与处理工程计价依据的缺失。

表8-1　已发布水环境系统治理标准一览表

一	企业标准
1	《城市河湖水环境治理工程建设管理规程》Q/PWEG 001—2016
2	《城市河湖水环境治理工程设计阶段划分及工作规定》Q/PWEG 002—2016
3	《城市河湖水环境治理综合规划设计编制规程》Q/PWEG 003—2016
4	《城市河湖污泥处理厂建设标准》Q/PWEG 004—2016
5	《城市河湖污泥处理厂余土处置标准》Q/PWEG 005—2016
6	《城市河湖污泥处理厂余水排放标准》Q/PWEG 006—2016

一	企业标准
7	《城市河湖污泥处理厂余沙处置标准》Q/PWEG 007—2016
8	《城市河湖污泥处理厂垃圾处置标准》Q/PWEG 008—2016
9	《城市河湖水环境治理工程可行性研究报告编制规程》Q/PWEG 009—2017
10	《城市河湖水环境治理污染底泥清淤工程设计规范》Q/PWEG 010—2017
11	《城市河湖水环境治理污染底泥清淤工程施工规范》Q/PWEG 011—2017
12	《河湖污泥清淤与处理工程消耗量定额》Q/PWEG 012—2017
13	《河湖污泥清淤与处理工程施工机械台班费用定额》Q/PWEG 013—2017
14	《河湖污泥清淤与处理工程计价规则》Q/PWEG 014—2017
15	《城市河湖水环境治理工程初步设计报告编制规程》Q/PWEG 015—2018
16	《城市河湖水环境治理雨污管网工程验收规范》Q/PWEG 016—2018
17	《河湖底泥分类分级标准》Q/PWEG 017—2019
18	《城市河湖污泥处理厂设计规范》Q/PWEG 018—2019
19	《城市河湖污泥处理厂工程质量验收规范》Q/PWEG 019—2019
20	《城市河湖污泥处理厂运行管理与监测技术规范》Q/PWEG 020—2019
21	《城市河湖污泥处理厂余土检测技术规范》Q/PWEG 021—2019
22	《城市河湖水环境治理工程织网成片专题报告编制指南》Q/PWEG 022—2019
23	《城市河湖水环境治理工程正本清源专题报告编制指南》Q/PWEG 023—2019
24	《城市河湖水环境治理工程理水梳岸专题报告编制指南》Q/PWEG 024—2019
25	《城市河湖水环境治理工程生态补水专题报告编制指南》Q/PWEG 025—2019
26	《城市暗涵、暗渠、暗河探查费计算标准》Q/PWEG 026—2019
27	《排水管道检测资料整编规范》Q/PWEG 027—2019
28	《城市地下暗涵三维激光扫描作业技术规程》Q/PWEG 028—2019
29	《生物天然气项目建设与运行管理规程》Q/PWEG 3001—2018
30	《生物天然气项目规划设计编制规程》Q/PWEG 3002—2018
31	《生物天然气项目可行性研究报告编制规程》Q/PWEG 3003—2018
二	团体标准
1	《城市河湖水环境治理工程设计阶段划分及工作规定》T/WEGU 0001—2019
2	《城市河湖水环境治理综合规划设计编制规程》T/WEGU 0002—2019
3	《城市河湖水环境治理工程可行性研究报告编制规程》T/WEGU 0003—2019
4	《城市河湖水环境治理工程初步设计报告编制规程》T/WEGU 0004—2019
5	《河湖污泥处理厂产出物处置标准》T/WEGU 0005—2019

二	团体标准
6	《城市河湖水环境治理工程织网成片专题报告编制指南》T/WEGU 0009—2020
7	《城市河湖水环境治理工程正本清源专题报告编制指南》T/WEGU 0010—2020
8	《城市河湖水环境治理工程理水梳岸专题报告编制指南》T/WEGU 0011—2020
9	《城市河湖水环境治理工程生态补水专题报告编制指南》T/WEGU 0012—2020
10	《城市暗涵、暗渠、暗河探查费计算标准》T/WEGU 0013—2020
三	地方标准
1	《河湖污泥处理厂产出物处置技术规范》SZDB/Z 236—2017
2	《低压排污、排水用高性能硬聚氯乙烯管材》SZDB/Z 239—2017
3	《河湖污泥处理厂运行管理与监测技术规范》SZDB/Z 328—2018
4	《城镇排水管网动态监测技术规程》DBJ 15—198—2020
5	《深圳市河道水环境治理污染底泥清淤工程设计与施工技术指引》(试行)
四	行业标准
1	《陶粒泡沫混凝土》(JC/T 2459—2018)
五	技术指引
	公司技术指引
1	深圳市河道水环境治理污染底泥清淤工程设计与施工技术指引(试行)
	支持政府制定的技术指引
2	深圳市排水系统雨污混接调查技术导则(试行)
3	深圳市正本清源工作技术指南(试行)
4	深圳市面源污染整治管控技术路线及技术指南(试行)
5	深圳市城中村治污技术指引
6	深圳市水务工程项目海绵城市建设技术指引(试行)

4. 专利

中电建生态环境集团有限公司重视知识系统构建，围绕污染底泥处置及处理材料研究、环保生态清淤、水质提升等核心技术领域，积极总结科研成果，大力开发具有自主知识产权的关键核心技术，拥有企业所在领域更多的自主知识产权；加快企业的转型升级，提升企业自身的科技生产力，加快技术成果的创造、运用和保护的能力。截至 2021 年底，公司累计申请专利 321 项，其中发明专利 136 项，实用新型专利 182 项，外观设计专利 3 项。累计授权专利 206 项，其中发明专利 35 项，实用新型专利 168 项，外观设计专利 3 项。登记软件著作权 20 项。

5. 工法

企业工法是企业开发应用新技术工作的重要内容，是企业技术水平和施工能力的重要标志，也是水环境系统治理知识系统的有机组成部分。企业工法的开发及推广应用，可加速科技成果向生产力转化，提升企业市场竞争力，促进企业技术创新和科技进步。中电建生态环境集团有限公司一直以来重视工法的研发与应用，在工程建设、生态修复、人工湿地等方面形成了一批关键工法，有效提高工程施工质量和节约施工成本，取得了良好的经济效益、社会效益和生态环境效益。至 2021 年底，已形成 57 项企业级工法，23 项中国电建集团级工法，12 项深圳市市级工法，逐步形成了水环境系统治理工法子系统，进一步促进公司科技进步和工艺创新，推动、落实公司新技术、新工艺、新材料和新设备的推广应用，提升水环境治理工程施工的技术水平和工程质量。

参考文献

［1］王民浩，孔德安，陈惠明，等. 城市水环境综合治理理论与实践——六大技术系统［M］. 北京：中国环境科学出版社，2020.

［2］宋厚燃，黄劲松，顾宽海. 基于生态系统构建技术的城市水环境治理机制与工程实践研究［J］. 广东化工，2021，48（23）：147-149，170.

［3］迟国梁. 关于新时代流域水环境治理技术体系的思考［J］. 水资源保护，2022，38（1）：182-189.

［4］吴月. 技术嵌入下的超大城市群水环境协同治理：实践、困境与展望［J］. 理论月刊，2020（6）：50-58.

［5］宁慧平，王宗周. 流域水环境综合治理技术路线探讨［J］. 工程技术研究，2021，6（12）：255-256.

第九章　水环境系统治理的
分部工程系统与要素

第一节　分部工程子系统与要素

按照构建污水系统网、雨水系统网、河流水系网,建造污水处理厂、污泥处理厂,实现以"三张网、两个厂"为核心的水环境治理设施系统,开展水环境治理工程。

排水体制影响水环境治理工程的布局和实施。目前我国排水体制主要有雨污分流制、雨污合流制两大类,实际管理中在同一排水单元或流域还存在"两类混用"的情况。雨污分流制,是指将雨水排水系统和污水排水系统物理分开,各自用一条/一张专用管道/管网输送,进行排放或后续处理的排污方式。雨水通过雨水管网直接排到河道,污水则通过污水管网收集后,送到污水处理厂进行处理,避免污水直接进入河道造成污染,也避免雨水进入污水管网,增加污水处理量和降低污水处理效率。雨污分流制优点突出,有条件的地区都应该采用雨污分流制。有些城市,为控制初期雨水面源污染,将部分初期雨水进行拦截调蓄,再送到污水净化系统处理。

1. 污水系统网及要素

污水系统网包括建筑单体及建筑小区内污水收集立管、污水管网、化粪池及管网;建筑单体及建筑小区以外至污水处理厂之间的污水管网;污水处理厂处理后的排水管网等。

根据管道在排水系统中所起的作用,可分为主干管、次干管、支管。污水由街坊用户管流入污水支管,污水支管流入截污次干管,截污次干管流入主干管,主干管流入污水处理厂。全程不能实现重力流动的,需建设提升泵站。

污水管网系统工程包括污水立管新建改造工程、化粪池破除及新建工程、隔油池新建工程、污水正本清源工程、污水织网成片工程、污水管网排查与评估工程、污水管道清淤工程、污水管道开槽埋管工程、污水管道不开槽埋管工程、污水管检查井/工作井工程、污水管道接驳点施工工程等分部工程。

(1) 污水立管新建改造工程

立管改造分为三类,一是居住区合流立管改造:原建筑合流管改造用作污水管,并增设伸顶通气帽及立管检查口,将屋面雨水单独接出,就近排入附近检查井或者雨水口内。必要时建设新立管。

（2）化粪池破除及新建工程

老旧化粪池存在破损渗漏的，一般要破除重建。化粪池破除时，为保证小区污水排放达到正常使用的要求，在入化粪池之前的检查井内，设污水泵抽水排放到化粪池之后的检查井内，此项抽排工作需延时到新建化粪池能正式运行为止。采用抽污车抽污，人工配合清淤，对于淤泥严重、堵塞的化粪池，及时开盖换气，防止发生沼气爆炸事故，淤泥不能随意处置，要运往指定地点进行处理。清淤完成后，根据化粪池结构，采用破碎锤等方法对化粪池进行破除，人工配合，施工时注意尽量减少噪音污染，废渣运至指定弃渣场。作业人员佩戴专用呼吸器，池口配置通风设备。老旧化粪池不论砖砌结构还是混凝土结构，其存在破损、渗漏的，一般应破除重建。

新建化粪池一般采用钢筋混凝土化粪池。具体施工工艺为：基础开挖及支护→钢筋工程→模板工程→混凝土工程→预埋件安装→盛水构筑物闭水试验→井筒砌筑→回填→路面恢复。

采用钢筋混凝土结构的小型成品化粪池，一般采用小挖机进行基坑开挖，人工整平，机械吊装成品化粪池，人工配合定位，闭水试验合格后，四周回填土采用人工分层回填夯实。

（3）隔油池新建工程

隔油池一般采用玻璃钢成品隔油池，隔油池安装采用小挖机进行基坑开挖，人工整平。机械吊装，人工配合定位，闭水试验合格后，四周回填土采用人工分层回填夯实。

（4）污水正本清源工程（详见第八章第四节）

（5）污水织网成片工程（详见第八章第四节）

（6）污水管网排查与评估工程

管道检测：通过对污水排水管道进行检测，摸清地下管线的走向布置、埋设深浅、结构性缺陷和功能性缺陷等情况，为污水管网的接驳完善施工提供依据。管网检测方式有QV管道检测、CCTV管道检测和探地雷达等。

管道评估：根据管道检测结果，分析管道的结构性和功能性缺陷，分析损坏程度，评估管道的结构和功能现状。

管道非开挖修复：管道非开挖修复分为辅助修复、局部修复和整体修复三大类，主要为减少开挖或不开挖地表的管道修复。辅助修复适用范围：管道周围脱空、地基变形、地下水渗透严重。局部修复适用范围：旧管道内局部破损、接口错位、局部腐蚀等。整体修复适用范围：管道破损严重、接口渗漏点较多或经济比较不宜采用局部修复的管道。

管道开挖修复：测量放样、管道封堵、破损管道挖除、安装新管、管道回填。

（7）污水管道清淤工程

对于污水管道淤积严重，甚至堵塞影响污水传输的部位，首先合理规划交通疏解方案，设置移动式施工围挡，然后采用高压水枪对管道进行冲洗，抽污车进行吸污，人工下井配合清理，将淤泥装车运往指定地点进行处理。其施工流程为：降水、排水→稀释淤泥→吸污→截污→高压清洗车疏通→通风→清淤。

（8）污水管道开槽埋管工程

新建污水管、雨水管在占道条件允许情况下，主要采用开槽埋管。

埋管及检查井施工程序为：施工准备→工程测量→沟槽开挖及支护→基础处理→管道铺设→管道安装→检查井施工→管道密闭性试验→回填→道路恢复。

施工准备：在施工前对施工范围内的管线采用挖探坑和探地雷达结合的方式进行探测，查明施工区域内地下管线的埋设情况，清除施工所经路线的障碍物，在开挖沟槽两侧设置围挡。

工程测量：根据管道的设计图纸，把管线位置和开挖边线测放到地面上，标示清楚。

沟槽开挖及支护：根据管道安装段现场条件采取不同的土方开挖施工方案。包括放坡开挖施工方案、板式支护开挖方案、钢板桩支护开挖方案等。

基础处理：基础的底层土人工挖除，基础面人工整平、夯实，如遇淤泥抛石碾压填至设计高程。

管道铺设施工方案：管道铺设前先清除沟槽内杂物，排除沟槽内的积水，然后在基础上弹放管道中线，采用吊车下管人工配合的方式，自下游向上游进行管道安装，管道安装时采用人工调整，手拉葫芦组对连接。

管道安装：管道运输到现场应放置在指定的空地上，待下管时用车辆运送到沟边，小管径管子采用人工安装，直径较大的管子采用 8 t 或 25 t 吊车吊入沟内，采用倒链人工配合安装，并进行管道接头连接。

检查井施工：检查井的型式有钢筋混凝土检查井、预制装配式混凝土检查井、塑料成品检查井（砖砌检查井已经属于技术淘汰类结构形式），针对不同形式分别进行施工。

管道密闭性试验：管道安装完毕且经检查合格后，应进行管道的密闭性检验。密闭性试验分为闭气试验和闭水试验。

沟槽回填：管道安装完成经验收合格后，及时回填。管道底部、两侧和管道上口 50 cm 范围采用人工填料，人工平整、夯实；其余部位采取反铲填料，小型振动碾碾压，分层回填、分层夯实回填到设计高程。

道路恢复：道路恢复有三种型式，水泥混凝土路面恢复、沥青路面恢复和人行道恢复。每种路面基层、面层应按原路面规格修复，混凝土和沥青混凝土均采用商品混凝土。

（9）污水管道不开槽埋管工程

特殊地段采用不开槽方式埋管。不开槽施工方法有密闭式顶管、盾构、浅埋暗挖、定向钻、夯管等。

（10）污水管检查井工程

检查井主要由井盖、井筒、井室、流槽等组成。检查井是该地域部分管网的汇合枢纽，又是检查管网工作状况、疏通和排出管道堵塞沉积物的一个工作站。检查井结构形式有钢筋混凝土检查井、塑料成品检查井、预制装配式混凝土检查井和砖砌检查井等形式。

现浇钢筋混凝土检查井工艺流程为：测量放样→基坑开挖及降水→基础处理、验收

→钢筋混凝土井室浇筑→盖板安装→井筒砌筑、安装→闭水试验→检查井回填→井盖安装。

预制装配式混凝土检查井工艺流程为：基坑开挖及支护→基础处理→井室拼装、连接管道→闭水试验→回填→井盖安装。

塑料成品检查井工艺流程为：基础处理→井座接管安装→井筒安装→闭水试验→回填→井盖安装。

砖砌检查井工艺流程为：井底基础浇筑→砌筑井室→井室收口砌筑(或盖板安装)→井筒砌筑→闭水试验→回填→井盖安装。

(11) 污水管道接驳点施工工程

污水管道接驳点工程主要有以下两种：一是小区内污水通过化粪池沉淀处理后，通过埋设污水管道接入城市原有污水管网，排入污水处理厂进行处理；二是城市道路新建二、三级管网通过和原有预留管道或预留检查井对接，将污水排入城市污水主干管。施工方法为：管道勘测、接驳点封堵及导流、接驳点检查井开洞、管道接驳、封堵拆除、场地清理。

2. 雨水系统网及要素

雨水系统网包括建筑单体及建筑小区内雨水收集立管、雨水管网；建筑单体及建筑小区以外至河道、湖泊或受纳水体的雨水管网；雨水调蓄池等设施排出管网等。

根据雨水管道在排水系统中所起的作用，雨水管网同样可分为主干管、次干管、支管。雨水由建筑物屋顶、地面流入雨水支管，雨水支管流入雨水次干管，再流入雨水主干管，雨水主干管流入受纳水体或者目的地。

雨水系统网工程包括雨水立管改造工程、雨水正本清源工程、雨水织网成片工程、雨水管网排查与评估工程、雨水管道清淤工程、雨水管道开槽埋管工程、雨水管道不开槽埋管工程、雨水管检查井工程、雨水管道接驳点施工工程、排水沟修复工程等分部工程。

城区内的山丘地形地区，山上雨水径流经雨水沟等设施拦截后，有的进入沟河流向下游，有的也会进入雨水管网向下游设施输送，直至最终入河。

(1) 雨水立管改造工程

雨水立管改造分为三类：一是居住区合流立管改造，即原建筑合流管改造用作污水管，并增设伸顶通气帽及立管检查口，将屋面雨水单独接出，就近排入附近检查井或者雨水口内。二是雨水立管入地改造，即将接入化粪池的雨水立管进行改造，在入地以下将雨水立管截断，就近排入附近雨水检查井或者雨水口内。三是地面散排雨水立管改造，即原雨水立管直接散排地面，且周边有雨水检查井，对此类雨水立管改造入地。

立管改造施工工艺为：进场材料检测→准备工作→测量放线定位→管卡安装→立管安装→通水检查→通球试验→清理工作面。

立管改造施工方法有钢马道、消防梯、手拉葫芦、吊车、移动式升降机、搭设脚手架等，根据现场情况确定采用的方法。宽敞的地方使用消防梯、移动升降机、吊车等机械；比较狭窄的使用手拉葫芦、钢马道、脚手架等。立管从上向下依次进行施工，每根立管固定牢固，吊装工具吊点设置固定，确保施工安全和质量。

（2）雨水正本清源工程（详见第八章第四节）

（3）雨水织网成片工程（详见第八章第四节）

（4）雨水管网排查与评估工程

雨水管网排查与评估方法和流程与污水管网基本相同。

（5）雨水管道清淤工程

雨水管道清淤方法与污水管道基本相同。

（6）雨水管道开槽埋管工程

雨水管开槽埋管施工方法与污水管开槽埋管施工方法基本相同。

（7）雨水管道不开槽埋管工程

雨水管不开槽施工方法有密闭式顶管、盾构、浅埋暗挖、定向钻、夯管，与污水管不开槽施工方法基本相同。

（8）雨水管检查井工程

雨水检查井和污水检查井施工方法基本相同。

（9）雨水管道接驳点施工工程

雨水管道接驳点工程主要是在小区内立管安装完成后，需要通过埋设管道接入道路原有雨水系统，将小区雨水汇入城市原有雨水排水系统。施工方法为：管道勘测、接驳点封堵及导流、接驳点检查井开洞、管道接驳、封堵拆除、场地清理。

（10）排水沟修复工程

对于年久失修、缺少维护，已经出现淤积、盖板缺失、破损等情况的排水沟，为保证城市排水设施能够正常有效运行，需对排水沟进行修复处理。对于排水沟盖板缺失的部位，采用原规格的盖板进行修复，保证排水沟外观一致，高程符合设计要求。对排水沟破损严重区域，对排水沟基础进行处理，或者新建排水沟。

3. 河流水系网系统及要素

河流水系网工程包括河湖截污工程、河湖污泥原位修复工程、河湖污泥清淤工程、河湖污泥输送工程、河湖污泥接收工程、河湖水力调控工程、河湖水质提升工程、河湖生态修复工程、调蓄池工程、泵站工程等分部工程。存在河堤安全的，需开展堤岸加固加高和护坡工程。

（1）河道截污工程

河道两岸新建截污管截污工程。沿河截污管道在合流制排水系统中，截流直接排入河道的污水；在分流制排水系统中，截流由于各种原因混接入雨水系统的污水；在完善的分流制排水系统中，截流控制初期雨水面源污染对河道的影响。截污管道可采用重力流、压力流两种方式。截污管道通常沿河道两侧绿化带建设，可采用开挖施工、顶管施工、牵引施工等方式。在雨量较大时，合流制的截污工程会发生污水随雨水溢流入河的情况。

（2）河道污泥原位修复工程

对于污泥厚度浅，底泥重金属、总氮、总磷等污染物含量不高的河道污泥，可以利用机械设备，通过在底泥中添加化学药剂、微生物菌剂、试剂、改良材料等实现对污泥的原位修复。

（3）河道污泥清淤工程

对于污泥厚度较厚，重金属、总氮、总磷等严重污染的底泥，可以利用机械设备，通过清淤清除污泥。河湖污泥清淤范围、清淤深度应提前确定。清淤深度较深的，要保证堤岸稳定性和采用能保证堤岸安全的清淤方式。

河道清淤采用综合方法，以机械清淤（气力泵船、泥浆泵、水陆两栖挖掘机）为主，人工清淤为辅。河道清淤按照自上游至下游、先中央后两侧的顺序施工。部分河道中存在生活垃圾、杂物、杂草等异物，由于底泥清淤要资源化利用，在清淤前，要对河道杂物进行清除。底泥进入搅拌机前筛除底泥中的大块石。

常用的清淤设备有绞吸挖泥船、抓斗挖泥船、铲斗挖泥船、链斗挖泥船、水陆两栖挖掘机、气力泵、接力泵、泥浆泵。在清淤量小、河道窄、河水浅的毛细及支流河道宜采用水力冲挖方式清淤施工。

绞吸式挖泥船开工展布包括挖泥船进点定位、锚缆抛设布置、水上排泥管线连接布置固定等基本过程。清淤施工作业程序：设备调遣→开工展布及接力管泵站安装→挖泥船定位→施工放样→清淤疏挖→管道接力输送→断面自检。工前试验确定的工艺参数主要有：进桩前移距离、横移速度、绞刀转速、泥泵主机转速（功率）等。

气力泵清淤的主要方式有垂直清淤和水平清淤。气力泵可安装在船体上，组成挖泥船，挖泥船不便清淤的狭窄水域，亦可靠在岸边陆地的机械起吊设备上。

斗式挖泥船开工展布包括挖泥船进点定位、锚缆抛设布置等基本过程。施工时先放下抓斗临时固定住船位，再利用拖轮或锚艇将一尾锚抛向船头方向，收紧尾锚缆，使船体与水流流向形成夹角后提起抓斗，在水力作用下进行调头。调头完成后再将抓斗抛下，临时固定船位，再利用拖轮或锚艇依次抛锚展布。锚抛完后，再通过收放锚缆细调船位、船向。

水陆两栖挖掘机是一种多用途特殊工程机械，水陆两栖挖掘机疏挖是利用其长长的铁臂，将铲斗伸入浑浊的河水中疏挖，并把黑色的污泥倾倒在岸上指定的淤泥运输车厢内，运至淤泥处理厂。

泥浆泵是一种简易的依靠高压水力进行冲挖的小型疏浚挖泥设备。泥浆泵工作时利用高压泵产生高压水流，通过水枪喷出的高速水柱切割、粉碎土体，使之湿化、崩解形成泥浆和泥块的混合液，再由泥浆泵及其输泥管线吸送到淤泥处理厂。

（4）河道污泥输送工程

河道污泥输送方式主要有管道输送、汽车输送、船舶输送。

管道输送方式可适用于清淤工程量较大的大、中、小型河湖和水库的污染底泥清淤工程。污泥输送方式宜优先选用管道输送。当选用管道输送时，宜优先选用绞吸挖泥船作为配套施工设备。当排距超过施工设备最远排距时，宜采取管道接力方式进行输泥。宜采用施工设备通过封闭式管道与接力泵站串联接力的方式进行污泥输送。

当清淤工程量较小或大型施工设备受限时，可采用汽车输送的方式进行运输。可采用槽罐车或封闭自卸车进行污泥运输。

当选用抓斗挖泥船进行污染底泥清淤时,宜采用船舶输送方式进行污泥的水上运输,可采用泥驳进行污泥输送。当选用船舶输送时,可根据施工条件与管道输送或汽车输送方式相结合。

（5）河道污泥接收工程

污泥处理厂接收污泥宜采用管道进厂方式,也可采用收纳池进厂方式。

当采用抓斗挖泥船、铲斗挖泥船施工时,宜采用驳船运输污泥。当污泥处理厂具备修建临时码头条件时,宜设置临时码头接收污泥,再采用管道泵送至污泥处理厂预处理系统。

当采用绞吸挖泥船施工时,宜直接将绞吸挖泥船输泥管线与污泥处理厂预处理系统对接,且污泥处理厂接收管道的管径应与输泥管的管径相匹配。

当采用气力泵、水力冲挖进行清淤施工时,宜采用驳船、罐车或管道运输污泥。当采用管道、驳船时,运输至污泥处理厂附近后可直接连通或泵送至预处理系统;当采用罐车时,应将污泥直接运输至污泥处理厂收纳池。

当直接采用挖掘机进行清淤施工时,宜采用自卸车运输污泥,并直接卸于污泥处理厂收纳池进行处理。

（6）河湖水力调控工程

可以利用城市再生水、城市雨洪水、清洁地表水进行补水及水力调控,补水水源的选择和组成要根据河流水量及水质要求确定。

水力调控工程包括补水抽水泵站工程、补水配水工程、输水管线工程、水库工程、再生水补水配水工程、雨洪水补水配水工程、地表水补水配水工程。

（7）河流水质提升工程

河流水质提升技术有物理类、化学类、物理化学类、生物类技术。

河流水质提升工程有天然洼淀改造人工湿地工程、天然与人工填料接触氧化工程、曝气增氧工程、生物浮床工程、制剂类工程、污水分散处理工程、旁路处理工程。

天然与人工填料接触氧化工程可建设阿科曼生态基、碳素纤维生态草、生物绳、MB-BR 悬浮填料、CF 高效生物巢。

曝气增氧工程可采用鼓风曝气、表面曝气、水下曝气、移动曝气设备。

生物浮床工程可采用塑料浮床、橡胶浮床、纤维浮床、曝气浮床,并种植水生植物。

制剂类工程可在水体中添加营养盐固定化制剂、增氧剂、菌剂、酶制剂、除藻剂。

（8）河湖生态修复工程

生态修复工程包括河坡堤岸生态工程和河道内生态修复工程,含河道整治工程、生态护岸工程、河湖缓冲带工程、水生态系统修复工程、物理法生态修复工程、化学法生态修复工程、生物法生态修复工程、人工湿地技术修复工程。

生态护岸工程包括抛石护岸、生态袋护岸、生物毯护岸、木排桩护岸、网格生态护岸、石笼护岸、植被混凝土护岸、联锁式植生块护坡、阶梯式生态护坡、原木块石复合结构护岸、生态桥砌块护岸技术、硬质驳岸生态绿化、模块式垂直绿化驳岸软化、铺贴式垂直绿化驳岸软化。在保证河坡堤岸安全稳定的基础上,应尽量减少两岸与河道采用混凝土结构的"三面光"形式。

水生态系统修复工程包括挺水植物、浮叶植物、沉水植物群落等水生植物配置，大型底栖动物群落、鱼类群落等水生动物配置，以及健康生态系统构建需要的清淤工程、基底构建工程、河流生态补水工程等。

人工湿地技术修复工程包括人工湿地的设计、人工湿地类型选择、人工湿地建设。其中人工湿地建设包括土方开挖工程、提升泵池工程、调节前池工程、兼性塘建设工程、生态氧化池建设工程、表流湿地建设工程、填料工程等。

（9）调蓄池工程

对于雨污分流制排水体制，调蓄池的主要功能是截流一部分初期雨水面源污染，保证雨天河道水质目标。对于雨污合流制排水体制，调蓄池的主要功能是控制合流制溢流（CSO）污染。调蓄池建设分为人工调蓄池建设和自然调蓄池利用。调蓄池的布置形式包括管道调蓄、分散调蓄、浮桥池法、终端调蓄。

人工调蓄池采用钢筋混凝土、砖砌、玻璃钢等形式，施工涉及支护工程、土方开挖、土方填筑、截污管道安装、混凝土工程、地基处理工程、砌筑工程、设备安装工程、泵站工程、管网工程、除臭工程等。同时要建设格栅、过滤、混凝、沉淀、冲洗设施或购买相关设备。

自然调蓄池可以充分利用洼地、池塘等自然条件，与景观、水质净化、已有水池、河湖结合，通过少量土方开挖、土方填筑、地基处理等工程实现调蓄功能。

（10）泵站工程

能提供有一定压力和流量的液压动力和气压动力的装置和工程称泵和泵站工程。泵站是进水、出水、泵房、机电机械设备等建筑物的总称。泵站分为污水泵站、雨水泵站、河水泵站等。

4. 污水处理厂系统

污水处理厂是水环境系统治理的重要组成部分，是处理污水的核心场所。建设污水处理厂的核心是建设和安装污水储存设施、污水一级处理、二级处理、三级处理、深度处理设施。

对于已建污水处理规模不能满足处理要求的治理区域，需要新建污水处理厂；对于出水不能满足水环境质量要求的治理区域，需要污水处理厂提标；对于不能满足污水处理能力和水环境质量要求的治理区域，需要污水处理厂提标扩容。

污水处理厂施工工艺流程一般为：测量放线→降排水措施→基坑开挖→钢筋工程→混凝土工程→预埋件及预埋管工程→砌体工程→机电机械设备安装与调试→满水试验。

5. 污泥处理厂系统

污泥处理厂是水环境系统治理的重要组成部分，是处理河湖水域污泥的核心场所。污泥按照减量化、无害化、稳定化、资源化原则进行处理。

污泥处理厂处理工艺宜分为垃圾分选、泥沙分离、泥水分离、调理调质、脱水固化、余水处理、余土处理等环节。

污泥处理厂建设施工工艺一般为：施工测量→降排水措施→地基与基础工程→构筑

物工程(砌体结构构筑物、钢筋混凝土结构构筑物、满水试验)→建筑物(砌体结构建筑物、钢筋混凝土结构建筑物)→设备安装工程(格栅机安装、刮砂机安装、提砂机安装、洗砂机安装、小型绞吸船安装、滗水器安装、水泵及泥浆泵安装、储料罐安装、自动泡药机安装、输送机安装、搅拌机安装、压缩机安装、压滤机安装、其他设备安装)→管道工程、供配电工程、交通工程等。污泥处理厂既可以处理河道污泥,也可以处理箱涵、管道的淤积污泥。

第二节　分部工程管理

1. 分部工程概述

根据第一节内容,将分部工程系统内部按照"三网、两厂"简化为五个分部工程子系统,各子系统之间存在关联逻辑,各子系统内部包含多个分部工程。

"三网、两厂"五个子系统之间的关系是由水环境系统治理分部工程在时间和空间上的逻辑决定的(见图9-1)。在空间上,管网类分部工程子系统起到了联通厂类子系统以及建筑与水体等系统要素的作用。在空间关系既定的基础上,我们能够确定子系统之间的时间(次序)关系,整体应大致按照"控制源头为先、污水处理其次、水体治理为后"的逻辑,才能避免截污治污后水体又被污染的情况。

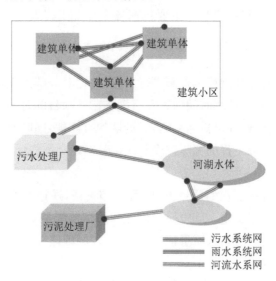

图 9-1　水环境治理工程的分部工程子系统"三网、两厂"示意图

除了"三网、两厂"子系统之间的关联,各个子系统内部的分部、分项工程也具有一定的关联性,甚至会出现跨子系统的关联,比如在未实现雨污分流的地区,污水系统网和雨水系统网当中的子工程也是具有交集的,这就使得整个水环境系统治理工程成为一个复杂系统,为工程管理增加了难度。

2. 分部工程管理系统

分部工程的管理不仅是管理各个独立的分部、分项内容，更需要工程总管理方具有整体性和系统性的管理逻辑，采用一体化、集成化的管理工程框架。在管理维度上，主要包括分部工程的范围、计划、成本、质量、沟通、风险等。

分部工程的一体化、集成化管理工程框架是指各个子系统和具体的分部工程汇集到同一个管理系统内，制定共同的目标系统，统一领导的组织系统，统一的管理思想、管理语言、管理规则和信息处理系统。在该集成管理系统下，对各管理维度与要素进行管理。

（1）分部工程范围管理

对于分部、分项繁多的复杂系统工程，应厘清各个分部工程的范围，尤其处理好权责划分不清以及交叉重复等情况。通过 WBS（工作分解结构）的手段，可以有效确定分部工程的工作范围，将最小单位定义为一个任务（或一项活动）。需注意，在工程全生命周期中，一个分部工程所需完成的任务不是一成不变的，需要管理者不断维护和更新。

（2）分部工程成本管理

分部工程成本的管理与工程整体的成本管理相类似，可细分为费用成本、人力成本等维度。在费用管理方面，对于总承包方而言，对项目经济性影响程度最大的时期其实集中在设计和工程发包之前，之后的项目整体成本费用处于相对更可控的状态。这就要求在分部工程费用管理中，要更加注重各个分部工程前期的策划、设计和经济可行性研究的科学性。分部工程人力成本管理的核心目的是确定工程所需的人力资源并对其进行有效的管理，以确保工程的成功。主要包括各个分部工程人力资源的规划、团队的组建、团队的建设和管理。

（3）分部工程时间管理

时间管理主要是对分部工程里程碑进行细分，包括对分部工程项目中每一项活动的定义、排序、所需资源估算、持续时间估算和进度控制。项目的时间管理应采取渐进明细的原则，即对远期的时间管理可适当粗略，对近期的宜详细，同时所有的时间管理内容都要依据相关联的其他分部工程的实际进度及时调整。

（4）分部工程质量管理

主要是制定各个分部工程的质量方针、目标和责任，通过质量规划、质量保证、质量控制和质量的持续改进来实施。其中质量保证和质量控制是质量管理的"阴阳"两面，质量保证包括职责、程序作业指导、质量记录，而质量控制则体现为质量要求、指标和性能。

（5）分部工程沟通管理

对于多分部工程复杂系统，有效及时地生成、收集、存储和使用项目信息，并且合理地据此进行信息沟通显得尤为重要。尤其是分部工程项目之间有合作或矛盾的情况，必须要通过有效沟通确保项目的顺利进行。

（6）分部工程风险管理

对于单个分部工程而言，采用风险识别、风险分析、风险应对和监控的标准框架即可。但在复杂系统中，需尤其关注风险链和风险传播问题，即某一分部工程产生的风险通过致因链传递到其他分部工程项目,进而产生连锁反应。对此,可采用领结模型(Bow-Tie Model)等风险管理工具,以分部工程为单位系统性梳理风险致因链,制定风险管控策略。

从系统治理角度,分部工程管理包括水环境系统治理及其关联工程(第三节将重点介绍)的分部工程如何进行系统性管理。从成本、时间和工程质量等维度分析,关联工程分部工程与水环境系统治理分部工程之间相互影响。例如防洪、治涝等水安全工程是其他水治理工作的前提与保障;雨污管网相关工程的进度和质量决定了路面修复工程的进度以及是否会重复施工的风险;雨污管网设施与其他的市政管网改扩建由于存在交叉穿越而最好采取"一体化"规划的方式,可以减小影响、控制成本与风险。此外,从分部工程空间维度上看也存在系统治理问题,比如全流域内分部工程系统的功能统筹和局部作用的统筹,以及对不同区域内的同类分部或分项工程采用"统一标准、统一技术"的原则进行管理等。

第三节　关联工程系统

水环境系统治理的关联工程系统分为涉水关联工程和非涉水关联工程两类。涉水关联工程系统是以水为纽带有机组合在一起的承担特定功能的工程集成体,主要包括水安全方面的防洪工程和治涝工程、水资源方面的水源地工程、引调输配供水工程等系统,非涉水关联工程仅是在空间上的关联,主要包括公路、铁路、地铁、供热、燃气、电力、电信等迁线改建或穿越工程等。

必须树立安全发展理念,弘扬生命至上、安全第一的思想,健全公共安全体系,完善安全生产责任制,坚决遏制重特大安全事故,提升防灾减灾救灾能力。防洪工程和治涝工程属于水安全的范畴,其在安定社会和保障人民生活等方面具有重要意义,也是开展其他治水工作的前提和保障。

1. 防洪工程系统

洪水灾害主要是指由于河流洪水所导致的自然灾害,其直接后果是破坏城市、乡村等经济和社会生活,毁坏山区、平原的生产、生活等,对受灾地区经济和社会发展有巨大的影响。洪水灾害可以分为暴雨洪水、山洪、融雪洪水、冰凌洪水、溃坝洪水、堰塞湖溃决洪水等。暴雨洪水是最常见的威胁最大的洪水,它是由较大强度的降雨形成的,简称雨洪;而河流洪水的主要特点是峰高量大,持续时间长短不一,灾害波及范围广。水环境系统治理中的防洪工程系统最主要的作用就是防止或者减少暴雨洪水的危害,以及减少洪水对水环境治理设施的破坏和减轻危害程度。

防洪工程系统是为防御、控制并减免洪灾损失所修建的工程,解决洪水对城乡威胁问题,主要有堤、河道整治工程、分洪工程和水库等。按功能和兴建目的可分为挡、泄(排)和蓄(滞)几类。

防洪工程系统主要是以堤防、水闸和水库等挡水、整治、泄水建（构）筑物防御洪水。工程中需要对建（构）筑物的结构型式、布置方式、抗滑、抗倾稳定、应力、沉降、渗流和渗透稳定等进行充分论证。此外，还需要结合环境的敏感点，研究水库工程等对环境可能产生的影响，并采取一定的环境保护措施。

堤防工程是通过在河道两岸修筑堤防，加强河道宣泄洪水的能力，保护两岸低地，堤防工程是目前最为常用的防洪措施。堤防工程属于挡洪工程。

河道整治工程也是增加河道泄洪能力的有效手段和方法，用拓宽和加深河道，裁弯取直，消灭过水卡口，消除河道中的障碍物以及开辟新的河道的方式提高防洪能力。河道整治属于泄（排）洪工程。

分洪工程通过在适当的地点建分洪闸、引洪道等建筑物，实现将一部分洪水分往别处，从而使河道安全，避免洪灾发生。分洪工程属于泄（排）洪工程。

水库是指在山沟或河流的狭口处建造拦河坝形成的人工湖泊，是具有拦洪蓄水和调节水流的水利工程建筑物。水库属于蓄（滞）水工程。

2. 治涝工程系统

内涝是指由于强降水或连续性降水超过城市排水能力致使城市内产生积水灾害的现象。治涝工程系统是为解决严重的暴雨内涝问题，避免造成人员伤亡和重大财产损失所建设的城市排水防涝设施。对于城市的排水系统需要有整体的布局规划，结合区域地形地貌和河流水系等，合理确定划分城市排水小区和排水出路，布局防涝设施。排水管网、泵站、雨水调蓄池、雨洪行泄等设施系统的建造中需要充分注意雨污分流、管道清淤，以及河湖水系清淤与治理等相关任务，将排水防涝系统与水环境治理充分结合。

治涝工程系统在顺应自然的前提下，通过城市雨水管网、排涝通道、雨涝调蓄设施、排涝泵站等工程措施来增强排雨治涝的能力，达到防治城市内涝灾害的目的。

治涝工程系统应注重源头治理工程，即基于海绵城市理念，注重源头"渗、滞、蓄、排、用"，修建吸水性的海绵城市设施。"渗"，即在地下水水位低、下渗条件良好的片区，应加大雨水促渗，增加新建片区透水性下垫面的比例，新建道路绿地优先采用下凹式绿地，新建停车场、广场优先采用透水铺装地面。"滞"，即通过下凹式绿地、植草沟、植生滞留槽等设施，减缓雨水流速，减少径流峰值。"蓄"，即充分利用绿地、公园、水体，建设雨水调蓄设施调蓄洪峰流量。"排"，即与城市排水主干网络系统有机结合，保证涝水顺利排放。"用"，即城市雨水收集、处理和再利用。

治涝一般遵循"高水高排、低水抽排"的原则，围绕"渗、滞、蓄、排、用"开展治涝工程。一方面，海绵设施建设，包括绿色屋顶、蓝色屋顶、雨水管断接、雨水花园、生物滞留设施、雨水罐、地下蓄水设施、植草沟、树箱、树池、渗流沟、渗流井、渗滤床、透水路面、雨水滞留池塘、人工湿地。另一方面，其他排水设施建设，包括排水管涵工程、闸泵建设工程、山洪径流设施建设、增加库容建设、新建及改扩建排涝泵站工程、河道整治工程、片区雨水排水系统工程、雨水收集工程、雨水调蓄池工程、深层管廊系统工程等。

3. 道路路面恢复工程

这类关联工程包括采用开挖路面埋设、修复、迁移雨污管网等水环境治理设施情况，需要恢复道路路面，实施恢复关联工程；对于新建、扩建或改建道路时影响、破坏原有雨污管网等水环境治理设施上面路面的，需要恢复道路路面，实施恢复关联工程。

4. 管线和电力类迁线改建或穿越工程

这类关联工程包括需要交叉、穿越雨污管网等水环境治理设施的供水管、燃气管、电力管线、电信管线新建、改建、迁改、扩建工程，雨污管网需要交叉、穿越的公路、铁路（高铁）、地铁、河流、渠涵等工程。

第四节　系统治理的个性化施策

根据"源－XYZ－河"空间（地区）模型、空间优化方案，结合地区及企业资源和要素优化方案，要注意施策的精准性和关联性，追求个性化施策。

1. 一河（湖）一策

"一河（湖）一策"是党中央、国务院全面推行河长制与湖长制的重要组成部分，是实施河湖治理的指导性方略。"一河（湖）一策"是根据每条河流湖泊的具体情况，因地制宜，提出针对性的治理措施，有五个主要目标：一是解决复杂的水环境保护问题，从源头上控制点源污染、面源污染、控制初期雨水产生的污染；二是恢复河湖生态岸线，划定责任区及范围；三是做好河湖水资源开发与利用，为人民生产生活提供坚实的保障；四是做好河湖生态保护，大力开展水环境治理、水生态修复工作；五是加强监督考核，建立行之有效的长效机制。为实现这些目标，需要编制好"一河（湖）一策"方案。

在"一河（湖）一策"方案编制的过程中，首先应坚持"流域统筹、系统治理"的理念，流域不分规模大小，都应统筹兼顾，整体研究，系统治理。应调研河流河道的基本情况，包括河道周边环境特征、水文条件、水体岸线以及水库及河流现状补水等，并分析该条河流流域范围内排水管网存在的问题；要结合相关规划，对污染源现状进行调查，包括点源、面源、内源等污染情况，解析河流污染源，分析河流水体黑臭成因，在此基础上制定出相应的工程整治措施，包括控源截污、清淤、垃圾清理、生态补水等相关工程措施；基于此对整治效果进行预测，设立水质监测方案和长效管理机制等。

在进行城市和乡镇内部小湖塘库黑臭水体整治时，主要开展排口整治、淤泥清运、抛石护脚、水生植物栽种以及生态池施工等。在前期勘察时，应充分了解民风民俗及诉求，应充分估算清淤量，避免出现设计淤泥量与实际淤泥量不符的情况，如果塘底淤泥无法彻底清除，整治将无法达到预期效果。在抛石护脚施工时，如小湖塘库周围附近草木繁多，会使大型设备无法进场。在施工前，应对现场进行充分调研，合理布置设备进场位置，减少设备转移次数，保障设备顺利进场。

2. 一厂一策

2019 年,国家住房和城乡建设部、生态环境部和发展改革委联合印发了《城镇污水处理提质增效三年行动方案(2019—2021 年)》。该方案明确要求,城镇污水处理厂进水生化需氧量(BOD)浓度低于 100 mg/L 的,要围绕服务片区污水管网制定"一厂一策"系统化整治方案。在该方案中,有必要通过排水系统全面排查,掌握现状管网的运行、雨污分流、暗涵排口与污染源分布等情况,从源头查明存在的问题,提出针对性的治理对策,实现排水管网提质增效,并解决管道错接乱排现象,以提高污水收集率。

在"一厂一策"的编制过程中,首先应对现状进行评估及梳理,包括已建及在建工程项目、现有排水系统、河道现状并评估污水收集及处理现状。分析污水厂进水浓度偏低的原因、工业废水以及其他废水排放的现状,调查是否存在清洁基流、河水入流、施工排水、地下水入渗及雨水等接入污水系统等情况。基于此,提出相应的工程整治方案,主要包括以下措施:一是管网系统完善工程,包括污水管段缺失新建、雨水管道缺失新建、市政管网拓扑关系整改、市政雨污分流、存量管网修复工程等;二是雨污分流等正本清源工程;三是三水分离工程,包括岸源截流井改造工程、污水溢流排口整治工程、重点面源污染整治、截污系统完善工程等;四是清洁基流剥离工程,通过新建雨水管道、截留井整改等措施整治清洁基流混入污水系统的现象;五是暗涵清淤、暗涵缺陷修复及排口整治等暗涵整治工程。根据前期调查梳理结果,整理相应问题清单,估算工程量与项目投资总额。对污水收集处理设施空白区域消除情况、城镇生活污水集中收集率提升情况、水质净化厂运行稳定性、水质净化厂进水浓度提升及河道污水直排口消除情况等方面进行预测分析,最终提出结论与建议。"一厂一策"还要与"一河(湖)一策"很好地结合起来,互相监督,统筹安排。

3. 一区一策

"一区一策"主要是对不同区域进行差别化精准治理,重点针对区域水体主要污染因子,优先控制污染物,找准问题根源,提高治理措施的精准性和针对性。不同区域主要可分为工业企业区、公共建筑小区、居住小区、城中村、医院、学校等,在整治方案编制与施工时,应结合各区域污染源的整治目标来开展相关工作。"一区一策"要与"一厂一策""一河(湖)一策"很好地结合起来,通常是多区共厂,矛盾复杂。

4. 一口一策

"一口一策"方案主要是为了加强入河排污口、排水口监管,进一步完善治水长效机制,开展入河排污口、排水口溯源整治工作,摸清入河排污口、排水口底数,掌握入河排污口、排水口的排放现状,按要求逐一实施清理整治。"一口一策"方案具体包括每个排污口、排水口存在的实际情况、产生原因、整治方案方法等内容。

5. 污水处理厂际调节

对于大型城市,不同片区污水产量具有时空分布不均衡性的特点,为充分利用各污水处理厂的处理能力,在条件允许时,有必要开展污水处理厂间的干管连通工程。通过建设调水泵站、连通管网,实现厂际间污水相互调节,从而减轻单厂遇来水量负荷冲击时的溢流风险。

参考文献

[1] 黄常斌. 城市防洪排涝标准探讨[J]. 水利科技,2009(4)：60-61.

[2] 刘平,吴小伟,王永东. 全面落实河长制需要解决的重要基础性技术工作[J]. 中国水利,2017(6)：29-30.

[3] 水利工程项目划分术语及定义[J]. 中国水能及电气化,2022(01)：70.

[4] 夏开元. 浅议工程的划分与工程质量的关系[J]. 中华建设,2019(10)：42-43.

[5] 聂有军. 浅谈项目管理的质量控制[J]. 内蒙古石油化工,2009,35(11)：58.

[6] 城镇污水处理提质增效三年行动方案(2019—2021年)[J]. 城市道桥与防洪,2019(06)：337-339.

[7] 吴志广. "一河(湖)一策"方案编制经验浅析[J]. 中国水利,2018(14)：8-9+11.

[8] 李原园,沈福新,罗鹏. 一河(湖)一档建立与一河(湖)一策制定有关技术问题[J]. 中国水利,2018(12)：3-7.

第十章　水环境系统治理的整体性与系统性

第一节　水环境系统治理的整体性与系统性概述

系统论是关于整体性的科学，它的核心思想就是整体大于部分之和。用数学语言表述水环境系统治理为：

$$Sp=F\{f_1(源，XYZ功能维度，河)，f_2(G，T，A，O)，f_3(要素：主客体、协同、三治五全)\}$$

$$(10-1)$$

G 指政府，T 指企业，A 指社区，O 指运营与治理者。

通过解联立系统动力学方程组，求解最佳或非劣方案 Sp。创造出宏观上水环境治理与自然系统一体化的新系统，微观上水体净化与景观一体化的系统，如植草沟不仅有治理污染的功能，本身也具有景观性，可以带给人特定的景观视觉感受（图 10-1）。

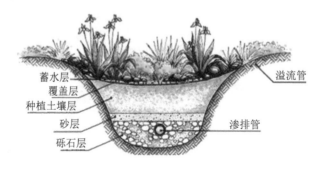

蓄水层　　　　　溢流管
覆盖层
种植土壤层
砂层　　　　　　渗排管
砾石层

图 10-1　功能景观一体化的植草沟

系统与整体不是一个概念。系统具有整体涵义，而整体则并非一定是系统。因而，整体性与系统性是有差异的。整体性是指当感知到一个对象时，只要感知了它的个别或局部属性，就可以形成一个完整的整体体系或对象，一般情形下，整体中的某些部分可多可少，也可有可无，某些部分的缺失，不影响整体的存在和发展，在系统的整体与部分关系中，讲究整体性；系统性是指由要素或子系统构成的具有相应关系的有序系统，强调系统要素的不可或缺性，系统内要素的个性及不可替代性，在系统的要素及其关系中，以系统性表述。

水环境治理系统内部结构形式不同，功能作用也就会发生变化。合理、科学的结构组合形式会增强其功能,包括自净、生态等,反之则会降低其功能。所以,要提高水环境系统治理的整体效果,则必须要优化水环境系统治理内部各构成要素的系统性组合。

强调水环境治理的系统性,首先要保证的是水环境管理目标的达成,水环境治理是一个相对完整的系统。而河流的管理中,不仅有水环境系统,还有水安全、水资源、水生态等系统,而这些系统都可以相互独立,但又因水要素的关系,这些独立的系统往往又相互关联,这就要求开展河流水环境治理时,要兼顾河流的整体性、流域的整体性。这一点是特别要引起重视的,否则易顾此失彼,酿成错误。

第二节　主体与客体的整体性与系统性

整体性是相对于还原论的一个一个解剖而言的,从整体上考虑并解决问题,考虑水环境治理中的个体之间的相互联系、相互作用、相互影响。水环境治理系统的结构是受自然、人文等环境的影响在改变的,特别是复杂系统。复杂系统的结构不是一成不变的,那么,系统的功能也在改变。系统治理强调全局观、整体观,强调从全局出发,科学和合理地进行局部水环境治理,达到全局最佳的效果。

水环境治理中各个部分的关系错综复杂地交织在一起,这种相互关系充满着不确定性的影响,从整体性去处理这些关系困难很大。因此需要系统思想指导,应用系统工程理论与方法,才有解决可能。水环境系统治理学习都江堰水工程体系思想,将子系统治理以及子系统之间处理得恰到好处,形成协调运转的水环境治理系统,从而要求我们不单要整体性和系统性,还要加强对这个整体中各个细节的认识能力。

环境系统包括政府、社区,以及管理的主体、客体条块分割、各自为政现象严重,经常表现出整体性、系统性差的一面。

系统治理要求主体主动地去认知客体,特别是主体中的子主体,不能局部、本位地看问题,而应整体看待事物,并且应使得自身认知能力提升和匹配客体的各个过程。这一过程必须是整体的、系统的,才能使主体具备整体性和系统性的认知能力,有利于系统治理,所以,水环境系统治理要注意目标制订的整体性、系统性,还要关注实施方案制订以及实施的整体性和系统性。在水环境治理实践中,设立河长制即是基于主体的整体认知,从而达成客体的系统治理。

第三节　协同推进的整体性与系统性

水环境系统治理所面临的首要问题是将无数的水环境问题转化、定义、概念化为一个一个的目标及其对象、行为、组织系统，分解成为参加者的具体任务，以及如何把这些任务综合成一个个技术上可行、经济上合算、时间上合理、能够协同实施的实际系统，而这成千上万参加者的工作均需要协同推进、管理协调，并且要使这些系统成为更大一级系统的有效组成部分。

这个复杂的系统治理工作无法由传统的工程项目部完成，而是要由具有极大资源整合能力的项目群指挥部或多项目 EPC 组织机构来承担。它把系统作为它所从属的更大系统的组成部分进行策划决策，对它的所有技术要求都首先从实现这个更大技术系统协调的角度来考虑。它把系统作为若干子系统有机组合而成的整体来决策，对每一个子系统的技术要求都从实现整体最优的思想来考虑，对其过程中子系统之间的矛盾、协调，子系统与系统之间的矛盾，都要首先从整体性、系统性的最优需要来选择解决方案，方案实施要整体推进、系统协同。

协同推进的整体性包含政府、流域内企业、社区、水环境运营者和治理者，合力整体推进、系统协调，并加强顶层设计，开展试点示范工程，为大规模的系统治理提供样板。

系统治理是水环境治理工程组织管理"系统"的策划决策、设计、实施、运营的科学方法。

第四节　三治五全认知、关联、评价的整体性与系统性

三治（治水、治污、治涝）五全（全流域统筹、全打包实施、全过程控制、全方位合作、全目标考核）的整体性与系统性在认知、关联、评价上互为渗透与递进关系。

传统水环境治理效率低下乃至产生冲突的重要原因之一在于水环境治理系统相关方认知差异，因此首先需要在对象认知层面建立全面充分的整体性、系统性认知。例如，在水陆统筹中，应加强对水污染源头的认知，弥补水环境系统治理中对污染源头管理不足等缺陷，把陆域和水体两大要素作为一个整体统一谋划，建立全流域分层分类的水环境系统分类。而对于传统的以水体为主的治理，由于治理对象常常被分解为水体、底泥、排放、自然环境保护等，需要在系统性与整体性方面进一步深化。系统治理不是"治污"对象的简单加和，而是紧密共生的一元整体和系统完整的全域全要素治理系统。

对各类对象之间复杂关系的认知还体现在水环境治理体系的横向、纵向关系之中。单纯以某一类或某一层级的治理为主导必然会产生冲突矛盾，并导致各个权利主体之间的负和博弈，应探索横向的各类治理体系与纵向的各级主体之间的协调统一。首先，对

于各类治理技术与方法的关系,如果仅停留在方案形式上的"合一",只会导致治理过程更加庞杂、效益低下。设计施工一体化将相关方各类协调问题转变为了系统内协调问题,只有在组织管理层次上"合一",才能实现真正的"系统治理"。其次,对于各级水环境治理上下衔接不畅的问题,应建构不同主体之间双向互动和持续反馈的机制,在各级行政部门之间、政企之间、企企之间形成上下贯通的系统治理框架,并兼顾水环境污染治理刚性传导和水与自然景观治理的弹性传导。现行水环境治理的纵向治理结构尚需更加细化的制度设计,如果上位治理不能实现对下位治理的指标有效合理分配、明晰各级治理的事权责任,那么增长主义将继续根植于地方发展战略,水环境问题亦将持续存在。因此,应推动各类、各级水环境治理关系的横纵协调,实现水环境治理的结构体系由各个涉水部门"局部谋划"向水环境系统治理的"整体布局"与"系统管理"转变。

　　进一步对上述各类对象之间、局部与整体之间关系的系统性进行评估。在传统水环境治理中,各部门、企业之间的多种目标存在差别乃至对立也是有可能的,如企业经济效益与污染排放、社会经济发展与生态保护等具有矛盾的水环境保护目标。此外,以往不同的水环境治理均有涉及建设发展、区域协调和生态保护等方面的目标,各类治理的目标定位也存在交叉重叠,各级环境治理虽自成体系,但整体上不成系统,目标导向也存在冲突。因此,即使各级、各类环境治理的目标都达成了,也并不意味着环境保护整体的效用达到了最优水平。对水环境治理的评价需要找到并构建出实现系统性的逻辑。

　　当水环境治理中各局部关系之间出现不一致时,即使各局部关系存在独立的"正确",也无法满足"正确"的同时成立。系统性的评价标准要求将系统治理作为一种长期动态变化的过程,而非是一劳永逸的蓝图文件。应在系统治理方案、审批和实施的基础上增加评估、反馈和修改环节,使水环境系统治理真正成为一种公共政策,由蓝图式治理向过程式治理转变。从治理目标明确、战略结构制定到成果评估反馈都应有各个主体的互动反馈,在相关利益群体之间建立互动参与的常态制度,以纳入不同广度与深度的评价主体。最终在系统治理的实施进程中推动各种复杂关系的系统性,实现多元目标协同下的最优整体(图 10-2)。

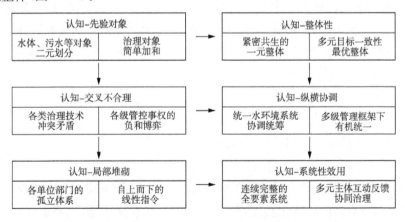

图 10-2　系统性视角下认知—关联—评价思路转变

第五节　合流制与分流制的整体性与系统性

以茅洲河为例，流域在 2016 年治理前的排水系统以合流制为主，雨量稍大，管网承载能力受限，再加上大量的管网断点较多，雨污水无序排放，不仅产生大片内涝，且严重污染城市环境和受纳水体。

将合流制排水系统进行改造是目前我国南方城市排水系统建设的主要方法和方向。改造中关联的问题非常多，实施困难大，投资巨大。

排水体制采取合流制还是分流制，要从整体性角度进行分析，单纯地设计分流制而没有其他的措施配合，如海绵城市等，效果并非最佳。有研究者研究发现随着降雨强度的增大，管网溢流情况逐渐加重，末端排水口的流量峰值增高，污染物排放量增大，经过污水处理厂处理后，污染物排河量有了一定削减；对老城区合流制管网进行了分流制改造，改造后管网模拟发现，由于雨水径流面源污染物直接外排，而未经污水处理厂处理，大量的污染物依然溢流入河道中，减排效果并不明显；对合流制管网引入低影响开发措施，模拟发现，低影响开发后的合流制管网中节点溢流和排水口污染物排放均有了明显的减少。经过污水处理厂处理后，排河污染物总量进一步降低，改造效果均优于分流制改造方案，这些成果值得借鉴。而在茅洲河水环境治理中，在深圳宝安片区实施了彻底的雨污分流，对主要的面源污染采取了截流控制措施，治理效果很好。

第六节　规划设计与施工建造的整体性与系统性

针对茅洲河流域治理前排水系统错接乱排、部分雨污混流现象，以及原始设计规模偏小、排污量急速增大、部分监管不到位等问题，对于水环境治理的规划设计与施工建造要整体规划和系统设计，就是在可行性研究以及项目的策划和规划中要讲究整体性，从系统性角度去思考水环境治理。

1. 规划设计的整体性与系统性

水环境系统治理规划设计在对象描述方面、时空维度上需要整体性规划，在技术、方法方面需要系统性技术的应用（图 10-3、图 10-4）。

2. 施工建造的整体性与系统性

工程实施的施工建造要有总体施工规划，这是一个高于单项施工组织设计的策划文件，才能保证构成总体的一体化功能，工程实施也要有系统性思维、系统性计划，按照计划与控制系统进行监督、检查。

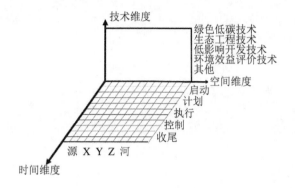

图 10-3　水环境系统治理规划设计的整体性三维结构模型

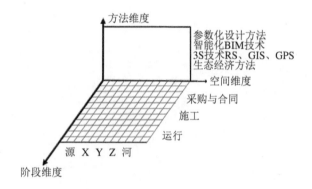

图 10-4　水环境系统治理规划设计的系统性三维结构模型

3. 规划设计与施工建造一体化的整体性与系统性

传统的工程实施规划设计与施工分离,系统治理强调了设计与施工一体化,在组织上以 EPC 总承包等形式确保对规划设计与施工建造整体性考虑、系统性落地实施。

4. 行为与结果的整体性与系统性

规划设计与施工建造的整体性与系统性行为铸就水环境的整体性与系统性体系。规划设计与施工建造的整体性、系统性行为是水环境系统功能整体性、系统性的前提。

参考文献

[1] 李丹. 老城区合流制排水系统的分流制改造必要性研究[D]. 天津:天津大学,2019.

[2] 付朝晖,常魁,杨国洪. 基于水陆统筹的水环境综合治理系统方案编制思考——以珠海横琴一体化区为例[J]. 给水排水,2020,46(7):27-31.

[3] 董哲仁,孙东亚,赵进勇,张晶. 河流生态系统结构功能整体性概念模型[J]. 水科学进展,2010,21(04):550-559.

[4] 魏宏森,曾国屏. 试论系统的整体性原理[J]. 清华大学学报(哲学社会科学版),1994(03):57-62.

第四篇

水环境系统治理的方法系统

　　水环境系统治理的方法系统包含定性分析方法、定量方法和综合集成方法，它们是水环境系统治理中密不可分、有机统一的整体。定性方法和定量方法有根本性的区别——从研究范式上讲，定性研究源于人文主义，定量研究源于实证主义；从研究方式讲，定性强调灵活性、特殊性，定量强调标准化；定性方法是归纳过程，定量方法是演绎过程；定性侧重于事物的描述，定量侧重于事物的计量。然而在复杂系统的分析中，没有一种方法一定优于另一种，定性和定量方法从不同角度解决不同问题，而当单一的理论方法不适用于实际问题时，则需要结合两者，采用综合集成的方法。我们对事物的认知会随着我们分析事物的方法演变呈现出螺旋式上升，一开始我们以定性方法认知事物，后来上升到采用定量方法和认知，再上升到综合集成方法和认知，然后又上升到更高层次的定性方法和认知……

　　本篇的第十一、十二、十三章将分别介绍这三个部分的内容。

第十一章 水环境系统治理中的定性分析方法

第一节 定性分析方法

工程系统分析的结果应以如何发挥或挖掘系统整体最大效益为出发点,而寻找解决问题的方案,即将水环境系统治理的整体目的作为目标,以寻求解决特定问题的最优策略为重点。对于工程系统的分析没有一套特定的、普遍适用的技术方法,随着分析对象不同和分析问题的不同,所用的方法也不尽相同。一般来说,工程系统分析的方法可分为定性方法与定量方法,定性方法用于对系统结构认知不清晰,收集到的信息存在不准确以及评价者的主体偏好不同对于所提方案评价不一致等情况。本节主要对常用的系统定性分析方法进行阐述。

1. 化整为零—层层深入分析法

化整为零—层层深入分析是一种系统分析思路,在考察问题时将考察对象划分为低层次的若干子系统,每个子系统又做进一步的划分,直至分出系统构成的最基本单元或要素。分别考察系统的各个子系统,找出问题所在的子系统,然后对存在问题的子系统做更深层次的考察,求出问题的次级子系统并不断深入,直至求出问题的基本单元。该思路的特点是通过划分层次与子系统,缩小考察范围,使本来难以直接观测的考察单元变得清晰易于观测,使本来复杂的问题简单化。

故障树图(因果关系图)是一种典型的将系统中出现的问题(症状)对应的一系列故障原因进行总结和分类的定性分析方法,它能划分出故障原因的不同层次和所包含的子系统,从整体至部分按照树枝状以图示逐步细化,被广泛应用于系统故障因果关系分析上。故障树图能将系统复杂的关系直观地展示出来,对故障分析人员有着直接的提示作用,适合影响因素众多、因果关系复杂的系统性问题。完成的故障树图可用于指导现场工作,帮助现场故障分析人员弄清故障因果关系,并在应用中可以迭代修正和改进。当出现某一故障时,可根据可获得信息对照故障树,逐步查出与故障相关的中间事件与基本事件,最终梳理出故障机理,其处理优点是关系清楚、方法简单,有利于加快分析与处理故障的速度。并且,当资料数据充分时,还可以根据故障树进行定量分析,建立故障概率模型。

2. 假设—验证分析法

由于工程技术问题的复杂性,可能需要通过一些比较迂回的途径达到认识工程系统的目的,比如先对考察对象做出某种假设,再用适当方式对假设进行验证以确定其真伪。

以污染治理设备和工艺故障的分析为例,分析现场故障,从故障的现象出发,假设故障的各种可能原因,再一一严格验证其是否成立。分析人员必须具备足够的专业知识,掌握系统正常与非正常状况的判别标准,通过判断与推理等逻辑思维过程,找出系统中与故障有关的各部分及其相互关系,以及引起故障的真实原因。该分析过程可以根据分析对象的故障规律、故障历史、现象等信息和故障树图、因果关系图等工具,由表及里进行。如表 11-1 所示。

表 11-1 假设—验证分析过程

步骤	假设原因	验证
故障是由什么引起的	原因 1-1	验证方法+结论:成立
	原因 1-2	验证方法+结论:不成立
原因 1-1 是由什么引起的	原因 2-1	验证方法+结论:不成立
	原因 2-2	验证方法+结论:成立
……	……	……

3. 相似分析法

相似是客观世界的普遍现象,运用相似关系认识与解决工程系统问题也是系统分析的重要途径之一。

(1) 类比推理法

类比推理法包括简单并存类比推理、因果类比推理、对称类比推理等,是工程技术常用的相似分析法,它根据两类不同对象的部分属性相似,推出对象其他属性可能相似,属于从特殊到特殊的推理,适用于通过已知对象认识未知对象。当收集足够多的事例归纳出结论很困难时,可以采用类比推理法。

(2) 比较、鉴别和移植法

当建立新的方法和途径时,需要和传统的方法进行理论解与解析解比较。通过对事物的异同比较分析,可以将一个领域的方法移植到另一领域中,由此获得解决问题的途径。

(3) 基于案例的推理(CBR)

基于案例的推理(Case-based Reasoning,CBR),其核心思想是从过去已发生的问题及其解决方法推导出当前问题的解,也称为记忆推理。其推理过程由四部分组成:案例检索、案例调整、案例修正、案例学习,符合人的认知行为。从宏观角度,一个水环境治理项目需要大量其他水环境治理项目案例作为基础进行学习;从微观角度,一个水环境治理项目当中各个子系统收集的海量信息可以作为大量的案例,供某一个小的系统问题进行学习。

第二节　半经验半理论方法

半经验半理论方法是系统科学方法的源头。如贝塔朗菲指出：一般系统论如同任何一个科学领域，不得不依靠经验、直觉和推理手段的配合使用而发展。钱学森也曾提出：将科学理论、经验和专家判断力结合的定量方法学，是半经验半理论的。当用定量方法处理复杂行为系统时，会过于注重数学模型的逻辑处理，而忽略数学模型中的经验含义和解释。单纯的定量的数学模型虽然表面上具有很强的理论性，然而其中不免牵强附会，脱离真实。因此，系统分析方案的优劣应是定量和定性分析的综合结果，是数据和经验相结合的结果，除了相对可靠的数据资料和科学的计算方法，仍要凭借价值判断，综合权衡。

项目规划前期汲取了大量项目的治水经验，结合深圳特点进行再设计。结合治水和治污的认识，提出"六大技术系统"，形成"织网成片、正本清源、理水梳岸、寻水溯源（生态补水）"的系统治水思想。这说明了在项目决策中，过往成功项目的经验具有很重要的借鉴意义，证明了半经验半理论观在系统分析中的核心地位。

根据半经验半理论观，研究者结合定性分析与定量分析方法，在水环境治理中应用了一系列常用的半经验半理论方法，包括层次分析法、网络分析法等。这些方法基于领域专家的经验判断，结合一定的数理分析，最终能够得出综合性的评价结论。后文将对这两种方法进行详细介绍。

1. 层次分析法（AHP，Analytic Hierarchy Process）

层次分析法由美国著名的运筹学家、匹兹堡大学 T. L. Saaty 教授于 20 世纪 70 年代初提出。它为定性问题定量化分析提供了一种简便、灵活而实用的多准则决策方法，适用于求解多目标、多准则的复杂决策问题。AHP 的特点是分析复杂决策问题的本质、影响因素和内在关系，构建一个层次结构模型，利用有限的定量信息，把决策思维结构化、数学化。具体来说，决策问题的有关元素可分解成目标、准则和方案等层次，采用某种标度（量表）将人的主观判断量化，在此基础上进行定性和定量分析。本质上，这种方法是把人的思维过程层次化、数量化，因此仅适用于人的定性判断起主要作用、决策结果难以准确计量的场合。

应用 AHP 方法的第一步是将问题层次化。根据问题的性质和目标，将问题分解为不同的组成因素，按照因素间的相互关联和隶属关系将其按照不同的层次聚集组合，形成多层次的分析结构模型，最终的问题归结为各个底层因素相对于最高层目标的相对重要性权值确定和优劣次序的排序问题。如表 11-2 所示为水环境安全综合评价的指标体系。需注意，通常同一层次的元素数目不宜过多，否则会为后续的两两比较判断带来困难。表 11-2 所示为特殊情形，每一个准则层元素对应独立的指标层元素，对某一个准则层到指标层的权重分配时只考虑与之相关的某几个指标,更一般的情况是准则层共用指标层指标。

表 11-2　水环境安全综合评价指标体系

目标层	准则层	指标层
水环境综合指数 A	污染源安全 B1	污染物排放强度 C1
		城市废物水排放量 C2
		农药施用强度 C3
		化肥施用强度 C4
		农村生活污水排放量 C5
	地表水环境安全 B2	地表水体 COD_{Cr} 质量浓度 C6
		地表水体 BOD_5 质量浓度 C7
		水源水质达标率 C8
		河流水质级别 C9
		湖泊水面收缩率 C10
		水库水面变化率 C11
	地下水环境安全 B3	地下水矿化度 C12
		地下水 $NO_3 - N$ 质量浓度 C13
		地下水开采率 C14
		海水入侵面积变化率 C15
		地下水水位年均下降量 C16
	水土保持安全 B4	水土流失率 C17
		平均土壤侵蚀模数 C18
		水蚀总量 C19
	生态系统安全 B5	河流生态蓄水量压力 C20
		用于湖泊湿地保护与恢复的生态环境蓄水量压力 C21
		回补超采地下水的生态环境需水量压力 C22

第二步是构造判断矩阵,这一步依赖于人对各因素相对重要性的主观判断。判断矩阵表示对于上一层的某一个元素,本层元素的重要性(权重),相对重要性的标度方法一

般由量表事先给定，如表 11-3 所示。

表 11-3　相对重要性量表

标度	含义
1	一个因素与另一个因素同样重要
3	一个因素比另一个因素稍微重要
5	一个因素比另一个因素明显重要
7	一个因素比另一个因素强烈重要
9	一个因素比另一个因素极端重要
2,4,6,8	上述两相邻判断的中值
倒数	因素 i 与因素 j 的比较结果为 u_{ij}，则因素 j 与因素 i 比较结果为其倒数 $u_{ji}=1/u_{ij}$

以目标 A 到准则层 B 的相对权重为例，构造判断矩阵，如表 11-4 所示。对判断矩阵进行一致性检验，是指检验专家的判断中是否有矛盾不一之处。例如从专家判断的 B1 相对 B2 和 B3 的重要性所推导出的 B2 相对 B3 的重要性，与其直接判断的 B2 相对 B3 的重要性不一致。事实上这种不一致在多阶判断中几乎不可避免，我们只需检验其不一致程度是否在可接受范围内即可。

表 11-4　目标层-准则层判断矩阵 A

A	B1	B2	B3	B4	B5
B1	1	1/2	2	3	2
B2	2	1	2	3	2
B3	1/2	1/2	1	2	1/3
B4	1/3	1/3	1/2	1	1/2
B5	2	1/2	3	2	1

对于 n 阶矩阵 A，矩阵的特征值 λ_i 有 $\sum_{i=1}^{n}\lambda_i=\sum_{i=1}^{n}a_{ii}$，由于判断矩阵的对角元素均为 1，因此 $\sum_{i=1}^{n}\lambda_i=n$。当矩阵具有完全一致性时，最大特征值 $\lambda_1=\lambda_{\max}>n$，其余特征根均为 0；当矩阵具有不完全一致性时，$\lambda_1=\lambda_{\max}>n$，则其余特征根 $\sum_{i=2}^{n}\lambda_i=n-\lambda_{\max}$。因此，可借助矩阵特征根来检验矩阵一致性，引入除最大特征根以外的其余特征根的负平均值，作为度量指标，即：

$$CI=\frac{\lambda_{\max}-n}{n-1}$$

CI 值越大,表明判断矩阵偏离完全一致性的程度越大;CI 值越小,一致性越好。当判断矩阵具有完全一致性时,CI=0;当判断矩阵具有满意一致性时,引入判断矩阵的平均随机一致性指标 RI 值,对于 1～9 阶的判断矩阵,RI 值如表 11-5 所示:

表 11-5 RI 值表

阶数	3	4	5	6	7	8	9
RI	0.58	0.90	1.12	1.24	1.32	1.41	1.45

当阶数大于 2 时,判断矩阵的一致性指标 CI 与同阶 RI 值的比值称为随机一致性比率 CR,当 CR=CI/RI<0.10 时,则认为判断矩阵具有满意的一致性。

下一步是进行层次单排序,其计算问题可归结为计算判断矩阵的最大特征根以及特征向量。由于判断矩阵本身有一定的误差范围,计算判断矩阵的最大特征根及其对应的特征向量时,不必追求高精度,而采用求近似解的方法:先计算判断矩阵每一行元素的乘积 $M_i = \prod_{j=1}^{n} a_{ij}$;计算 M_i 的 n 次方根 $W_i = \sqrt[n]{M_i}$;对向量 $\boldsymbol{w} = [\bar{w}_1, \bar{w}_2, \cdots\cdots, \bar{w}_n]^{\mathrm{T}}$ 作归一化处理,得到的 $\boldsymbol{W} = [W_1, W_2, \cdots\cdots, W_n]^{\mathrm{T}}$ 即为所求的特征向量,即单一层次的权重比。计算判断矩阵的最大特征根 $\lambda_{\max} = \sum_{i=1}^{n} \frac{(AW)_i}{n W_i}$。

根据以上方法对各层次间的判断矩阵计算最大特征值和特征向量,并进行一致性检验。最后进行层次总排序,即计算层次单排序的加权组合,得到指标层各因素相对目标层的相对重要性。

2. 网络分析法(ANP,Analytic Network Process)

网络分析法在理论上允许决策者考虑更加复杂的动态系统中各要素的相互作用,更符合决策问题的实际情况。ANP 的基本结构如图 11-1 所示,ANP 网络中控制层的元素为 $P_1, P_2, \cdots, P_s, \cdots, P_n$,网络层中包含多个元素组 $C_1, C_2, \cdots, C_N$,每个元素组 C_i 中包含了元素 $e_{i1}, e_{i2}, \cdots, e_{in}$。

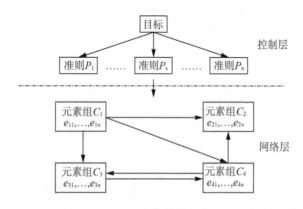

图 11-1 ANP 网络架构示意图

根据网络结构可以构造超矩阵：

其中行表示汇，列表示源。针对网络结构中的相互作用和反馈信息，基于源对汇中的元素的两两比较，求解源对于汇的相对偏好和重要性。

超矩阵中的每一个 W_{ij} 都是基于层次分析法中介绍的两两判断比较得到的归一化特征向量（每一列的和均为 1），但是整个超矩阵 W 不是归一化矩阵。由控制层的准则元素为准则，对元素 P_s 下的各个元素组 C_j 的重要性进行比较，得到一个归一化的排序向量：

$$A = \begin{bmatrix} a_{11} & \cdots & a_{1N} \\ \vdots & \ddots & \vdots \\ a_{N1} & \cdots & a_{NN} \end{bmatrix}$$

将超矩阵 W 中的每一个 W_{ij} 中的所有元素乘 A 中对应的元素 a_{ij}，得到加权超矩阵：

$$W_{ij}' = a_{ij} W_{ij}$$

在网络分析法中，为了反映元素之间的依存关系，需要对加权超矩阵 W' 做稳定处理，计算其极限相对排序向量：

$$W^{\infty} = \lim_{N \to \infty} (1/N) \sum_{k=1}^{N} (W')^K$$

若极限收敛且唯一，则 W^{∞} 的第 e_{ij} 列即控制元素下网络层各元素对元素 e_{ij} 的极限相对排序。

参考文献

[1] 黄志坚. 工程系统概论——系统论在工程技术中的应用[M]. 北京：北京大学出版社，2010.

[2] 樊彦芳，刘凌，陈星，等. 层次分析法在水环境安全综合评价中的应用[J]. 河海大学学报（自然科学版），2004(5)：512-514.

[3] 郭金玉，张忠彬，孙庆云. 层次分析法的研究与应用[J]. 中国安全科学学报，2008(05)：148-153.

[4] 续会勇，谢悦波，蒋艳君，等. 基于改进 ANP 方法的新沂市水生态文明城市评价[J]. 水电能源科学，2017，35(03)：49-52.

[5] 徐瑾. 城市水循环系统发展规划与评价研究[D]. 天津：天津大学，2011.

第十二章　水环境系统治理中的定量分析方法

第一节　定量分析方法概述

　　自然科学中自然现象或社会科学中社会现象的变化运动存在客观规律，可以通过调查、观测获得自然现象或社会现象变化运动过程中的数据，并对自然现象或社会现象变化运动规律的数量特征、数量关系与数量变化进行分析，这种分析方法通常称为定量分析方法。

　　定量分析方法自古就有，其优势相对于定性分析方法十分明显，即通过反映事物的数量特征来得到对事物特性的界定。随着数学及应用数学的发展及其在科学和社会等领域的广泛应用，越来越多的问题需要定量描述和定量化分析解决，这使得定量分析方法成为一门科学，迅速得以发展和推广应用。

　　定量分析方法是对事物现象的特征、关系与变化规律的数量描述与分析，或是用数量对几个研究对象的某些性质、特征、相互关系、变化趋势进行分析比较，用数量描述的形式给出分析研究的结果，通过数量来描述或揭示事物现象的特性、相互关系和发展趋势。

　　定量分析方法与定性分析方法既相互统一又相互补充，二者相辅相成。定性分析方法是定量分析方法的基本前提和依据，没有定性的定量是一种盲目的、毫无价值的定量；定量分析使定性分析更加科学、准确，是定性分析的具体化，它可以促使定性分析得出广泛而深入的结论，二者结合起来灵活运用才能取得最佳效果。

　　定性分析方法较为灵活，能够根据社会成员的动机和主观意义理解把握和分析事物的本质特点，相较而言，最后得到的结果深度较强，它使用开放式的探索方式，能够深度挖掘潜在的信息。但定性分析方法也不是没有缺点，它总是立足于典型的个案，研究的样本数量不够多，不够完善，其最后得出的结论普遍性较弱，甚至于有时研究者过于沉浸于情境中，思维方式主观性较强，可能得出错误结论。

　　定量分析方法得出的结论精确度较高，逻辑严密，普适性更强，也更加科学和客观，并且立足于数据，准确性较高。定量分析方法的局限性在于其数据广博，但深度不够，缺乏对深层动机和过程的分析了解，在众多的因素中，如何能确定两个变量之间的因果逻辑关系，这也是一大难点。

　　相对于定性分析方法而言，定量分析方法具有目的明确、逻辑严密、辅助作用、效果显著等特点。

1. 目的明确

人们在应用定量分析研究任何问题时，必须围绕其目的确定定量分析的目标，制定定量分析标准，并利用标准来衡量达成目的程度。只有目标明确，才可能发挥定量分析和决策优化的作用。否则，可能导致错误的结论，造成不可弥补的损失。

2. 逻辑严密

自然科学和社会科学领域的数量规律，往往不会自然地显露出来，定量分析，就是用数字和数学模型，来描述系统的发展变化，揭示其规律，为研究者得出科学结论或决策者科学决策提供参考和依据。

3. 辅助作用

在科学研究中，定量分析起着至关重要的作用。但是，应当指出，定量分析所得结果，只能作为研究人员得出科学结论或决策者决策的参考依据，其参谋作用不能取代决策。在得出结论或做决策时，既要重视定量分析的结果，也要重视基于原则及经验得到的定性分析结果。

4. 效果显著

人们在解决实际问题时，总是在满足一定的客观约束条件下，谋求最大限度地发挥各类资源及其整体的实际作用。因此，定量分析必须立足解决实际的问题，既要抓住问题的本质，确定影响问题的关键要素，又要考虑问题所处的环境，用定量分析寻求解决问题的可行方案，取得有效的分析效果。

第二节　定量分析方法理论

定量分析方法是依据表示事物运动规律的基本方程进行数值分析计算，或是依据事物变化的统计数据，建立数学模型，并用数学模型计算出分析对象的各项指标及其数值的一种方法，揭示事物变化的内在规律，如因果关系、统计规律等，其理论基础是物理学、化学等自然科学和统计学、概率学、运筹学等应用数学。

自然科学中的定量分析方法理论有很多，理论上讲，可以表示分析对象变化规律的方程都是定量分析方法理论基础，可以依据分析对象运动变化的观测数据进行数值分析，得到分析对象运动变化的各种状态结果。如物理学中的物体运动三大定律，质量、动量、能量守恒三大定律等；化学中的有关物质的量、有关溶液的密度或浓度等的计算公式是化学中定量分析的理论基础，Beer-Lambert 定律是分光光度法、比色法等化学定量分析方法的理论基础。

定量分析方法都是关于分析数字的，它以统计学、概率论、运筹学等应用数学中的计算方法为理论基础也就不足为奇了。

统计分析方法形成了为定量分析方法提供动力的引擎，这些方法可以从非常基本的计算(例如,平均值和中位数)到更复杂的分析计算(例如,相关性和回归)不等。随着应用数学的发展,线性规划、数据挖掘、深度学习算法,甚至整个数学科学都是定量分析方法的理论基础,为定量分析方法提供了丰富而强有力的工具。

定量分析方法和定性分析方法除了概念不同外,理论基础也不同。定性分析方法以解释学、现象学以及构建主义理论为基础,带有一定的主观性。而定量分析方法则是以实证主义的方法论为基础,它源于经验主义哲学,主要强调客观性,现实不以人的意志为转移,事物之间必然存在内在的逻辑因果关系,因此,此种方法格外要求数据的真实性、有效性等。定量分析方法所依据的数据质量决定了定量分析结果的质量。

除了依据物理学、化学等基本理论的定量分析方法而言,还有就是基于统计学、线性规划学等应用数学理论的定量分析方法。

1. 概率统计学方法

概率统计方法是研究自然界中随机现象统计规律的数学方法,又称数理统计方法。概率统计主要研究对象为随机事件、随机变量以及随机过程。概率统计是应用概率的理论来研究大量随机现象的规律性;对通过科学安排的一定数量的实验所得到的统计方法给出严格的理论证明;并判定各种方法应用的条件以及方法、公式、结论的可靠程度和局限性。我们能从一组样本来判定是否能以相当大的概率来保证某一判断是正确的,并可以控制发生错误的概率。《小流域综合治理的水分环境效应》一文在研究中借助概率统计方法和水量转化理论以及水量平衡原理,研究了不同下垫面和流域水量转化关系,建立了黄土高原沟壑区水量转化各要素的概率分布密度函数,并对概化后的水量转化数学模型进行了敏感性分析。该模型能将降雨量的变化和下垫面条件的改变对流域或者子单元水量转化的影响区分开来。

回归分析就是常用的定量分析方法。回归分析方法的结果是回归方程,它是根据样本资料通过回归分析所得到的反映一个变量(因变量)对另一个或一组变量(自变量)的回归关系的数学表达式,又分线性回归分析方法和非线性回归分析方法。线性回归方程用得比较多,可以用最小二乘法求线性回归方程中的系数,从而得到线性回归方程。对于自变量 x 和因变量 y,两者之间的线性相关关系可用以下直线方程近似表示:

$$\hat{y} = ax + b + e \tag{12-1}$$

2. 运筹学方法

运筹学方法很多,主要有多目标优化方法、线性规划方法、网络分析方法等。

多目标优化法是把系统分解变为子系统,建立子系统模型,之后通过多目标核心模型协调统一,由此反映研究区的水生态承载力的现状和阈值。

线性规划方法是在线性等式或不等式的约束条件下,求解线性目标函数的最大值或最小值的方法。其中目标函数是决策者要求达到目标的数学表达式,用一个极大或极小值表示。约束条件是指实现目标的能力资源和内部条件的限制因素,用一组等式或不等式来表示。它主要用于研究有限资源的最佳分配问题,即如何对有限的资源作出最佳方式的调配和最有利的使用，以便最充分地发挥资源的效能去获取最佳的经济效益。如浦东运河水环境综合整治规划运用系统分析的方法，首先对该流域进行了功能区划，提出了各区段的使用功能与相应的水质目标：中期（1996—2000 年）达到 Ⅳ 类水体，远期（2000—2010 年）达到 Ⅲ 类水体；其次，建立了浦东运河的水质模型，分同步测试和静水两种条件分别对其进行了水质和容许纳污能力分析，确定了其容许纳污能力；最后，为将来改善浦东运河的水质，以优先治理工业污染源、城镇生活污染源和养殖业污染源为基本原则，并利用线性规划模型，从费用上对主要非点源污染治理进行了优化分析，确定了实现区划目标的综合整治措施。

定量分析方法还有很多，总之，自然科学、社会科学、数学、工程科学等学科中能表示分析对象各种状态的方程或数量关系都是定量分析方法的理论基础。

第三节　水环境系统治理定量分析方法

定量分析方法着重考察和研究事物的量及其关系，要求用专业的统计、线性规划等数学工具对事物进行数量的分析。定量分析方法以数据作为基础，一般运用统计方法（抽样调查等）来收集数据，然后对数据进行梳理，分类，再重新进行分析，可以运用多种统计分析方法，例如因子分析，线性分析等。

定量分析收集数据的方法主要包括调查、问卷、监测、实验和观察等方式。研究人员在取得定量分析方法所需的数据后，从描述现象、强度、度量、变量关系、变量结构等角度，运用数学统计方法对数据进行定量分析，在此过程中量化数据，使研究结果简单化；并从理论和观点合理、研究解释恰当、研究结论的概括程度、研究的应用价值和现实意义等几个方面对定量分析进行评判。

定量分析通常按照以下流程进行：

①提出假设：在收集大量资料和数据的基础之上，结合理论背景和定性分析初步成果，提出合理的假设。

②确定变量因素：变量因素不能太多，要概括研究对象的范围，再根据实际情况选择合适的因变量。

③方案设计：在考虑研究目的、研究对象特点和条件等因素以后，选择合适的研究方法，设计合理的研究方案。

④控制无关变量误差：可以使用随机法和统计控制法等，通过操作变量控制误差，保证研究结果的可靠性。

⑤数据分析：最后要选择有效的方法，对数据结果进行分析，探究所研究问题的本质，得出结论。

基于应用数学理论的定量分析方法基本方法主要有：

（1）比率分析法

是指用两个以上的指标的比例进行分析的方法。它的基本特点是：先把对比分析的数值变成相对数，再观察其相互之间的关系。常用的比率法有相关比率法、构成比率法、动态比率法。

（2）趋势分析法

它对同一单元相关指标连续几年的数据作纵向对比，观察其变化趋势。通过趋势分析，分析者可以了解其在特定方面的发展变化趋势。

（3）结构分析法

它通过对管理工程的数据指标中各分项目在总体项目中的比重或组成的分析，考量各分项目在总体项目中的地位。

（4）相互对比法

它通过经济指标的相互比较来揭示经济指标之间的数量差异，既可以是本期同上期的纵向比较，也可以是同行业不同企业之间的横向比较，还可以与标准值进行比较。通过比较找出差距，进而分析形成差距的原因。

（5）数学模型法

在现代管理科学中，数学模型被广泛应用，特别是在经济预测和管理工作中，由于不能进行实验验证，通常都是通过数学模型来分析和预测经济决策所可能产生的结果的。

上述五种定量分析方法，比率分析法是基础，趋势分析、结构分析和对比分析等方法是延伸，数学模型法代表了定量分析的发展方向。

相对于基于应用数学理论的定量分析方法而言，由于水环境系统治理专业性强，涉及水利、市政、环保等专业领域，水环境系统治理定量分析方法有其特殊性，既要用到基于物理学、化学等自然科学理论的定量分析方法，又要用到基于统计学、概率论等应用数学理论的定量分析方法，同时，还要用到基于水利、市政、环境等工程学科理论的定量分析方法。

水环境系统治理是非常复杂的系统工程，针对流域水安全、水资源、水环境、水生态、水文化等方面存在的问题，以保障水安全、防治水污染、改善水环境、修复水生态、构建水景观为总体目标，需采取工程措施和非工程措施进行综合治理。这些工程措施和非工程措施要采用大量的定量分析方法，为水环境系统治理工程全生命周期活动提供设计、施工、运行等技术参数和决策支持。

水环境系统治理定量分析方法按复杂程度分类，可以分为简单的定量分析方法和复杂的定量分析方法，简单的如计算变量一组观测值的算术平均值，复杂的如线性规划；从工程角度考虑，水环境系统治理定量分析方法按专业分类比较易于理解，如监测、水文、水资源、水安全、水污染、水环境、水生态、水利工程、给排水工程、环境工程等专业领域中的定量分析方法。

（1）监测

在环境监测中，常用的定量分析方法有滴定法、分光光度法、原子吸收法、色谱法等。

水环境监测定量分析方法主要用于水质监测与检测，获取河湖水体水质、底泥等指标数据，为河湖水环境系统治理提供数据支持。

（2）水文

水文专业领域常用的定量分析方法有相关分析法、频率分析法、设计径流计算、设计洪水计算和流域产汇流模型等。

水文分析计算成果是河湖水安全、水资源、水环境、水生态、水文化等工程设计、建设和运行的重要基础数据。

（3）水资源

水资源是区域经济社会发展的重要资源，水资源调查评价、地表水资源可利用量计算、水资源承载力计算和流域水资源优化配置计算等是水资源工程中常用的定量分析方法，其成果为区域水资源调配和管理提供数据支持。

（4）水安全

水安全方面主要涉及防洪、防潮和治涝，常用到的定量分析方法有设计洪水计算、设计水面线计算、洪水调节计算、排涝流量计算等。水安全定量分析成果是防洪（潮）工程、治涝工程设计、运行调度的重要支撑数据。

（5）水环境

水环境专业领域的定量分析方法主要有调查评价方法、单因素指标评价法、入河污染负荷量计算、环境容量计算、水质模型等，水环境定量分析方法成果是水环境系统治理工程设计、建设和运行维护的重要支撑数据。

（6）水生态

水生态专业领域的定量分析方法主要有水生态调查评价、生物多样性、丰富度、完整性等相关指数计算、河湖生态流量计算、河湖生态健康评价、生态风险评价等，水生态定量分析方法成果是水生态修复工程设计、建设和运行维护的重要支撑数据。

（7）水利工程

水利工程专业领域的定量分析方法主要包括水文、水资源、水安全等专业的定量分析方法、水利计算、结构计算、稳定计算、水利工程设计产品质量评定方法等，水利工程专业定量分析方法成果是水利工程设计、建设和运行维护的重要支撑数据。

（8）给排水工程

给排水工程专业领域的定量分析方法主要包括雨水设计流量计算、污水设计量、污水设计水质、排水管渠水力计算、泵站设计参数计算等，给排水工程专业定量分析方法成果是给排水工程工程设计、建设和运行维护的重要支撑数据。

目前，河湖流域水文水质水动力模型并耦合排水管网模型，开发专业软件平台，支持水环境系统治理总体方案设计，并评估治理效果是水环境系统治理定量分析研究的难点和发展趋势。

第四节 水环境系统治理工程技术中的定量分析方法

1. 水文

水文基本资料方面,河道水位、流量的测验参考《河流流量测验规范》(GB 50179—2015),断面的测验参考《水文测量规范》(SL 58—2014),泥沙的测验参考《河流悬移质泥沙测验规范》(GB 50159—92)。

地表径流的监测,参考《径流实验观测规范》(SL 759—2018)。应根据分期洪水特性和施工设计要求,合理划分分期时段,计算工程场址分期设计洪水,检查计算成果的合理性,确定分期设计洪水成果。

实测雨量只代表雨量站所在地的点雨量,分析流域内降雨径流需要考虑流域内平均雨量。由流域内各站的点雨量可以推求流域平均降雨量,常用的方法有算术平均法、垂直平分法和等雨量线法。

感潮河流的设计潮位,采用入海河流附近潮位站的观测资料,得到最高潮位资料,采用 P-Ⅲ型频率曲线法计算各频率设计高潮位。通过对实测潮位资料分析,确定实测风暴潮过程为典型潮位过程。各断面不同频率设计潮水位过程,根据典型潮水位过程低值控制不变、其他潮位按峰值同倍比缩放。

2. 水利工程技术

按照《城镇雨水调蓄工程技术规范》(GB 51174—2017)的规定,雨水调蓄设施的设计调蓄量应根据雨水设计流量和调蓄设施的主要功能,经计算确定。雨水设计流量的计算,应符合下列规定:

① 当汇水面积大于 2 km² 时,应考虑降雨时空分布的不均匀性和管渠汇流过程,采用数学模型法计算。

② 当暴雨强度公式编制选用的降雨历时小于雨水调蓄工程的设计降雨历时时,不应将暴雨强度公式的适用范围简单外延,应采用长历时降雨资料计算。

③ 当调蓄设施的功能分别用于削减峰值、合流制排水系统径流污染控制、源头径流总量和污染控制、分流制排水系统径流污染控制以及雨水综合利用时,调蓄量的计算公式按照《城镇雨水调蓄工程技术规范》(GB 51174—2017)的规定选用。

3. 给水排水工程技术

(1) 雨水设计流量

按照《室外排水设计标准》(GB 50014—2021)(以下简称《标准》)的规定,雨水管渠的设计流量应根据雨水管渠的设计重现期确定。雨水管渠的设计重现期,应根据汇水地区的性质,地形特点和气候特征等因素确定。同一排水系统可采用同一重现期或不同重现期。重现期应采用 1~3 年,重要干道、重要地区应采用 3~5 年,并应与道路设计协调,经济条件较好或有特殊要求的地区宜采用规定的上限。特别重要的地区可采用 10 年或以上。

当采用推理公式法时，排水管渠的雨水设计流量应按《标准》的公式计算。综合径流系数、暴雨强度均可按照该标准的公式或参数计算取舍。

（2）污水设计量

设计污水量预测方法主要有两种：数理统计法和供水量折算法。数理统计法是根据区域内历年污水量统计资料，结合人口增长情况进行预测。供水量预测的折算系数参照当地相关规范取值。

供水量折算法按照《标准》中关于污水量的计算方法进行确定。其中设计工业废水量根据工业企业工艺特点确定，工业废水量变化系数根据工艺特点和工作班次确定。

截流倍数与工程投资、污水处理厂的运行稳定、运行费用大小、截污效果密切相关，参考《标准》合流水量一节中的规定进行计算。

（3）污水设计水质

城镇污水的设计水质应根据调查资料确定，或参照邻近城镇、类似工业区和居住区的水质确定。当无调查资料时，可按照《标准》的规定确定。

（4）排水管渠水力计算

管道设计流量、流速、粗糙系数、最大设计充满度和超高、最小设计流速、最小管径和相应最小设计坡度按照《标准》计算和确定。

（5）泵站计算

泵站的设计扬程、设计流量，集水池、泵房设计按照《标准》计算和确定。

4. 点源污染计算

流域内的点源污染计算，其中生活污染可根据人口数量、人均用水量和排放系数，计算出生活污水量。按照一定的 COD、氨氮等污染物指标取值，计算出各类污染物指标的排放量。

工业污染可对流域内的工业企业进行调研，得到工业废水排放情况，结合工业企业水质监测结果，对流域内工业源进行核算，即可得到工业废水排放量和污染物排放量。对于数据缺失的地区，采用工业产值比例进行估算。

5. 面源污染计算

面污染源主要受降雨径流条件和地表污染物积聚数量的影响。前者取决于降雨量、降雨强度、地表透水性，后者取决于土地使用功能、土地利用类型等人类活动强度和方式。面源污染量通常采用经验公式估算：

$$W = \sum Ai \cdot Bi \qquad (12\text{-}2)$$

式中：W——面源输出总量（t/a）；Ai——第 i 种土地利用类型的面积（km^2）；Bi——第 i 种土地利用类型污染物输出速率（$t/km^2 \cdot a$）。

根据大量文献资料如《面源污染模型研究进展》、《小流域面源污染监测技术体系的构建》和《面源污染对河流水质影响的分析与估算》等，给出了不同土地利用类型情况下，地表径流的污染物浓度和面积输出速率的变化范围。结合流域范围内土地利用类型资料，根据以上方法计算流域范围内面源污染年负荷量。

6. 内源污染计算

对流域内的污染底泥进行取样分析，分别对底泥的含水率、挥发性固体、pH 值、矿物油、肥力、重金属污染、难降解有机物等指标进行检测。根据相关设计报告，可得到清淤底泥总量。根据《城市河流(茅洲河)水环境治理关键技术研究》成果，可得到底泥每年向河道的污染物释放量。

根据以上污染调查计算结果，推算设计水平年的污染物排放量和入河量。

7. 水力调控工程技术

确定补水配水工程的可利用水源，说明作为水源的城市再生水、城市雨洪水、清洁地表水的组成、水量及水质要求，不宜使用地下水补充地表水源。确定补水配水工程受水水体的需水量，包括河道内需水及河道外需水，宜结合水资源供需分析的需要，提出年内月或旬的需水过程。

8. 水信息和管网自动监测系统

水信息自动监测系统包括水文自动测报系统、水质自动测报系统、水生态自动监测系统，确定水文水质预报方案、遥测站网范围、各类站点数量。确定水生态遥测站网范围、各类站点数量。管网自动监测系统也应明确遥测站网范围、各类站点数量。

9. 水环境质量定量评价法

水环境质量主要监测的水质指标有 COD、氨氮、总氮、总磷，取样及检测方法参考《水质监测规范》(SL 219—2013)和《地表水和污水监测技术规范》(HJ/T 91—2002)。

水环境质量评价时根据所需要求与评价目的选择水体检测指标、水环境质量应符合的标准以及适用的评价方法，对水环境质量做出客观合理的评定。无论采取何种评价方法，水环境质量评价均以监测资料为基础，因此前文介绍的水环境监测技术系统是水环境质量评价的基础和前提。各类评价方法的本质是借由数理统计方法获得指标的特征值(统计值)以及环境代表值，再通过现有的模型整合单项指标评价，得到综合评价结果。图 12-1 所示为水环境质量评价定量方法系统的子系统内部结构关系总结。

单因子评价法仅针对单个标准进行评价，是我国《地表水环境质量标准》(GB 3838—2002)中规定的评价方法，即用水质最差的单项指标所属类别来确定水体综合水质类别。其方法是：用水体各监测项目的监测结果对照该项目的分类标准，确定该项目的水质类别，在所有项目的水质类别中选取水质最差类别作为水体的水质类别。这种方法简单易操作，但不能全面地反映出水质级别，可比性比较差。实践中其类别指标也可根据实际需求选定评价指标。

同一样本的多个评价指标构成了高维数据，本小节所介绍的定量评估方法本质上都是降维方法，通过一定规则将高维数据映射到低维的结果上，得到评价结果。

按照方法的数理性质对水质评价定量分析方法进行分类，包括确定性数学评价方法

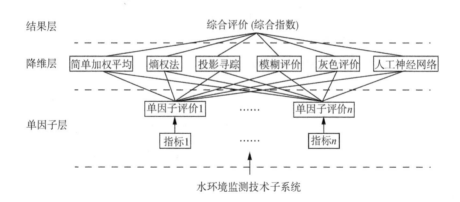

图 12-1　水环境质量评价定量方法系统

和不确定性数学评价方法，如表 12-1 所示：

表 12-1　水环境质量评价数学方法总结

方法分类	评价方法
确定性数学方法	污染评估指数方法、熵权法、水质综合指数鉴定法
不确定性数学方法	投影追踪模型法、模糊数学评价法、灰色系统评价法、人工神经网络法

第五节　环境体验测量方法

　　环境体验测量与水环境质量评价是从不同的角度对水环境质量进行衡量，相比前文所提的水环境质量客观指标，环境体验是从使用者的主观感受角度综合评价环境质量。了解使用者的情感体验，能够帮助城市规划设计者基于其生理与心理认知反馈设计策略，从而提升水环境质量和城市居民生活品质。为使用者带来愉悦的环境体验是建成环境设计的核心目的，人会通过视觉、听觉、嗅觉、触觉等感知环境，并产生一系列愉快或不愉快的心理感受。

　　然而，准确测量和描述人的情感体验十分困难，传统的技术很难准确捕捉感知者的实地体验，主要是基于心理学理论，依赖人的主观描述，采用问卷调查法，受主观性与访问时外界条件的差异影响。早期的环境体验量化研究主要是以照片评价和因子分析为主的视觉评价技术。

　　通过心理学 Likert 梯度量表，对筛选的照片进行打分，从而得到受测者对于每张照片的心理感受的量化指标。通过对采集的数据进行因子分析，从而发现审美偏好的普遍规律，即不同受测者对于不同照片所普遍存在的连锁反应想象。除了主流的因子分析外，也可采用多元线性回归分析、线性变换以及对不同背景人群（年龄、性别、社会经济特征）的方差分析（ANOVA）来探索其环境审美偏好。视觉评价的技术路线被应用于国家森林公园的视觉定量评价技术和理性规划方法。

1. 结构方程模型(SEM)法

利用问卷数据与结构方程模型(SEM),可验证水体生态环境的景观体验网络中各个行动体的结构关系与相互作用路径。

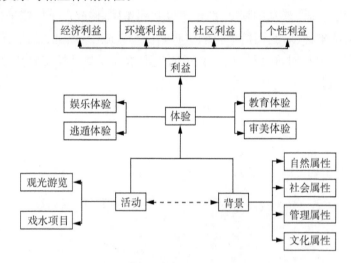

图 12-2　水体生态体验景观行动者—网络递归结构模型

图 12-2 为根据理论假设构造的结构模型,实线箭头由自变量指向因变量(或由原因指向结果),此处的"因果"关系是针对模型中的数学关系,而非实际逻辑的因果关系,虚线双箭头代表两个变量之间有较强的关联。通过结构方程模型(Structural Equation Modeling,SEM)验证假设的真伪;通过问卷数据进行拟合度检验和路径检验,拟合度指标体现理论模型与实际数据的契合度,例如卡方值、CMIN/DF、GFI、RMR、NFI、CFI 等。当模型通过拟合度检验,则需判断变量关系是否显著,通过路径系数进行分析。显著性一般通过路径系数的 P 值来判断,当系数 P 值>0.05,则两个变量之间的影响不显著,可将不显著的路径删除,通过以上方式调整模型并验证假设。最终确定图 12-2 的结构,通过假设检验,验证过程此处省略。

结构方程模型的验证结果表明了各个行动者在水体生态景观网络中存在较强的结构关系。通过问卷调查数据与结构方程模型,我们可以验证与环境体验相关的属性或因素,在上述研究中,环境体验感是在场景的自然属性、管理属性、社会属性、文化属性、观光游览和戏水项目的共同作用下产生。因此在评价环境体验时可以以这些属性作为评价指标,在进行规划设计水景观时可以重点考虑这些因素。

2. 基于可穿戴生理反馈技术的环境体验测量法

随信息科学等发展,出现了基于可穿戴生理反馈技术的环境体验测量方法。它将多导生物传感器测量方法纳入普适性的生理情绪测量模型中,具体做法是让被试者穿戴便携式生物测量仪,当其在视景环境中行走体验时采集其皮肤电、心电、脑电、表情肌肌电、呼吸、皮温信号等。通过整合情感数据(测量仪数据)与空间数据(被试者坐标信息),构建情绪地图，即可实现对建成环境的实景体验定量评价结果。

这一类方法的核心除了各项测量技术，还有建立心理与生理反应的联系。根据心理学领域的情绪维度理论研究，人的情绪可以简单地通过效价（Valence）和唤醒度（Arousal）两个维度来进行描述。其中效价代表情绪的方向，即情绪的积极与消极，唤醒度代表情绪的深度，即引起身心激动的程度，两个维度共同作用，构成一个情绪坐标轴，如图12-3所示。根据情绪坐标轴，我们简单将情绪归到四个象限中：烦乱、迷茫、平和、愉悦。当判断被试者的情绪坐标时，可以通过其测得的生理指标反映其情绪唤醒度，而由其主观描述推断其情绪效价。

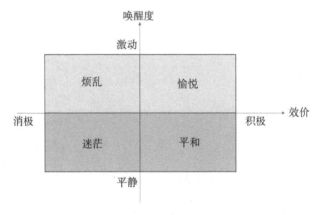

图 12-3　情绪坐标轴

根据已有研究，皮电和心电测试是目前普遍采用的情绪唤醒度识别指标。皮电数据的波动与汗腺分泌汗液的变化有关，其反映了交感神经支配的传输中枢神经系统的外分泌程度，能反映受试者对事件的敏感程度，和情感、注意力相关。心电数据反映交感神经活动和副交感神经活动，分别与兴奋紧张的状态和休息放松的状态对应。

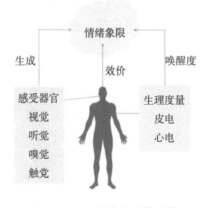

图 12-4　环境体验测量逻辑

图 12-4 展现了利用传感技术挖掘人环境体验数据的底层逻辑。人通过视觉、听觉、嗅觉、触觉等感受器对环境感知,并生成对应的情绪。通过皮电、心电测量等客观的生理度量判断人的情绪唤醒度,依据人的主观描述判断情绪效价,推出人在该环境中生成的情绪类别,从而实现对环境体验的测量。

第六节　群众(社会)满意度定量评价方法

对整治后的水体采取现场发放调查问卷的形式进行公众满意度调查。调查范围主要为水体影响范围内的单位、社区居民、商户等。为充分反映公众对项目的意见,一般对公众调查的对象需控制为不同年龄段、不同背景的人群,使调查结果具广泛性和代表性,能够反映受影响公众和有关社会各阶层的意愿,较好地体现调查的真实性和普遍性,以公众满意度作为评价指标。原则上每个整治后的水体调查问卷有效数量不得少于 100份。公众评议调查表设计详见表 12-2~表 12-4。

表 12-2　城市河道整治效果公众评议调查表

水体位置或名称			调查时间	年　　月　　日　　时
性别		年龄	就业状态	□在职　□退休　□学生　□无业
			人员类别	□居民　□商户　□路过人员
1. 您居住或工作的地方距离该水体多远?				□100 米以内;□100~500 米;□500 米以外
2. 你了解该水体治理前的黑臭情况吗?				□了解　□有些了解　□不了解
3. 您对该水体整治工程了解程度如何?				□了解　□有些了解　□不了解
4. 您认为现在还有臭味问题吗?				□有　□偶尔有　□没有
5. 您觉得现在的水体颜色正常吗?				□不正常　□偶有不正常　□正常
6. 根据您的观察,水中还有漂浮物吗?				□有　□偶尔　□几乎没有
7. 据您观察,水体是否有污水直排?				□有　□偶尔有　□没有　□不清楚
8. 据您观察,河岸有无垃圾或杂物堆放?				□有　□偶尔　□几乎没有　□不清楚
9. 您对水体整治效果是否满意?				□非常满意　□满意　□不满意 (不满意原因:　　　　　　　)

表 12-3 湿地公众评议调查表

水体位置或名称			调查时间	年　月　日　时
性别		年龄	就业状态	□在职　□退休　□学生　□无业
			人员类别	□居民　□商户　□路过人员
1. 您经常去××湿地吗？				□经常；□有时；□偶尔
2. (多选)您在××湿地行走时,觉得湿地公园好的景象有哪些？				□基础设施　□植被水草 □鱼类鸟类　□水质状况
3. 您对××湿地工程了解程度如何？				□了解　□有些了解　□不了解
4. (多选)您认为建设××湿地的目的是什么？				□水质净化提升　□生态修复保护 □生态科普宣教　□景观休闲游憩
5. 您觉得××湿地水质如何？有无异味？严重否？				□好,没有异味 □一般,有异味但不严重 □差,有异味且较严重 □不清楚,没注意到
6. 您认为××湿地对周边人们生活有好的影响吗？				□是的,影响会很大 □没有什么影响 □有,但不明显 □无所谓,不清楚
7. 您对××湿地是否满意？				□非常满意 □满意 □不满意(不满意原因：　　　　　　)

表 12-4 评价体系指标分级标准与赋值

名称	单位	低	较低	中	较高	高
公众满意度	％	<50	50~60	60~80	80~90	90~100
分级赋值		1	3	5	7	9

结合国内外相关研究,将评价标准分为[1.0，2.0]、(2.0，4.0]、(4.0，6.0]、(6.0，8.0]、(8.0,9.0]五个等级,分别对应治理工程十分无效、无效、一般、有效、十分有效五个水平,从而对群众(社会)满意度进行定量评价。

参考文献

[1] 张明智,主编. 军事定量分析方法[M].北京:国防工业出版社,2014.

[2] 郑辽吉,刘惠清.水体游憩环境的体验感知测评——以丹东为例[J].人文地理,2010,25(5):154-159.

[3] 徐慧.城市景观水系规划模式研究——以江苏省太仓市为例[J].水资源保护,2007(5):25-27+30.

[4] Latour B. The powers of association[J]. The Sociological Review, 1984, 32(1_suppl):264-280.

［5］俞孔坚. 论景观概念及其研究的发展［J］. 北京林业大学学报，1987(4):433-439.

［6］陈筝，杨云，曹静，王为峰，等. 可穿戴交互技术下的健康循证设计［J］. 新建筑，2018(3):20-23.

［7］欧阳海龙，高素娟. 基于水体形态与环境定量分析的湖泊公园保护研究——以武汉中心城区为例［J］. 园林，2022,39(1):82-89.

［8］Hamm A O，Greenwald M K，Bradley M M，et al. Emotional learning, hedonic change, and the startle probe［J］. Journal of abnormal psychology, 1993，102(3)：453.

第十三章　水环境系统治理中的综合集成方法

针对复杂系统单一方法难以奏效，需要采用综合集成方法。把水环境治理的各个方面、各个要素、各类资源综合起来，集其大成，针对水环境治理过程中的多阶段、多子系统、多要素、多相关方、多学科等之间的综合集成展开创新研究，应用定性定量结合方法，结合工程总体策划与决策、规划与设计、计划与控制、治理与协调等四个方面展开，构建了系统治理的综合集成管理模式。

第一节　综合集成方法的产生、定义、特点

1. 综合集成方法的产生

综合集成方法是由钱学森 1990 年提出，是对复杂系统的本质认识的运用。综合集成法把专家集体的知识和存储在计算机里的丰富系统信息（包括数据）有机结合起来，开展综合模拟和分析。这一方法的运用，把人的思维成果、经验、知识、智慧以及各种情报、资料和信息加以综合集成，从整体的、模糊的定性认识细化到局部的精确的定量认识。

综合集成依赖于几个层面上的知识：经验知识及有关自然和哲学科学知识。也就是说，包括不同领域的科学知识和经验知识，定性知识和定量知识，理性知识和感性知识。通过系统概括，反复对比，逐次逼近，以最好的方式实现目标。

综合集成创新有模式创新、管理创新、技术创新和工法创新几种。

集成注重物理意义上的集中和小型化、微型化，主要反映量变（这在集装箱和集成电路两术语上看得很清楚）；综合含义更广、更深，反映质变；综合集成是在各种集成（观念的集成、人员的集成、技术的集成、管理方法的集成等）之上的高度综合，又是在各种综合（复合、覆盖、组合、联合、合成、合并、兼并、包容、结合、融合等）之上的高度集成。

综合集成法的运用分为三个步骤：

① 集成多方面专家意见形成假设。

② 形成多参数定量模型。

③ 形成预言并开展模型检验(实践)。

上述三个步骤构成一个持续迭代的循环,促进对复杂系统认识的不断优化。

针对复杂系统的组织管理问题,钱学森提出了从定性到定量的综合集成问题解决框架,并由此形成了一套完整的方法论,形成了综合集成管理理论。综合集成管理就是基于综合集成方法论的管理理念与管理范式。

水环境系统治理运用综合集成的理论基础是思维科学,方法基础是系统科学与数学科学,技术基础是现代信息技术,哲学基础是马克思主义实践论和认识论。综合集成的实质是将专家经验、统计数据和信息资料、计算机技术三者的有机结合,构成一个以人为主的高度智能化的人机结合系统,通过发挥这个系统的整体优势去解决整体性问题。综合集成在系统治理中的运用符合全面、协调、可持续的科学发展观的理念:全面是指环境社会系统中生产、生活和生态等各个方面,不能顾此失彼;协调是指从整体效果出发,统筹调节各方面的不一致的要求,以实现人与自然的和谐、人与人的和谐;可持续包括从人类社会发展长远利益出发充分考虑当前多方面利益主体的诉求。

2. 特点与特征

综合集成方法有如下特点:

① 定性与定量研究有机结合,从多方面定性认识上升到定量认识。

② 按人一机结合特点,将专家群体、数据和各种信息与计算机技术有机结合。

③ 把科学理论和经验知识结合起来。

④ 把多种学科结合起来研究。

⑤ 把宏观、微观研究统一起来。

⑥ 强调对知识工程及数据挖掘技术等的应用。

综合集成管理有以下几个特征:

① 管理组织多元化。对于复杂系统,参与单位多,并且往往有不同性质、不同领域的参与方,单位类型、性质多样,往往具有自组织特性。对于此类多元化的组织,重点要构建一个与复杂系统相适应的协调系统,以便较好地提供一个资源整合体系、组织工作体制机制,以及支撑子系统。

② 决策系统化。复杂系统管理面临大量的决策活动,要注意决策的整体性、系统性,抓住复杂系统决策与一般决策的不同点是决策的主体而非个体,要发挥群体决策的功能,坚持群众路线,综合考虑多种因素,尝试多种技术路线,进行多方案比选后作出科学、系统的决策。

③ 计划与控制的综合化、整体化。大型复杂系统的计划与控制呈现多维度多层次,需要策划的活动和资源十分多,各类计划均要从整体和全局的观点进行综合考虑。复杂系统的控制则是自组织和协调控制。

④ 组织治理的多层级化。复杂系统规模大、层级多,组织治理显现多层级化的特征。

第二节　综合集成方法的类型

1. 复杂系统分析方法

① 复杂网络分析技术，复杂网络分析模型包含了概念元（节点）即理性思维网络的基本元素；命题通道（连接）即多个概念相互连接的网络通道；知识回路即多个命题通道形成的网络回路。

通过分析网络中节点之间的距离、节点数量、节点类型、节点之间的配合度，建立网络拓扑结构以模拟复杂系统，进行系统预测。以水环境网络突发污染事件预测为例，采用图神经网络（GNN），以其中的节点代表是否发生污染的动作，以图形代表状态，边或连线代表是否产生污染的影响关系。在水污染蔓延预测网络上运行 FINDER 框架（深度强化学习框架），并运行现有的高维（HD）方法和集体影响（CI）方法做对比。

② 多智能体建模与仿真技术（Multi-Agent），复杂系统中的子系统或要素具有一定的自适应性或称之为智能性，采用多智能体方法，对复杂系统进行建模与仿真，通过模拟与仿真计算，进行统计分析，实现对复杂系统特性、规律的认识。

③ 智能优化方法就是通过智能算法寻找解决问题的最优方案，对于复杂系统，传统的优化方法无法得出最优解，应用高等人工智能算法如蚁群算法等解决复杂系统的优化决策问题。

2. 统筹方法

① 在对复杂系统分析及结构分解方法基础上，通过协调各个子系统的行为，形成复杂系统的整体管理与控制能力，实现复杂系统的重构与整合，属于"统"。

② 应用解释结构模型方法（ISM）降低系统复杂性，依据模型机理和输入/输出关系，描述复杂系统行为特征以找出解决方案，属于"筹"。

3. 迭代与逼近方法

复杂系统的认识是一个渐进过程，在这类管理系统中多元主体的认识深度差异较大，共识形成也是一个演化、深入过程，组织治理也是一个遴选、比较、组合再重组，以及从低级向高级，从无序向有序，从片面到全面，从模糊到清晰，从黑箱到灰箱，再到白箱，逐步迭代与逼近，不断走向结构化和优化的过程。

4. 多方法、多技术综合集成

有定性与定量结合的方法，经验、知识与灵感耦合的方法，数据、信息与知识融合的方法，人机互动方法，从总体到局部、再到总体的思考方法，从宏观到微观、再到宏观的思维路径方法，结构化与非结构化模型相结合的方法等。

第三节 综合集成管理的内容与模式

1. 综合集成管理内容

（1）多系统综合集成与界面管理

水环境系统治理是一个由不同系统、分系统、部分、要素等综合集成的，包括了对象系统、技术系统、组织管理系统等，以及它们其下的子系统。整个治理过程也是一个分解与集成的过程，通过分解得以进行组织及管理的策划与决策，通过综合集成形成治理合力，分解采用组织结构分解方法（OBS）、工作结构分解方法（WBS），综合集成则采用标准化、规范化、科学化的界面管理方法。

界面管理首先要进行界面分析与设计，进行分类管理，形成界面管理表格、文件。

（2）多阶段综合集成与转换管理

水环境系统治理按照生命周期分为策划决策阶段、规划设计阶段、实施阶段、运营阶段，每个阶段又可以分为各个小阶段，不同阶段之间如何前后衔接转换，以确保阶段性目标、总目标，各项技术指标、功能实现的前提下，按照计划实施与控制，是系统治理的关键工作，阶段的转换需要不断地进行检验与验收，从检验批到分部分项，以致最终交付，这个时间上的综合集成借助于全过程评审、评价，实测实量和观测评审等方法实现。

为了做好系统治理全过程各阶段之间的衔接和转换，应用各项检测技术，及时准确收集各项数据和信息，以判断状态合规和转换。

检测监测评估系统是转序的工具和手段，规范规程是转序验收管理的标准和依据，专利技术、新技术的推广应用给转序管理提供了新的可能，综合集成方法的介入确保了转序管理的科学、有效。

（3）多要素综合集成与资源管理

水环境系统治理涉及技术、进度、成本、性能、风险等多种管理要素，各种管理要素也都有其特有的管理目标，这些不同管理要素的不同管理目标的实现，相互之间会有矛盾和冲突，如技术的先进性与成本之间、时间与质量之间等。对这些矛盾的管理要采取对立统一思想，抓住矛盾的主要方面，以综合集成多目标优化模型方法，以及统一、统筹思路促进对立的化解，在其中探寻多目标的优化。

多要素综合集成管理也是资源科学配置管理，水环境系统治理的资源综合集成管理，采用合理配置与优化配置相结合的方法。要建立资源配置管理的体制机制，建立资源配置管理协同平台，资源分类建库；依据先后轻重次序，将关键资源、重要资源配置到水污染治理的关键时段、关键部位，确保系统治理有效性的不断提高。

（4）多学科综合集成与性能管理

系统治理涉及多个学科，不同学科的性能指标不同。要实现多性能指标，需要应用综合集成方法，进行顶层设计，选择最优指标组合，化解不同学科指标之间不兼容性，开展多学科、多性能指标的综合优化规划。

水环境系统治理的成效与子系统的性能好坏密切相关，应用综合集成方法从各个子系统的性能有效发挥出发，建立性能评估标准模型，实现子系统运营性能最优化。

（5）多部门综合集成与组织治理

茅洲河水环境治理工程涉及的单位、部门非常多，层级多，组织类型多，归属不同，利益诉求不同。前期牵头单位、部门不明晰。贯穿系统治理理念，应用综合集成管理方法，通过管理系统的综合集成优化设计和多方法综合集成协同、沟通，辨识组织系统以及系统的主体与客体，发挥各单位、各部门的主观能动性，明确系统的牵头单位与部门，引导它们朝向一个方向，拧成一股绳，做好组织治理工作。

（6）多信息综合集成与知识管理

水环境系统治理对象、行为过程中产生大量的信息、数据、知识，应用综合集成方法对这些信息、数据、知识进行加工、处理、提炼，形成知识管理机制。

2. 综合集成管理生成系统模型

综合集成管理以水环境系统治理的本体论、认识论、管控论为指导，以方法系统为基础，在组织系统的运作下，执行系统进行了一系列的协调与反馈控制以及应用 PDCA 循环等方法，在管理体系场景内生成及优化方案系统（图 13-1）。

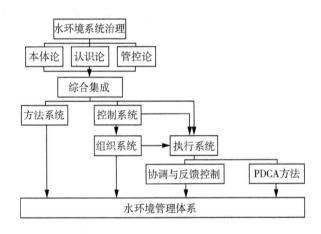

图 13-1　综合集成方法机理模型

第四节　基于综合集成方法的管理系统创新

1. 组织模式创新

面临参与单位众多、多样化明显、层级多、责权利不同、组织能力参差不齐、监督管理难度大等问题，造成有关各方不协调，或者其他组织方面的不确定性。应用综合集成管理方法，构建起有效的协调机制与约束机制，总体协调采用核心指挥机构顶层系统,加系统参与单位的中层系统,以及关联单位的外围系统或第三方的底层系统。为了有效地实施系统治理,坚持以组织—组织结构分解—组织体系,从总体认识开始,充分应用综合集成管理的思想、方法和技术来分解和综合组织活动、分配和整合组织资源、建立多层级和动态的组织平台,搭建非对称有序化的组织结构,策划组织与自组织相结合的最大限度地发挥组织自觉性的组织治理机制,步步深入与提高的认识论与工作机制,不断进行组织创新。

2. 决策模式创新

面临复杂系统决策与决策资源、决策能力的不足,应用综合集成管理方法,构建了程序决策、系统决策、复杂系统决策步步提升的决策体系。决策模式创新包含了四个方面:第一是决策主体,依托群体智慧发挥团队力量,要在动态变化中把握决策柔性,决策方案可调整和可优化,并且要不断迭代更新;第二是决策目标,要兼顾主体利益的协调,对价值目标要凝练,对多目标系统要进行统筹管理;第三是决策过程,要不断提升决策主体的能力,增强决策目标的协调性,应用综合集成管理方法进行科学的决策,要采用比对、逼近和收敛的方法使得决策过程更科学;第四是决策机制,采取群决策方法、适度柔性方法,坚持创新文化的渗透。

3. 工作模式创新

针对茅洲河水环境系统治理,我们摸索出了一套成熟的管理模式与体制机制,建立了投融资、规划设计、实施三位一体的工作模式,加快了复杂系统决策程序。基于政府＋大型央企合作模式,实现了政府和央企的政治决策意志和目标决策意志保持高度一致;基于EPC建设模式,实现规划设计方案快速优质确定,工程建设中设计与施工无缝衔接,顺利推进,大合同施工队伍和质量管理等统一标准、统一技术,央地合作形成人民战争工作姿势和波澜壮阔的建设热潮,局部问题得以快速解决,有利于针对性、个性化方案的优化,既注重面向六大技术系统的重点管理,也注重全过程、全方位、全要素的系统治理模式,取得了较好的成效。

4. 计划与控制模式创新

水环境系统治理的高集成度,全方位、全过程、全要素的复杂性渗透,也蔓延到技术系统、管理系统以及现场的源—XYZ—河系统,多目标系统的相互影响和耦合,产生了复杂性系统治理的控制问题。应用综合集成管理方法的多维度多层次计划与控制技术,通过构建综合集成平台,实现基于转化和定向的对现场以及关联方多主体的运行协调、利益协调和自组织自适应控制。

5. 问题解决模式创新

基于知识、信息、数据综合集成的问题解决模式,水环境系统治理充分综合应用了多源异构数据、各类信息以及多领域知识,构建技术体系、标准体系等知识网络,搭建了知识管理信息平台。例如,湿地系统对于治理污染性能评估,既有理论计算数据分析,又有实际观测信息,加上专家知识,得出科学合理的评估。

第五节　综合集成方法应用实践

将水环境污染治理与资源利用进行综合集成思考与研究，形成治理与利用一体化方法。

1. 废水、雨水综合利用方法

工业废水有三种处置方式：①不经过处理或只经必要的处理后再次使用。有时回用于本工艺过程，构成循环用水系统；有时供其他工艺过程使用，构成循序用水系统。②在厂内作必要的预处理，满足城市对水质的要求后排入城市污水管道或合流管道。③在厂内处理，使水质达到排放水体或接入城市雨水管道或灌溉农田的要求后直接排放。也有利用多级、多型处理技术，将污水处理后加以利用，如中水系统、湿地系统等。

截流调蓄技术。雨水调蓄是雨水调节和储蓄的统称。雨水调节是指在降雨期间暂时储存一定量的雨水，通过延长排放时间，削减向下游排放的雨水流量，实现削减峰值流量的目的。雨水储蓄是指对雨水径流进行储存、滞留、沉淀、蓄渗或过滤以控制径流总量和峰值，实现径流污染控制和回收利用的目的。

2. 城市污泥、垃圾无害减量与资源化利用一体化技术

（1）污泥炭化制陶技术

炭化制陶工艺，是指河湖污泥经处理后产生的余土固化脱水后的泥饼由装载机运送至制陶车间储料场，进行第一次机械搅拌，同时添加膨化剂等添加剂，经陈化反应后的泥饼再次运送至搅拌机搅拌，再次搅拌后的泥饼送入造粒机挤压成粒，成型后的泥粒由皮带输送机送至回转窑开始预热碳化焙烧。生物质燃料（谷糠）由风力输送至回转窑对泥粒进行焙烧，经旋转焙烧后的泥粒形成陶粒（陶砂），由回转窑出料口卸料至输送机，再由多条输送机分送至不同储料仓。最后根据需要将陶砂与陶粒进行筛选，用于制作建筑材料。

（2）污泥陶粒混凝土

将陶粒代替普通混凝土中的砂石骨料，制成陶粒发泡混凝土，如图 13-2 所示，可用于工业与民用建筑保温砌块、基层垫层、地基回填浇筑等，具有质轻、保温、耐火、隔音、抗震等特点。

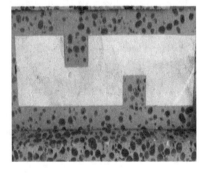

图 13-2　陶粒混凝土照片

（3）污泥陶粒制砖

以底泥处理后产生的余土烧制的陶粒为骨料,制备路面透水砖,如图 13-3 所示,透水路面铺设材料可以有效收集雨水或渗透补充地下水,预防水位下降和地面下沉,消除或减缓城市内涝,减轻城市热岛效应,适合用于海绵城市建设。

图 13-3　陶粒压制透水砖照片

（4）生活垃圾制气工艺

生活垃圾干式厌氧发酵处理技术有两大核心:垃圾分选系统及干式厌氧系统。垃圾分选,历来是垃圾处理技术的瓶颈,不管是焚烧、填埋处理工艺,还是综合处理工艺,很多失败案例都是因为垃圾分选不彻底,导致下道工序无法处理而使整条生产线都不能正常运行。

（5）干式厌氧发酵产气

有机垃圾干法厌氧发酵系统作为整个生活垃圾处理厂的一个子系统,主要处理生活垃圾经过分选后产生的有机垃圾。

经分选后的有机垃圾,通过输送设备首先进入厌氧发酵的进料系统,由进料系统计量并送入厌氧发酵罐。物料经过厌氧发酵后,将产生沼气和沼渣,沼气作为能源气体经净化后可用于发电。沼渣进行脱水处理,产生的沼液作为废水送往污水处理系统进行处理,产生的脱水沼渣作为原料送到沼渣生物干化系统。

（6）沼气收集利用系统

厌氧发酵系统产生的沼气,是一种清洁燃料,主要成分为 CH_4、CO_2、H_2S、NH_3、水蒸气及灰尘等杂质,其中 CH_4 约占 $55\%\sim60\%$（体积比）。沼气通过发酵罐自身的沼气压力进行输送,首先送入储气罐进行存储,储气罐可调节沼气气量的波动。沼气储罐工作压力为 $1\sim2$ kPa,在正常工作情况下保持恒压。储气罐内的沼气由管道送至沼气处理系统进行处理,净化后的沼气进行沼气发电。

沼气发电系统采用沼气发电机进行热电联产,产生电力和热能。电力部分自用,供全厂的生产及生活用电,多余电量可上网销售。对沼气发电机产生的余热进行回收利用,通过余热锅炉产生热水作为厌氧发酵系统的热源使用。

（7）垃圾焚烧余热发电技术

垃圾焚烧是通过高温氧化处理将生活垃圾转化为热能,最大限度地实现无害化、减量化的目标。截至 2008 年底,我国共建设生活垃圾焚烧厂 100 座。焚烧技术可使垃圾减量 75％以上,体积缩小 90％以上。垃圾焚烧过程中余热可用于发电,也可实现热电联产。焚烧处理基本可实现垃圾的减量化、资源化、无害化利用。目前,垃圾焚烧已成为国内经济较为发达地区城市垃圾处理的主要方法之一,但焚烧过程中存在二噁英污染问题,是制约垃圾焚烧发电技术推广的关键因素。目前,垃圾焚烧处理技术主要炉型为炉排型焚烧炉和流化床焚烧炉。欧洲有 90％的垃圾焚烧厂采用机械炉排,日本大型城市的垃圾焚烧厂均采用机械炉排。

3. 畜禽养殖污染控制与集中资源化综合利用技术

随着我国农业现代化进程的加快,畜禽养殖业的经营模式趋于规模化。在降低了运营成本的同时,规模化养殖也带来了严重的环境污染。除工业废水、生活污水等污染源外,养殖粪污也是流域水环境治理中不可忽略的部分,其作为重要的污染源,相应的处理技术和方案必不可少。

为了紧跟市场需求,中电建生态环境集团有限公司在畜禽养殖粪污处理及资源化利用领域具有相关技术,对市场上先进的粪污资源化处理技术进行了调研。其中,畜禽养殖粪污和废水的处理模式主要分为还田模式、自然处理模式和工业化处理模式,废水的核心工艺处理技术主要有固液分离、水解酸化、厌氧消化、好氧生化、生化过滤过程,粪污和废水处理及其能源化技术和设备主要有厌氧发酵技术、A/O 工艺、深度处理技术等,堆肥及其资源化技术和设备有翻抛式、转鼓式、膜式、托盘式等,畜禽养殖污染包括畜禽养殖废水和干粪污染。

堆肥作为一种保持良好环境效应的产物,具有生物处理的可持续性和废弃资源的循环利用等特征,已被许多国家和地区所接受,成为处理有机固体废物的有效方法之一。堆肥过程大致可分成升温阶段、高温维持阶段和腐熟阶段。

参考文献

[1] 钱学森,于景元,戴汝为. 一个科学新领域——开放的复杂巨系统及其方法论[J]. 自然杂志,1990(1):3-10+64.

[2] 于景元,周晓纪. 从定性到定量综合集成方法的实现和应用[J]. 系统工程理论与实践,2002(10):26-32.

[3] 于景元,涂元季. 从定性到定量综合集成方法——案例研究[J]. 系统工程理论与实践,2002(05):1-7+42.

[4] 杨建平,杜端甫. 重大工程项目风险管理中的综合集成方法[J]. 中国管理科学,1996(04):24-28.

[5] 刘维宝. 系统方法在科学工程管理中的集成化应用[J]. 经济师,2021(08):48-51+55.

[6] 刘晓平,唐益明,郑利平. 复杂系统与复杂系统仿真研究综述[J]. 系统仿真学报,2008,20(23):6303-6315.

[7] 段海涛. 城镇水环境污染控制与治理共性技术综合集成讨点探究[J]. 城市建设理论研究(电子版),2018(11):154.

第五篇

水环境系统治理的关联系统

　　本篇将从水环境治理关联的人、事、物（水）三个方面展开，介绍水环境系统治理的关联系统。三个方面分别构成了组织系统、相关方系统和水关联系统，组织除了管理人之外，也管理事、物，相关方、水关联也与组织同理，构成了关联系统的全相关模型图（图 14-1）。

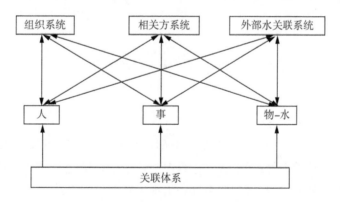

图 14-1　关联体系结构模型图

　　本篇的第十四、十五、十六章将分别介绍关联系统中的这三个系统。

第十四章　水环境系统治理的组织系统与要素

本章主要介绍水环境治理行为主体，即人相关的组织体系构建、组织架构以及体制机制。作为水环境系统治理的关键部分，组织系统与要素的研究尤其重要。与管理系统、技术与方法系统关联的组织治理多样性和弹性是系统治理的关键。

系统治理不但关注工程管理的技术要素、工具和方法等"硬管理"方面，而且更加关注组织的开放性、社会性、人性以及相关方之间的正式和非正式关系和动态交互性等"软管理"方面，更加关注心态、行为、文化和信任关系等，更多从社会学角度思考工程组织的非正式、基于人际关系的隐性组织关系。

第一节　组织与组织治理

1. 组织与组织模式

美国的巴纳德（Barnard C. L. ，1886—1961）把组织定义为"两个或两个以上的人的有意识协调的活动或效力的系统"。工程组织是依工程环境之需，为实现工程目标，而对工程行为实施的计划、控制与管理的系统。组织模式即组织系统内主体责权利、事权、资源等要素配置及关联、整合、转换等的规则，以及与环境系统相互作用中的行为。

组织目标可分为工程目标与工作目标，工程目标是工程主体、工作对象即物的目标，强调整体性；工作目标是行为、活动即事的目标，强调系统性、流程性。

2. 组织治理与组织系统

组织管理是通过构建组织架构、设置职务和职位，设计责权关系，使得组织中的成员和团队能够相互协作、协同、配合，一起活动，从而实现组织目标的过程。

组织治理在水环境系统治理中起着关键作用，也是工程绩效好坏的决定性因素之一。PMI研究指出，组织治理指组织各个层面的有组织的或有结构的安排，旨在确定和影响组织成员的行为。研究结果表明，治理是一个多方面概念，并且：包括考虑人员、角色、结构和政策；要求通过数据和反馈提供指导和监督。

水环境系统治理涵盖了与水相关的物质、人、社会经济事务等子系统，而组织系统恰恰是渗透在这三个子系统内的协调系统。而这三个子系统分别代表了施工系统（以合约为链接)、人力资源系统(组织与跨组织链接)、关联方系统(以水为纽带的链接)(图 14-2)。

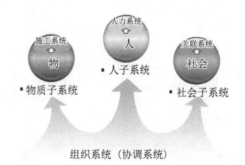

图 14-2　系统治理下组织系统渗透到三个子系统

组织系统具有复杂系统的学习特征、某种进化过程,通过复制成功,以及样板范式,从失误中汲取教训与知识,使得系统治理中的组织可以较好互相适应与协同,并且不断提高与进步。

复杂度与尺度的此消彼长,要求我们关注小尺度上的特性、属性变化与相互关系分析。

复杂系统场景下组织管理进化为组织治理,它以"事"为管理对象,以"物"的工程系统为基础,关联社会系统,以人及其活动作为主要要素,组织系统是系统之系统,故归为复杂系统,具有自适应性、多层次性。正是在不断的动态治理过程中,组织管理科学形成了责、权、利对等以及执行、决策、监督三权分立等组织治理模式。

水环境系统涉及生态、水利、土木工程、排水工程等多学科,生物、结构、机电等多专业,因多维度需求、多层级分部分项工程以及动态变化的环境而变得日益复杂,造成水环境系统的不稳定性及涌现性问题日益突出。在此基础上提出系统治理理念,其核心是抓住水环境系统的真正需求,确保问题系统的全面认知,发现并快速迭代解决问题。与此同时,水环境系统治理的组织系统是由部门、人员、工作事项、业务接口、支撑工具、制度、评价体系等不同要素组成,非线性、复杂性、不确定性的提高,呈现了比一般工程系统更为庞杂的问题网络,应用问题导向、目标导向的系统工程技术,抓住组织结构设计的核心需求,即生态文明使命需求,以先进的理论为指引,构建组织运行的核心功能构成及配套要素,通过组织系统的设计来规划与工程系统模型类似的新的适应复杂系统的流程业务模型,使得组织在水环境系统治理体制机制运行前能够适应工作活动的关联性,融合组织结构分解与配置到流程,满足目标,实施顺利,不断促进组织变革与治理效率效益提升。图 14-3 为中电建生态环境集团有限公司承担的某水环境项目涉及组织相互关系的分析简图。

3. 组织要素

组织系统内的要素有组织成员、制度、架构、文化、层次、链接方式,横向上组织有分

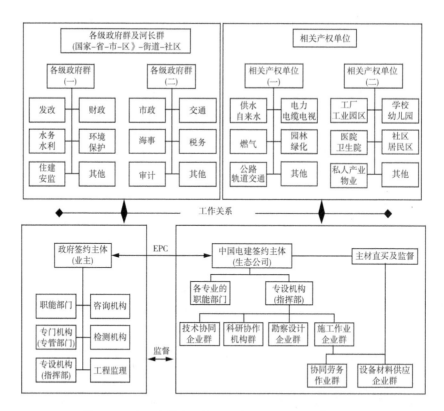

图 14-3　中电建某水环境系统治理工程组织结构关系图

("政府＋大央企＋大兵团作战"与"业主—承包商关系"分析框架)

部、整体，纵向上组织有个体、基层、中层、高层等，组织按照功能分出不同的部门或团队。

对组织构成要素及其关系进行分析是有效描述现状、设计蓝图、找到转换路径的重要基础，要素有核心要素，如使命、目标、业务构成、业务服务的输出关系、角色、评价指标等；还有扩展性要素，如为了便于挖掘角色的能力，从角色这个要素衍生扩展出岗位，从流程这个要素中扩展出制度，从业务功能及其服务结果输出关系要素中扩展出职责等。因此，组织优化与治理的实质就是促进微观的低层级要素与宏观的高层级要素相匹配，扩展要素与核心要素协同、内部同层级要素之间相关协调，组织内部要素与外部要素协调。

4. 组织结构

（1）组织结构设计

组织设计要遵循五个原则（图 14-4），包括适应性、任务与目标、专业分工与协作、管理域、权职匹配。

（2）组织设计程序

组织设计是一个动态过程，要及时适应工作对象的变化（图 14-5）。

（3）组织设计

从架构治理到流程管理是一种组织的正向设计方法，任何组织都客观上存在架构，

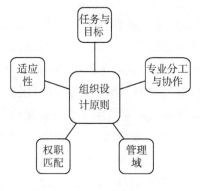

图 14-4　组织设计五原则

图 14-5　组织设计程序

但架构设计并不是自然发生的。架构决定组织围绕战略目标做正确的事,流程明确正确的做事方式。架构设计是为应对复杂问题而产生的一种系统分析处理问题的思想和方法,并被广泛应用在系统工程、组织变革与治理、复杂工程管理、信息技术治理等方面。架构方法的核心就是建立组织整体大图像,把握复杂性,描述出组织的各个要素、要素之间的相互关系以及现状与未来之间的关系,侧重于组织的宏观设计。而流程管理是以业务流程为核心,推进制度、职责、信息技术等执行层要素相互协同的管理方法,侧重于组织的微观设计。

（4）水环境系统治理的组织设计

系统治理组织设计的总体目标是协调复杂系统各项工作，促进资源合理配置、信息的有效沟通和共享，确保水环境治理任务完成。水环境系统治理的组织协同遵循分工与协作，重视不同部门、专业单位之间的协调和合作，发挥组织的整体优势、系统性优势、设计施工一体化优势，以治理成效为导向的组织柔性，实现组织治理的高效率。

组织结构形式选择和分工，现代信息技术下提倡扁平化管理、矩阵结构，以满足大量水环境治理个性化、灵活性的工程管理需求，纵横融合，条块结合，有效协调众多的关联方，实现管理柔性。

水环境系统治理的组织结构创新，由于茅洲河水环境治理涉及的项目多，范围多变，实施者采取了多项组织结构创新举措，对于多项目管理，应选择项目集组织治理方法，项目集即将多个项目归为项目集管理优于单独管理，项目集采用系统工程技术与方法进行管理，组织结构特点是要有进行总体协调的项目集管理办公室，进行全过程的组织治理。

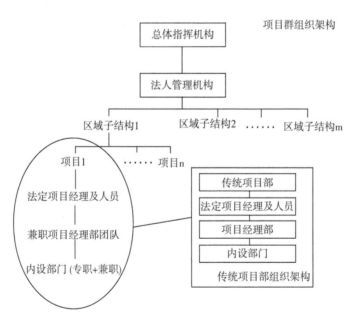

图 14-6 传统项目部与系统治理（茅洲河治理组织）架构对比

图 14-6 所示为传统项目部与项目群的组织架构对比，传统项目的组织架构可视为项目群中的最小单元。而单个项目部中的要素（例如项目经理和内设部门等）在项目群中并不独立于其他项目部，可能存在多个兼职要素。由于水环境治理项目内容繁多且治理的流域可能跨多个行政区域，导致项目从管理机构层面即出现多个机构划分。例如茅洲河治理项目的委托方即包括深圳宝安区政府、深圳水务局以及东莞市的相关部门等多个主体，承包方则又根据职能分为多个参与主体，组成了复杂的项目群组织。

5. 组织演化

水环境系统治理中的 EPC 模式的出现与演进,象征着组织在经历了承包工程到管理工程,又从管理工程到治理工程。相应地,组织结构与组织规则也发生了质的变化。

承包工程是在业主的具体指挥下实施工程管理,承包商对工程的总体规划、总体思路认识不深、不全,主观能动性发挥少,这种情况下承包商只能被动地参与工程,"照图施工"。

总承包管理模式的出现进入管理工程体系,工程的介入提前,对工程总体规划、思路加深,也较为全面,在很多方面可以主动地参与前期工作,为业主出谋划策,完整理解业主意图,准确开展工程实施,优化面对工程环境变化和变更,确保工程目标精准、持续沿计划安排实现。

EPC 模式使得工程单位进入系统治理体系,业主仅仅关注目标及里程碑节点,承包商全面全方位地介入工程管理,不仅承担着工程实施风险,还承担了部分的投融资风险,相关各方形成了利益共同体的关系,这不仅考验承包工程、管理工程的能力,还要组织、协调各方,着眼于组织治理能力提升。

组织各层次、各个团队的负责人(总经理、项目经理、总监)明晰自身系统及其与环境的互动关系与演变趋势,协调各方利益,统筹系统内各部分及其之间的关系。

系统治理下组织系统演变见表 14-1。

表 14-1　系统治理下的组织系统变化

组织系统	传统管理	系统治理
组织结构	金字塔	金字塔+网络
组织机制	被组织被驱动	被组织+自适应自驱动
组织者	业主—承包商单一关系	业主—承包商整体网络关系
	企业—项目上下	协同+上下
组织形态	项目—专职单项目专业化员工	EPC—项目群—专兼职多项目专业化员工
组织边界	封闭	半开放半封闭
组织文化	个体与分工	群体与分工协作
	命令+管控	管控+协同

而组织性能演变是刚性—弹性—韧性—柔性,特别是在复杂系统的组织治理中更加需要组织柔性。

6. 组织治理能力

组织治理能力包括组织过程完善、组织流程优化、组织要素完善、组织意识及重要性提高。

第二节　组织治理理论构建

系统方法论中的认知系统、关联系统、评价系统并不是逐一映射于水环境系统治理的每个局部的,而是贯穿于水环境系统治理的全周期(图 14-7)。在认知系统中,主要认知对象是作为治理客体的水环境,如对水环境属性的认知包括水资源价值、生态价值、环境载体等内容。事物是关联的,事物的性质存在于内部结构关系中,因而需同时对客体系统的内部关系进行认知。在关联系统中,上述认知角度可以将水环境按照不同尺度、层级、类型视为不同关系的集合体,如人与自然之间、政府及企业部门之间、政企之间、企业之间等,最终组成一个复杂的相关方网络。这些关联关系背后与水环境系统相关的任何思想理念、技术与方法的运用,都需放在工程组织整体的运作过程中进行评估。因此,在评价系统中,责任主体需以组织治理逻辑对一切关系进行管控和评价,如进行水环境系统治理实施评估、治理变更和提高公众参与等,力求进行系统性、整体性思考、提供系统性、整体性的解决方案,以构建最优水环境治理体系。各个系统之间也始终在进行关联性的互相反馈,即在进行客体对象认知、关联关系分析的同时各系统间也在互相印证与检验,直至能够将协调治理的最优思路作为最终方案。

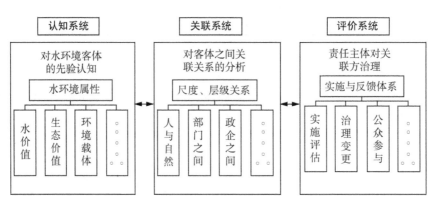

图 14-7　系统论视角下的水环境组织治理理论建构模型

水环境系统的复杂性、行政体制的层级性、主体利益的异质性都为水环境系统组织治理践行系统性、整体性带来了一定的挑战。尤其是在动态的自然、社会演进中,每一局部系统在不同的发展阶段下都有可能产生不同的认知。由于这种认知往往是先验赋值的,很容易在试错后发生变化。而对水环境客体认知的变化会导致客体局部要素之间关系的变化,从而影响治理实践中责任主体对客体事物整体的评价逻辑。

第三节　组织治理方法

1. 组织治理要素与方式

组织治理要素中的情景、目标、对象、行为、行为者、权力、结构与构成、知识、制度、治理技术等都是依状态而存在的,这些要素以及他们之间的关系及其强度也是不断变化的,组织治理方法围绕组织治理要素展开。如果根据组织工作紧密程度划分——最紧密(以"合作"表达)、紧密(以"协同"表达)和松散(以"协调"表达),则组织从紧密型合作开始,经过中间层次的相对紧密的利益关联方是协同,到系统外(社会经济环境)的相对松散关系的相关方是协调,乃至协商(图14-8)。

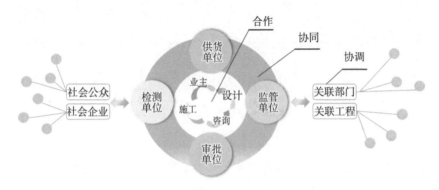

图 14-8　组织治理层次与关联方式图

2. 组织的网络系统治理方法

传统项目管理体系中的复杂项目层级制,汇报及指令繁琐。信息技术发展,借助于管理信息系统和即时通信软件等,利用网络,大量的协调工作可以通过工作群实施。管理团队边界互相渗透、模糊化,时间域、空间域突破,形成了合纵联横的组织模式——网络型组织。组织的网络系统治理方法有利于应对VUCA变化,适应了内部组织结构的多样化以及外部环境的动态性变化。茅洲河水环境系统治理适应了这类变革需求,演化出全新的组织结构,不同利益关联方一起参与复杂技术与方法系统的创新过程。水环境治理这类复杂工程管理,有了网络治理方法的嵌入,工程管理组织基础得以建立,工程管理更具体、更直观,如可视化等。

组织的网络系统治理方法是以系统论为指导,将组织系统视为一个开放、复杂、动态系统,网络型组织治理系统包括内外影响系统、界面系统、评价系统、反馈系统,网络型组织治理要素有机制、模式、结构、环境、风险、界面、绩效、成本、目标,呈现复杂的线性和非线性关系或网络化关系,如治理机制、治理结构、治理环境与治理绩效正相关,治理绩效与治理目标正相关,治理成本与治理目标正相关,网络化组织的效能与治理任务正相关。

3. 组织数据治理方法

组织数据治理是对组织数据资产进行管理,并且按照数据的关联性进行决策、职责、流程整合。包括了数据源分析、数据治理检验,以及安全性、可用性、价值等方面内容,以此制定适合组织系统的数据治理政策。应根据组织特点选择数据治理方法、构建数据治理模型(图 14-9)。

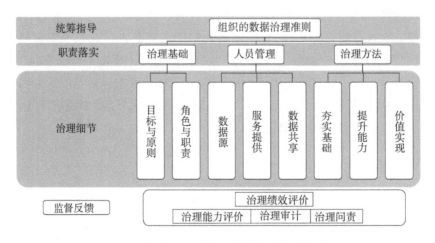

图 14-9　水环境系统治理下的组织数据治理模型

（1）统筹指导

治理准则对整个治理过程起到统筹指导作用,是整个治理过程的引入者,也是实践行为正确性的奠基者。由治理准则引入,治理基础是治理全过程的前期阐述与说明,换言之,健全的治理基础是治理顺利推行的必要条件。治理基础不仅从人员角度、技术角度出发,也综合考虑了经济因素等,是对整个治理流程的规划。通过准则与治理基础的推进,治理逐渐进入关键环节,即数据治理与人员管理。数据治理既是治理模型的核心,治理全过程的焦点,也是衔接各部门的桥梁。数据治理根据数据生命周期理论,可将数据治理分为不同阶段。在每一阶段,不仅需要工程人员的参与,更需要其他部门的协助,如管理层提供管理服务,上级提供资金协助等。由此可见,数据治理与人员管理的联系密切。在数据治理的每一生命阶段,人员管理早已渗入其中。在治理过程中,人员是为数据服务的,故而人员管理体系的建立是基于数据治理的。发挥人的主观能动性,突出治理参与者的作用,也是相关方管理理论在治理中的合理运用。而大型复杂的水环境治理系统,治理之复杂,如何将不同立场的治理参与者归结至同一价值层面,需要一个专门面向治理的组织去规范治理标准,实时掌握治理进度,及时发现并改正治理问题,EPC 一体化组织治理系统应运而生。

（2）职责落实

从治理职责分布上看,数据治理由于涉及主体众多,各治理参与方承担的职责各不相同,需明确各自的职责所在。换言之,在资金、政策、数据、技术形成的环境下,利益相关者需各司其职,围绕数据治理,结合各自特点,承担相应的职责。

工程技术与施工技术人员与及其团队除了产生工程数据的外，还参与治理决策的制定。工程人员作为最了解数据的人，在决策制定过程中起着专业把控的作用，并且在作出专业决策时，可以反向对管理系统提出建议，如何更好更贴切地提供管理服务。系统治理作为数据治理的倡导者，在政策上应予以鼓励；决策制定时，应广泛听取各方建议，统筹把控全局。工程总承包作为核心利益相关者，不仅要精进原先的服务，而且还应基于治理的特点，提出面向数据治理的新服务，如技术指导、运营培训等。

（3）治理细节

水环境数据治理的核心是围绕数据展开相关数据操作，因此治理的每一细节都应紧扣数据生命周期的每一环节。数据按其生命周期特征分为：夯实基础、提升数据、促进发展以及传播价值四个阶段。

第一是夯实基础。夯实基础阶段包括撰写组织数据管理计划与数据收集阶段。撰写组织数据管理计划是指在工程实施之初，对即将产生的数据拟定的管理计划，涵括数据的范围、存储等众多细节问题。撰写计划是工程管理的第一步，也是必不可少的环节。事先明确优于事后弥补。其次，数据包括数字化与非数字化形式的数据，其收集不仅包括获取，也包括获取之后的数据清洗与数据真伪的筛选。收集数据阶段夯实了工程管理基础，为工程管理提供基础保障。

第二是提升数据。提升数据阶段包括数据描述与分析。数据描述不仅为工程管理提供便利，也是为后续将数据分享给相关者提供检索便利。描述阶段，可基于元数据标准等文件，对数据进行详细的描述，如数据类型、大小等。此外，工程管理数据分析有赖于硬件与软件设备，不同目的的分析方法不同。数据分析一方面是对数据质量的检验，从分析结果可观测出数据质量是否达标；另一方面，数据分析也是对管理人员自身数据能力的检验。因此，在本环节的治理操作中，IT 服务部门可提供数据分析服务。

第三是促进发展。数据的有效存储能够对工程管理起到促进作用。存储数据可节省管理成本，对于大量重复性的管理工作可免去多次操作。在此过程中，需特别关注数据存储的安全性。数据存储中心类似于一座数据库，其价值是无穷的，在存储过程中，不仅需要管理人员的参与，也需要相关技术人员的指导，以及安全政策的制定与出台。

第四是传播价值。进行数据治理的目的是提升数据价值，便于数据共享与多次利用等。数据治理模型在数据生命周期理论的指导下，针对大数据处理的六个环节（采集、清洗、存储管理、分析、解读、显化）展开治理举措。然而，治理成效如何保证，如何及时解决治理问题，需采取相应措施进行后端把控。

（4）监督反馈

数据治理实质上是一个趋于扁平化的结构。各利益相关者几乎处于同一平面，上下级的关系模糊。而治理需要分配角色，承担相应的职责，在这一过程中，谁承担的责任多，又对谁负责，是一系列逻辑与现实问题。治理问责举措则是在复杂的治理环境中，使权责对等，体现治理文明数据治理的水平化结构，导致治理责任不再是传统的单一纵向结构，而是纵、横向责任交叉。纵向责任是指项目公司内部，各部门承担的责任，这种责任是双向的,因为上级部门也对他们负责,需要提供资金、设备等支持。横向责任是通过跨部门、跨组织的一种信任、对等关系实现的。如相关单位之间,就是横向责任;政府、社会外部,人员及团队与企业之间也是横向责任。根据所看问题角度的不同,治理问责方式应由纵向责任与横向责任组合而成。此外,组织数据治理部门应及时对治理有效性进行监督,对治理责任是否落实进行评估。

综上所述,通过在治理过程的末端进行把控,对治理能力成熟度进行评估,嵌入审计与问责机制,是对治理过程前期步骤的呼应。责任伴随数据治理全过程,是治理成功与否的关键,应不断完善责任的分配与监督问题,明确责任到个体。治理能力成熟度评估、治理审计、治理问责共同构成治理成效保障,也是对治理运行的保障。

4. 融合系统方法

组织治理融合了所有关联人员、技术方法、实施流程于一体,将组织治理所需的各类要素充实进组织治理系统中,以强化组织系统的鲁棒性、韧性。

在水环境治理过程中出现了多种组织治理方法,形成了"五融合",即党建融合、服务融合、能力融合、事项融合、数据融合,极大地发挥了组织治理效用,为水环境系统治理推进作出组织保障。

(1) 党建融合

茅洲河水环境治理有数万人参与,涉及百余个企业,涉及党支部数十个,通过成立联合党支部等形式,以党建引领,贯彻生态文明思想,将党建工作与组织治理融合,充分发挥党组织的先进模范作用,做好水环境系统治理。

(2) 服务融合

组织是管理又是服务,只有在服务先导理念下的管理,组织治理才更有成效。

(3) 能力融合

能力是组织治理的基础,只有各种能力的不断提升,组织治理效率才能提高。

(4) 事项融合

组织治理目的是处理、管理好各项事物,以达成工程管理的最终目标,组织治理实现要考虑事项特性,以采取针对性治理措施、方法。

(5) 数据融合

一是尽量采取数据治理方法;二是组织治理中数据要结合工程管理的各要素,如质量、计划、成本等。

参考文献

[1] Guide A. Project management body of knowledge (pmbok® guide) [C]. Project Management Institute. 2001.

[2] 罗惠恒,徐雷.多维流程管理理论推动能源企业流程管理体系建设[J].经营与管理,2021(10):43-48.

［3］李善波. 公共项目治理结构及治理机制研究［D］. 南京:河海大学,2012.

［4］陈戎,张权. 工程总承包模式下医院建设项目的业主方组织治理研究［J］. 建筑经济,2020,41(S1):111-114.

［5］季皓. 战略与项目组织一体化路径研究［J］. 技术经济与管理研究,2013(11):42-45.

［6］汪海舰. 基于治理理论的工程项目组织研究［D］. 天津:天津理工大学,2006.

［7］马占杰. 对组织间关系的系统分析:基于治理机制的角度［J］. 中央财经大学学报,2010(09):86-90.

［8］王磊. 项目治理风险的网络动力分析［D］. 济南:山东大学,2017.

第十五章　水环境系统治理相关方系统与要素

第一节　相关方系统、相关方管理的含义

1. 相关方、相关方系统的含义

水环境系统治理的相关方主要指的是水环境治理的行为主体，涵盖水环境治理的主要参与方，包括业主及代表业主的管理方、设计和总承包承建方、第三方咨询和顾问，以事即行为和物即行为对象为纽带，相关构成相关方系统。

2. 相关方管理的含义

相关方管理是指通过对能够影响工程或会被工程系统治理影响的人、团体或组织进行识别和分析，并制定合适的管理计划，以有效调动工程相关方参与系统治理工程的执行和决策，从而达到支持系统治理团队工作的目标。相关方的概念及其理论框架源自战略管理理论，后被应用于项目管理领域。1984 年，R. Edward Freeman 在其著作《战略管理：相关方的视角》中提出，应该用利益相关方的观念和视角管理公司。随后人们对相关方开始深入研究，短期内就发表了百余篇相关方论文。1996 年，项目管理协会第 1 版《项目管理知识体系指南》中"Project Stakeholder"一词共出现了 22 次，主要分散在项目整合管理、项目资源管理、项目沟通管理和项目风险管理这四个领域中，当时中文对这一概念的翻译为"干系人"。鉴于对项目相关方管理的重视，在 2013 年 5 月出版的第 5 版《PM-BOK 指南》中专门新增了"干系人管理"这一新的知识领域，首次将 Project Stakeholder Management 列为项目管理的十大知识领域之一。随后的中文版 PMBOK 里沿用了"干系人"这一翻译，也出现了"利益相关方"的说法。2017 年，项目管理协会在第 6 版《项目管理知识体系指南》延续了这一英文概念，并更新和扩充了相关内容，更加凸显了项目相关方管理的重要性和实用性。2018 年，中文版第 6 版发行，将这一概念翻译更名为"项目相关方"。"干系人"和"利益相关方"具备客观存在的利益关系的考量。根据《项目管理知识体系指南》第 6 版内容，假设某人与项目不具备客观存在的"利益"，但事实上和主观认知上，都认为其也将受到项目的影响，那么该人也属于项目相关方管理的范畴。因此将 Project stakeholder 翻译成"项目相关方"弱化了利害管理，强调了更和谐的全方位、全过程的合作理念。

水环境系统治理相关方较多，他们会受工程的积极或消极影响，对工程施加积极或消极的影响。治理以相关方满意度作为系统治理目标进行识别和管理，并保持沟通，同

时不断识别新的相关方。系统治理管理和组织团队正确识别相关方的期望和影响，并制定合理引导所有相关方参与的策略，能决定系统治理的成败。

第二节　相关方管理的过程及作用

1. 相关方管理的过程

相关方管理要满足各方利益，因此分析各方利益及其在过程中的实现是相关方管理过程的关键。

（1）识别相关方

为了使管理团队能够建立对每个相关方或相关方群体的适度关注，须定期识别工程相关方，分析和记录他们的利益、参与度、相互依赖性、影响力和对工程成功的潜在影响（表15-1）。

表 15-1　识别相关方的输入与输出

输入	输出
管理体制机制 商业文件 管理体系文件 工程文件 协议 事物环境因素 组织过程资产	相关方登记册 变更请求 管理工程计划更新 工程文件更新

识别相关方的工具：

①专家判断：专家范围很广，包含但不限于有专业知识、经验或受过相关培训的个人或者小组。

②数据收集：问卷和调查（一对一、小组焦点讨论或大规模信息收集）、头脑风暴（头脑风暴和头脑写作）。

③数据分析：分析相关方的兴趣（决策影响）、权利（法律的合法权利、道德权利）、所有权（法定）、知识（专业知识领域）、贡献（资金或人力）、文件分析。

④数据表现：权力利益方格、相关方立方体、凸显模型、影响方向、优先级排序。

（2）规划相关方参与

根据相关方的需求、期望、利益和对工程的潜在影响，制定系统治理相关方参与工程的方法的过程。提供与相关方进行有效互动的可行计划（表15-2）。

表 15-2　规划相关方参与的输入与输出

输入	输出
管理体制机制 管理体系文件 工程文件 协议 事物环境因素 组织过程资产	相关方参与计划

规划相关方的工具：

①专家判断：专家范围很广，包含但不限于有专业知识、经验或受过相关培训的个人或者小组。

②数据收集：要持续收集相关方数据，确保数据的完整与准确性。

③数据分析：相关方参与度评估矩阵、假设条件和制约因素分析、根本原因分析、思维导图。

④决策：决策模型。

⑤数据表现：矩阵图。

⑥会议：沟通纪要。

（3）管理相关方参与

这是与相关方进行沟通和协作，以满足其需求与期望，处理问题，并促进相关方合理参与系统治理活动的过程。让工程经理提升相关方的支持，降低相关方的抵制（表 15-3）。

表 15-3　管理相关方协作沟通的输入和输出

输入	输出
管理计划系统 工程文件 事物环境因素 组织过程资产	变更请求 工程管理计划更新 工程文件更新

水环境系统治理中管理相关方的工具：

①专家判断：专家遴选、多轮互动。

②沟通技能：通过相关方对于决策的反应进行安排沟通（反馈机制：获取途径可用谈话、讨论、会议、调查等）。

③人际关系与团队技能：冲突管理（及时解决冲突）、文化意识（文化差异性）、谈判（获得支持）、观察和交谈（识别工作态度）、政治意识（内外权力）。

④基本规则：明文规定（类似团队章程）通过什么行为引导相关方的参与。

⑤会议：会议前的准备。

（4）监督相关方参与

监督系统治理中相关方关系，并通过修订参与策略和计划来引导相关方合理参与系统治理的过程。随着工程进展和环境变化,维持或提升相关方参与系统治理的效率和效果。而且,为了保证效率和效果,监督相关方参与流程引入了工作绩效数据的工具(15-4)。

表 15-4　监督相关方参与中的输入与输出

输入	输出
管理计划系统 工程文件 工作绩效数据 事物环境因素 组织过程资产	工作绩效信息 变更请求 工程管理计划更新 工程文件更新

监督相关方的工具:

与管理相关方工具雷同,包括数据分析、决策、数据表现、沟通技能、人际关系与团队技能、会议等。

相关方管理流程如图 15-1 所示。

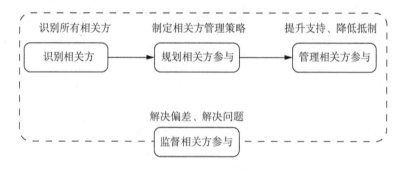

图 15-1　相关方管理流程

2. 相关方管理的作用

识别相关方的作用主要是使系统治理团队能够建立对每个相关方或相关方群体的适度关注;规划相关方参与的主要作用是提供与相关方进行有效互动的可行计划;管理相关方参与的主要作用是提高相关方的支持,并尽可能降低相关方的抵制。相关方对系统治理影响能力在工程启动阶段最大,随着工程进展逐渐降低;监督相关方参与的主要作用是随着系统治理进展和环境变化,维持或提升相关方参与活动的效率和效果。

相关方管理通过识别能够影响工程或会受工程影响的人员、团体或组织,分析相关方对工程的期望和影响,制定合适的管理策略来有效调动相关方参与系统治理决策和执行。用这些过程分析相关方期望,评估他们对工程或受工程影响的程度,以及制定策略来有效引导相关方支持工程决策、规划和执行。这些过程能够支持工程团队的工作。

相关方参与是系统治理成功的前提条件和有力保证,每个成功的工程离不开相关方的相互影响和作用,而端到端的全生命周期都应该对相关方实施积极的影响和措施,在每个阶段的系统治理过程中,相关方管理始终贯穿其中,发挥着重要的作用,忽略任何相关方都有可能导致工程的失败。因此,良好的相关方管理是成功的重要基础。

第三节　相关方的期望和冲突管理

水环境系统治理的参与方众多，以利益为主线，将其分为三个群体，即工程出资方、取得报酬的工程服务方、工程受益方。

1. 期望管理

（1）期望管理分析

有效的相关方管理是系统治理成功的关键，而相关方管理的关键又在于对相关方及其期望（需求）的识别，想要相关方积极参与就要把相关方的期望（需求）纳入到系统治理目标。只有将对象明确了，工程参与者才能更好地完成各项工作任务，实现各相关方的满意度最大化。

在识别出所有的相关方后，需要明确各相关方的期望。相关方的期望可以分为三类：

第一类是"Musts"，即如果去掉了就不能满足其基本需要的东西。

第二类是"Wants"，即利益相关方希望得到能够丰富其需要的东西。

第三类是"Nice-to-haves"，即有无均可，但多多益善的东西。

在期望（需求）识别阶段，要分析出相关方的三类期望，并将其与明确的需求对应。相关责任人要对需求的优先级进行排序，根据工程实际情况选择相关方的需求是否应给予满足，如若无法满足，则该采取怎样的措施。

系统治理应能识别相关方的利益和需求，注意与相关方进行沟通和了解，要考虑到相关方的需求和期望与其陈述内容是有区别的，各方需求并不总能详细阐述清楚，通常场景下需求是不明显的、无意识的或隐蔽的。目标系统明晰的阶段要尽可能地将相关方的需求明确、量化，并转化成具体的要求。

其中有明确需求和隐含期望，由于利益、技术观点、本位主义等因素，相关方往往存在不同的期望和需求，应在不同需求和利益间寻求折中和平衡，不能损害客户利益，切忌唯上、揣摩（图 15-2）。

（2）系统治理与各方期望管理

期望与利益关联，相关方的期望与利益不同，造成管理过程中的行为差异。分析相关方参与工程的目标与目的，提出给定条件与环境系统要素，以及相关方的理念、经济约束下，水环境系统治理要持续改进，让各方受益，满足各方显性与隐性利益、期望，不仅要通过激励机制调动各方工程实践与创新的积极性，还要借助管理机制约束相关方的机会主义欲望。水环境系统治理下的相关方系统要能够形成准联邦制体系—经济合约联邦制，绑定各方朝着同一方向使劲，实现水环境治理目标与利益目的的统一，水生态价值与期望的统一，工程实现与履约的统一。

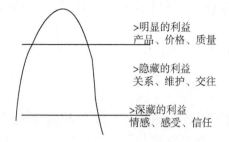

图 15-2　相关方的明显利益、隐藏利益、深藏利益

2. 冲突管理

冲突是指两个以上相关联的主体,因互动行为所导致不和谐的状态;冲突是由于某种抵触或对立状况而感知的不一致、差异;冲突是一个过程。水环境系统治理相关方对出现问题的不同理解和意见是正常的,不应该回避冲突,更不能压制冲突。早期的研究通常认为冲突是对组织管理有害的,而现在对冲突管理有了更为客观、全面的认识,认为冲突是组织中普遍存在的,特别是在一个复杂系统的组织中,要达到所有成员之间意见高度统一和一致是不现实的,同时也发现了冲突的两面性——建设性和破坏性。适度的冲突加上合理的管理即系统治理,能使组织具有活力,能提高组织的自我反省、自我更新能力,促使组织不断创新。

对不同类型的冲突进行有效管理,是相关方管理中非常重要的工作环节。要管理好工程中的冲突,需要了解冲突的来源和特点,要抓住其中的主要矛盾和矛盾的主要方面,要从事物的内在与外在的联系中寻找解决冲突的方法。

(1) 相关方冲突的来源

水环境系统治理相关方冲突来源有:

①项目成员的个体差异。水环境系统治理中业主群、承建商群个体差异大,有利益、个性、价值观、个人目标和角色等五个方面的主要差异。

②工程目标与目的差异。相关方的目标趋同,但是对于目标的理解和执行力度难以一致。目的则有明显不同,分歧在所难免。

③技术方案选用差异。水环境治理大量采用新技术,技术创新频现,相关方对其成本理解不同,冲突便随技术的不确定性相伴而来。

④工程计划差异。业主方强调计划严肃性,承建商则往往提出客观条件等因素影响计划实施,这不可避免地会导致决策时的争议和冲突。水环境系统治理不确定因素多,许多情况在计划制定阶段是无法准确预计的,所以导致计划刚性与弹性冲突。

⑤成本与费用差异。在系统治理过程中,经常会由于某项工作需要多少成本而产生费用方面的冲突。这种冲突多发生在甲方与乙方之间。

⑥资源分配与需求差异。系统治理相关方对于资源需求不同,对资源分配考虑因素也不同,人、设备、工具、设施等均是冲突的诱因。

⑦组织结构差异。水环境系统治理采用复杂系统组织架构,业主方的架构与 EPC 总

承包的架构难以一致，造成接口差异引起冲突；此外，组织系统结构和各组成部分之间的关系也会引起冲突。

深入认识和理解系统治理冲突来源，有利于工程管理内外关系的协调和对相关方冲突进行有效管理。

（2）相关方冲突的主要类型

水环境治理中主要有空间冲突、资金冲突、时间冲突、利益冲突、权益冲突。

①空间冲突。水环境治理在空间上有诸多的人、机械设备在同时施工。作业面紧张，导致班组间为争夺空间而大打出手。由于水的流动性，上下游施工之间也会产生矛盾。

②资金冲突。系统治理实施过程中，可能会出现资金周转困难，需寻求总包方（或业主）费用补偿，合作伙伴（分包方、供货方）资金支持。实施过程中，团队成员对管理费用分配上意见不同而产生冲突。

③时间冲突。指完成系统治理实施过程中的顺序与时间上的冲突。

④利益冲突。相关方利益不同，容易造成冲突。水环境治理方案类同，业主倾向于费用低者，承包商倾向于难度小的。

⑤权益冲突。相关方对用水权、排污权、河道利用权益均站在自己的立场上，对水相关权益判断标准不同，引起差异而造成的冲突。

冲突管理要充分应用和谐理论、人本思想。在系统治理中，冲突是不可避免的。大多数情况下，冲突总是因人而起，很多人在对待冲突的问题上是害怕冲突，极力避免冲突，消灭冲突，回避冲突。其实，如果采取正确的方式，这些冲突通常可以在不影响计划之前就被化解。认清冲突的分类有助于更好地识别、预计冲突和解决冲突。

（3）相关方冲突的系统治理过程

通过对相关方的冲突的初步分析和分类可以看出，冲突的种类繁多，冲突成因复杂，加上水环境系统治理自身的复杂性，不难看出在其中冲突管理任务的艰巨性。在系统治理进行的过程中，因内、外部环境的变化，管理水平、人员技术水平不同，所处工程周期的不同，其所面对的冲突管理是各不相同的。常用的冲突管理方法有交谈、缓和、妥协、隔离、安慰、劝阻、沟通、提供资源、调整结构、改变成员、教育培训等。

相关方冲突管理中管理人员应识别冲突类型，正确估计冲突的大小，制定行之有效的冲突控制策略，实施冲突控制策略等，这些都是冲突管理的内容。

相关方的冲突管理就是管理人员通过冲突识别、冲突评估，合理地使用多种管理方法、技术和手段，对可能导致冲突的各种因素进行有效控制，妥善处理冲突时的破坏性因素，保证工程目标有效实现的一个过程。工程相关方冲突管理的全过程可以分为两个阶段：冲突分析和冲突管理。冲突分析包括冲突识别、冲突评估，冲突管理包括冲突控制和冲突管理方法。如图 15-3 所示。

冲突识别就是要分析工程过程环节，分析相关方及所处的环境，找出引起冲突的因素，确定引起冲突的来源及相互关联的阶段性目标；需要的信息有相同或者类似行业的

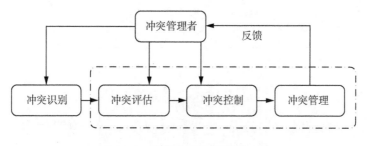

图 15-3　相关方冲突的管理过程

工程管理的历史数据,以及通过调查研究和情报搜索获得的工程建设的信息等。

冲突评估是估计冲突的性质,确定冲突事件后果大小。冲突评估有客观和主观两类,客观冲突评估以历史数据和资料为依据,一般利用系统评价方法计算;主观冲突评估靠的是人的经验和判断。一般情况下两种评估都要做,各有其优势和长处。

冲突控制是根据冲突评估提供的信息实施冲突控制策略。冲突控制的关键是采取果断措施,恢复工程进展的正常状态,冲突控制强调对冲突过程中的各个环节的控制,即对冲突的诱因、环节、导向、对象、结果等实施控制。冲突控制阶段有时还会修改工程计划。

冲突管理是制定相应的冲突规避策略以及实施手段的过程。对于可能面临的各种冲突可以采取不同的冲突策略,如仲裁调解法、回避冲突法、潜力解决法等。冲突策略必须和系统治理的管理目标一致,符合工程的整体计划,要有一定的资源作保证。

最后需要指出的是,冲突管理过程的顺序不是一成不变,其各组成部分也不是各自独立的,事实上工程实施过程中,相关方的冲突是相互关联的,在解决某个过程冲突的同时,可能为下一步的冲突埋下隐患,所以要时刻关注各种潜在和正面的冲突。

第四节　相关方管理的四象限方法

传统的工程相关方管理方法仅从工程相关方对工程的"影响程度"进行单维度分析,未考虑工程相关方对工程的"支持程度",分析过于简单、单调,不能全面系统、动态地对工程相关方实施管理。系统治理通过"四象限法"对相关方进行分类管理,从相关方的"影响程度"和"支持程度"两个维度的正面和负面两方面进行分析,摒弃传统管理方法的缺点和不足,具有思路清晰、动态管理方便等特点。"四象限法"相关方分类如下:第一象限,定期主动加强沟通、重点维护;第四象限,换位思考、求同存异、实现共赢;第二象限与第三象限,动态管理与维护干系人。通过将相关方定位到四个象限,制定相关的管理及问题解决策略,特别是第一象限和第四象限的相关方的管理至关重要,但同时也不能忽略第二、第三象限相关方的作用(图 15-4)。

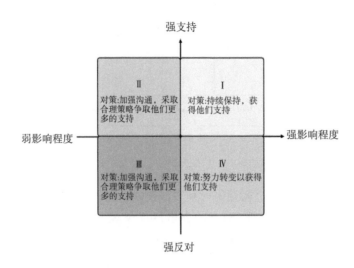

图 15-4　项目相关方"四象限法"

　　采用"四象限法"对相关方进行分类后，根据不同相关方对工程的"影响程度"和"支持程度"在四个象限中进行排布，这样就可以清晰判断出不同相关方在履约过程中的地位和作用，从而选择不同的策略和手段进行有效的相关方管理，实现工程的成功履约。但相关方随着履约进展并不是一成不变的，而是一个动态的变化过程，因此相关方的管理也应是动态的管理。比如，前期和施工阶段，业主运维方对水环境治理影响程度和意义并不明显，但随着水环境治理工程的收尾和投运阶段到来，业主运维方对工程的影响程度就变得突出和明显。另外，当地代理的作用在工程开工前的协调意义重大，但工程正式开工后，代理对工程的意义就会减弱。

参考文献

　　[1] 余自业，张亚坤，吴泽昆，等. 基于伙伴关系的水利工程建设管理模型——以宁夏水利工程为实证案例[J]. 水力发电学报，2022(1)：1-7.

　　[2] 罗雅文，何利，马宗凯，等. 以干系人管理"四象限法"破解国际 EPC 项目设计难题[J]. 工程管理学报，2021(01 vo 35)：55-59.

　　[3] 李辰. 项目相关方管理及实证研究[D]. 北京：北京邮电大学，2020.

　　[4] 韩冬. 建设工程项目管理多主体多阶段的博弈研究[D]. 合肥：安徽建筑大学，2020.

　　[5] 赵李萍. 铁路工程项目核心利益相关者关系分析与治理[D]. 北京：北京交通大学，2019.

　　[6] 韩婷. 基于元网络的重大工程社会责任行为研究[D]. 广州：华南理工大学，2019.

　　[7] 吴国滨. 基于扎根理论的建设项目群内部冲突管理机制研究[D]. 济南：山东大学，2018.

　　[8] 崔译丹. 城市生活垃圾分类推广工作的利益相关方管理研究[D]. 昆明：云南大学，2018.

　　[9] 张成波，鞠其凤，米家立. 孟加拉达卡达舍尔甘地污水处理厂项目干系人沟通管理策划分析[J]. 水电站设计，2017(3 vo 33)：46-49＋92.

　　[10] 王庆伟. M 水库 PPP 项目主要利益相关方合作机制研究[D]. 济南：山东大学，2017.

[11] 江艳飞. 基于 BIM 介入建设工程项目的利益相关方信息交换关系网络研究[D]. 杭州:浙江大学，2017.

[12] 赛姝瑞. 新时期旧城改造利益相关方行为分析与对策研究[D]. 长春:吉林大学，2015.

[13] 毛坤. 水电项目利益相关方治理关系构建的过程模型研究[D]. 济南:山东大学，2012.

[14] 刘芳. 项目利益相关方的动态治理关系研究[D]. 济南:山东大学，2012.

[15] 赵英梅. 考古旅游景区开发中的利益相关方冲突管理[D]. 济南:山东大学，2011.

[16] 王彦伟. 项目利益相关方的治理关系研究[D]. 济南:山东大学，2010.

[17] 秦万峰. 项目生命周期中利益相关方的冲突管理[D]. 济南:山东大学，2008.

[18] 张辉平. 项目冲突管理在南海工程中的应用[J]. 石油化工建设，2007(2)：9-10.

第十六章　水环境系统治理的水关联系统与要素

依据本篇图 14-1 关联体系结构模型图,本章主要介绍水关联系统与要素,并且以水环境治理外部系统为主。

水关联系统是指将水环境治理作为目标,系统治理作为行为主体的相关工程或活动,包括水资源、水安全、水生态、水景观、水文化,空间上与水关联的道路、交通、电力、电信等非涉水关联的相关工程称水关联工程,水关联系统包括水的物关联系统、事关联系统以及水环境治理约束等。水工程是指围绕水环境治理而实施的工程,包括防洪工程、排水工程、海绵城市工程、湿地工程、水系连通工程、水设施工程、水环境治理平台工程等水环境治理关联工程,通过水环境治理工程实现多元水价值(图 16-1)。

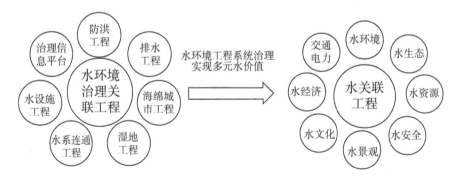

图 16-1　水环境工程系统治理实现多元水价值

第一节　水的物关联系统与要素

1. 水的物关联之自然系统与要素

（1）水质

水质(water quality)是水体质量的简称。它标志着水体的物理(如色度、浊度、臭味等)、化学(无机物和有机物的含量)和生物(细菌、微生物、浮游生物、底栖生物)的特性及其组成的状况。水质为评价水体质量的状况,规定了一系列水质参数和水质标准,如生活饮用水、工业用水和渔业用水等水质标准。水质直接左右着水资源和水环境的价值,同时水资源的利用也影响着水质和水环境。外部关联水质对系统水质有着直接的影响，如酸雨等直接影响系统水环境。

（2）土壤

土壤是指地球表面一层疏松的物质，由各种颗粒状矿物质、有机物质、水分、空气、微生物等组成，能生长植物。土壤由岩石风化而成的矿物质、动植物、微生物残体腐解产生的有机质、土壤生物（固相物质）以及水分（液相物质）、空气（气相物质）、氧化的腐殖质等组成。

固体物质包括土壤矿物质、有机质和微生物通过光照抑菌灭菌后得到的养料等，液体物质主要指土壤水分，气体是存在于土壤孔隙中的空气。土壤中这三类物质构成了一个矛盾的统一体。它们互相联系，互相制约，为作物提供必需的生活条件，是土壤肥力的物质基础。由于水的连通性，土壤中水的状况与水环境治理密不可分。

（3）微生物和动植物

水环境系统关联的微生物和动植物系统是一类有生命的机体，处于不断生长、迁移、死亡变化中，系统治理应关切这一类子系统的组成要素、变化特征与迁移趋势，以便为水环境系统治理动态变化过程提供相关信息。

2. 水的物关联之人工构筑物

水环境系统治理外部关联的人工构筑物很多，这里简要分析与水环境密切相关的雨污水管道等。雨水管道是收集地面天然雨水并输送到天然水体的管道，而污水管道是收集经人们使用过的污废水管道，通常先输送到污水处理厂处理达到排放标准后再排入水体或供循环使用。这些人工构筑物的完好程度对水环境有着直接的影响，破损的污水管道则直接污染管道周围的水土。

3. "水＋N"统筹

"水＋N"是将水环境治理中的水作为核心和载体来进行分析、研究、管理，对于"水＋N"的这个子系统要在总体目标下统筹考虑。它包括了排水系统、防洪系统、补水系统、净水系统、涵养水系统、水土保持系统，涵盖防洪工程、治涝工程、点源工程（截污纳管、管网工程、污水处理厂）、内源工程（河湖底泥环保清淤）、面源工程（面源污染治理工程）和其他工程（市政道路工程、园林绿化工程等）。其中，防洪治涝工程直接关系到人们的生命健康安全。

防洪工程为控制、防御洪水以减免洪灾损失所修建的工程。主要有堤、河道整治工程、分洪工程和水库等。按功能和兴建目的可分为挡、泄（排）和蓄（滞）几类。

① 挡：主要是运用工程措施"挡"住洪水的侵袭。如用河堤、湖堤防御河、湖的洪水泛滥；用海堤和挡潮闸防御海潮；用围堤保护低洼地区不受洪水侵袭等。

② 泄：主要是增加泄洪能力。常用的措施有修筑河堤、整治河道、开辟分洪道等，是平原地区河道较为广泛采用的措施。

③ 蓄：主要作用是拦蓄（滞）调节洪水，削减洪峰，减轻下游防洪负担。如利用水库、分洪区（含改造利用湖、洼、淀等）工程等。

一条河流或一个地区的防洪任务，通常是由多种工程措施相结合，构成防洪工程体系来承担，对洪水进行综合治理，达到预期的防洪目标，实现系统治理。

第二节　水的事关联系统与要素

1. 水的事关联之水环境综合管理

水环境综合管理的目标就是通过科学的、技术的知识积累和分析，从行政管理的角度出发形成综合的解决方案，从而调和流域内不同类型、数量众多的水利用者和水污染者之间在水量、水质、自然水生态环境等多方面的竞争关系，实现人类社会的可持续发展。河长制的推广为水环境综合管理提供了很好的基础与保障，数字化转型为水环境信息管理水平提高奠定了基础。

2. 水的事关联之水统筹

（1）水环境

水环境是指自然界中水的形成、分布和转化所处空间的环境，是指围绕人群空间及可直接或间接影响人类生活和发展的水体，是其正常功能的各种自然因素和有关的社会因素的总体。

（2）水资源

水资源是自然资源的重要组成部分，是所有生物的结构组成和生命活动的主要物质基础。系统治理提高了水资源的保障能力，为我国水资源的充分利用提高了基础。

（3）水安全

水安全不仅涉及防洪安全、供水安全、粮食安全，而且关系经济安全、生态安全、国家安全。坚持以人为本，发挥水利科技引领作用，依靠科技进步，保障国家水安全是实现中华民族伟大复兴的重要环节。

水安全一词最早出现在 2000 年斯德哥尔摩举行的水讨论会上，这是一个全新的概念，属于非传统安全的范畴。

水安全有水源地、供水系统、排水系统公共卫生安全，生活饮用水安全，生活污水安全，再生水安全。不同的空间环境面临的水安全问题自然不同，老城多受内涝困扰，北方、西部地区严重缺水，海边是海水倒灌问题等。

（4）水生态

水生态是指环境水因子对生物的影响和生物对各种水分条件的适应。生命起源于水中，水又是一切生物的重要组分。水生态问题主要有水文失衡、河道堵塞、蓄水能力降低等。以水为中心的生态系统构建是水环境系统治理的核心任务，水生态作为自然生态系统的有机组成部分，对于水生态的修复自然关联着自然生态系统的修复。

(5) 水文化

人类为治理水环境、应对水危机、化解水问题已做出了种种努力,时至今日,人们越来越关注和重视文化因素在水环境治理、应对全球水环境变化的挑战过程中的作用,水文化也由此成为一个受到广泛关注的热点领域。

水是文化之根,没有水就没有生命,就没有人类,也就没有文化。水文化是指以水和水事活动等载体,为人们创造的一切与水有关的文化现象总称,包含了水利文化的全部内容。

1988年10月,《加强治淮宣传工作,推进治淮事业发展》一文提出对"水文化"概念的最初理解,认为开展水文化研究,要研究水事、水政、水利的发展历史和彼此关系;研究水与人类文明、社会发展的密切关系;研究水利事业的共同价值观念等。

在历史上,很多国家的形成、政治制度的形成、科学技术的进步、生活方式的变化、生活品质的提高,乃至战争和冲突、灾害等毁灭人类社会生活的现象的产生,都和使用、管理、治理、维持、争夺水资源有直接关系,深刻影响了水文化。因此,水不仅是我们人类生存的基础资源,水与人类的生存和发展的长期历史过程,也深深地影响到了人类社会发展的过程。在这个过程中,人类的思想观念、政治制度,生活方式、生产方式、文学艺术等,都打上了水的烙印。因此水哺育了人类的文明,使人类的生存得以延续、文明得以发展。与此同时,在与水的互动过程中,关于水的观念、禁忌,通过文学艺术方式进行的情感表达、规范和制度、管理和治理技术、新的生活方式等也得以形成。这就是水文化形成的基础。

(6) 水经济

人类对于水资源创造财富方式的探索可以追溯到人类生产活动的出现,发展至今,人类已根据不同区域的水资源条件建立了具有地区经济特色的水经济系统。水经济是指建立在可持续发展的基础上,依托水资源,将治水、护水与开发相协调而发展起来的经济。

传统水经济,即以水的自然资源属性和资产属性为中心建立的经济系统,集中表现在伴水而居,依水发展运输需求大的工业产业、商业等。其特点主要包括:①强调水的经济价值,忽视其生态环境价值;②强调水的直接效益和费用,忽视其间接效益和费用;③强调如何利用水,忽视如何有效开发和节约水;④强调占用水资源,忽视其保值增值的能力;⑤强调水的自然资源产权,忽视其环境资源产权;⑥强调水产品价值,忽视水资源价值;⑦强调政府在水资源配置中的作用,忽视市场自我调节的作用。

现代水经济,即围绕水的属性体系建立的可持续发展的经济系统,主要强调发展旅游产业、水文化、水环保等亲水产业。其特点主要包括:①经济、环境、生态价值并重,保证可持续发展;②直接与间接兼顾,效益与费用并重,保证全面协调;③开发、节约与利用并重,科学使用水资源;④自然资源和环境资源产权并重,充分发挥水的系统属性作用;⑤在水资源配置中政府和市场的作用并重,做到平衡统一;⑥形成生产生活中使用自然资源、环境资源以及生态资源的优化配置机制;⑦形成水资源价值评价体系;⑧充分发挥水资产的保值增值能力，形成良性循环机制；⑨建立水资源价值核算体系；⑩建立和经营污废水处理处置资产，雨水排泄排涝资产。

第三节　水环境治理约束

目前，我国水环境治理还存在诸多问题，如政策与法律法规体系尚不健全，资金投入不足，公众参与缺乏，技术支撑体系薄弱等。但最根本的问题还是已建立管理体制没有完全理顺，运行机制不够协调，条块协同运作不畅。

1. 行政约束

国家、地方行政性文件、政策是水环境治理的行政要求，是约束性要求，一系列的水环境制度，强制性的规范、规程，构成了水环境治理的行政约束子系统。

要以"建立水环境治理刚性行政约束制度"为抓手，强化水环境治理力度，只有着眼长远、统揽全局，建立水环境治理刚性行政约束制度，才能更好适应我国水环境治理现实，有力提升水环境治理工程综合效益，实现包括水环境在内的生态环境高质量发展。

做好"水环境质量行政约束"工作，要提升生态治污的力度，以强力的环保行动改善水环境、水生态，尤其要不断完善流域水环境治理的联动机制和长效机制，从根本上解决"九龙治水"的难题，确保一泓清水常存；要坚持精确精准治水的原则，全面规划、科学论证，统筹兼顾协调流域的生产生活生态水环境需要，保持水空间均衡性、容纳性，严禁超标排污、无序排污；要强化水环境保护的高标准严要求，把保护水环境作为可持续发展的根本出路，综合运用法律、行政、经济、技术、宣传等多种手段，加强各项水环境保护、治理制度和措施的落实，特别是要加快发展方式的转型，优化产业结构，坚决淘汰限制高污染产业，不断提高水环境治理效率和效益。

建立健全相关制度，水环境治理绝不是一个阶段性的工作，而是需要持之以恒长期坚持的民生大事。

近年来，我国出台了一系列水环境治理相关的法律法规和政策（表16-1），"打好碧水保卫战"作为落实"生态文明建设"等"五位一体"总体布局、赢得"污染防治攻坚战"、"建设美丽中国"重点规划的任务，被提升至历史性的战略高度，对水环境治理行业的发展起到了良好的指导与促进作用。

2020年4月发改委、财政部、住建部、生态环境部、水利部颁发《关于完善长江经济带污水处理收费机制有关政策的指导意见》，强调要严格开展污水处理成本监审调查，健全污水处理费调整机制，加大污水处理费征收力度，推行污水排放差别化收费，创新污水处理服务费形成机制，降低污水处理企业负担，探索促进污水收集效率提升新方式。

表 16-1　2017—2020 年中国水环境治理行业相关政策一览表

日期	政策名称	内容
2020-04	《关于完善长江经济带污水处理收费机制有关政策的指导意见》	严格开展污水处理成本监审调查；健全污水处理费调整机制；加大污水处理费征收力度；推行污水排放差别化收费；创新污水处理服务费形成机制；降低污水处理企业负担；探索促进污水收费效率提升新方式
2020-03	《关于构建现代环境治理体系的指导意见》	健全价格收费机制；按照补偿处理成本并合理盈利原则，完善并落实污水垃圾处理收费政策；严格执行环境保护税法，促进企业降低大气污染物、水污染物排放浓度，提高固体废物综合利用率
2020-02	《污水处理和垃圾处理领域 PPP 项目合同示范文本》（财办金〔2020〕10 号）	为推动污水处理和垃圾处理领域 PPP 项目规范运作，加强项目前期准备和合同管理工作，组织编制了污水处理厂网一体化和垃圾处理 PPP 项目合同示范文本
2019-11	《农村黑臭水体治理工作指南（试行）》	充分考虑城乡发展、经济社会状况、生态环境功能区划和农村人口分布等因素，因地制宜采用污染治理域资源利用相结合、工程措施与生态措施相结合、集中与分散相结合的建设模式和处理工艺
2019-07	《城市管网及污水处理补助资金管理办法》（财建〔2019〕288 号）	规范和加强城市管网及污水处理补助资金管理，提高财政资金使用效益
2019-07	《关于推进农村生活污水治理的指导意见》	因地制宜采用污染治理域资源利用相结合、工程措施与生态措施相结合、集中与分散相结合的建设模式和处理工艺。有条件的地区推进城镇污水处理设施和服务向城镇近郊的农村延伸，离城镇生活污水管网较远、人口密集且不具备利用条件的村庄，可建设集中处理设施实现达标排放
2019-03	《绿色产业指导目录（2019 年版）》（发改环资〔2019〕293 号）	进一步厘清水污染防治装备制造等绿色产业的界定，并要求各地方、各部门要以《目录》为基础壮大节能环保、清洁生产、清洁能源等绿色产业
2019-03	《2019 年国务院政府工作报告》	持续推进污染防治，加快治理黑臭水体，推进重点流域和近岸海域综合整治；加大城市污水管网和处理设施建设力度；加强生态系统保护修复
2019-01	《长江保护修复攻坚战行动计划》	2020 年年底前，有基础、有条件的地区基本实现农村生活垃圾处置体系全覆盖，农村生活污水治理率明显提高；推动城镇污水收集处理，加快推进沿江地级及以上城市建成区成套化、标准化的一体化，以黑臭水体整治为契机，加快补齐生活污水收集和处理设施短板，推进老旧污水管网改造和破损修复，提升城镇污水处理水平
2018-11	《农业农村污染治理攻坚战行动计划》	加快推进农村生活垃圾污水治理；加大农村生活垃圾治理力度，递次推进农村生活污水治理，保障农村污染治理设施长效运行
2018-09	《乡村振兴战略规划（2018—2022）》	以建设美丽宜居村庄为导向，以农村垃圾、污水治理和村容村貌提升为主攻方向，开展农村人居环境整治行动，全面提升农村人居环境质量

日期	政策名称	内容
2018－09	《城市成套化、标准化的一体化攻坚战实施方案》	紧密围绕打好污染防治攻坚战的总体要求,全面整治城市黑臭水体,加快补齐城市环境基础设施短板,确保用3年左右时间使城市成套化、标准化的一体化明显见效,让人民群众拥有更多的获得感和幸福感
2018－06	《中共中央 国务院关于全面加强生态环境保护 坚决打好污染防治攻坚战的意见》	着力打好碧水保卫战;深入实施水污染防治行动计划,坚持"减排、扩容"两手发力,扎实推进水资源合理利用、水生态修复保护、水环境治理改善"三水并重"
2017－12	《国家发展改革委关于印发重点流域水环境综合治理中央预算内投资计划管理办法的通知》	进一步明确专项投资重点支持对水环境质量改善直接相关的项目,主要包括:城镇污水处理、城镇垃圾处理、河道(湖库)水环境综合治理和城镇饮用水水源地治理,以及推进水环境治理的其他工程
2017－10	《工业和信息化部关于加快推进环保装备制造业发展的指导意见》(工信部节〔2017〕250号)	到2020年,行业创新能力明显提升,关键核心技术取得新突破,创新驱动的行业发展体系基本建成;先进环保技术装备的有效供给能力显著提高,市场占有率大幅提升;主要技术装备基本达到国际先进水平,国际竞争力明显增强;环保装备制造业产值达到10 000亿元
2017－10	《重点流域水污染防治规划(2016—2020年)》(环水体〔2017〕142号)	到2020年,全国地表水环境质量得到阶段性改善,水质优良水体有所增加,污染严重水体较大幅度减少,饮用水安全保障水平持续提升;长江流域总体水质由轻度污染改善到良好,其他流域总体水质在现状基础上进一步改善
2017－10	《决胜全面建成小康社会 夺取新时代中国特色社会主义伟大胜利》	要着力解决突出环境问题,加快水污染防治,实施流域环境和近岸海域综合治理
2017－01	《"十三五"节能减排综合工作方案》(国发〔2016〕74号)	对城镇污水处理设施建设发展进行填平补齐、升级改造,完善配套管网,提升污水收集处理能力;到2020年,全国所有县城和重点镇具备污水处理能力,地级及以上城市建成区污水基本实现全收集、全处理,城市、县城污水处理率分别达到95%、85%左右

2. 跨区域法律约束

我国已经有了对水污染控制的法制体系,跨行政区水环境污染却依然是普遍存在现象。跨行政区的水环境以及法制都是公共物品,传统的政府单一中心提供这两类公共物品都显得不足,跨行政区的政府之间的理性博弈依然不能自发地达成集体行动效益的最大化。因此,需要借助治理理论,从单中心治理向多中心综合治理转变,向系统治理转变,充分发挥市场和社会的作用。从法律制度建设的视角分析政府之间的合作关系和公众参与环境治理,有利于水环境治理法律子系统的不断完善。要以现有的跨行政区水污染法制的现状为基础,借鉴经济学有关外部性的分析逻辑,构建水环境治理法律分析框架。某些地区水环境治理法律失灵的基本原因是责任不明确,缺乏应有的追责机制。因此,水环境治理法律制度建设的关键步骤是建立政府责任的可审性及违法责任的监督与追究机制,要调动、启动社会治理力量,赋予公众参与水环境治理的权利。在水环境治理方面要不断完善水环境产权制度,将政府间合作模式制度化,以及加强公众通过公益诉讼参与环境治理的制度建设。要建立水环境治理地方政府合作关系,将现有的政府和干部河长制考核制度法制化,明确水环境质量的约束条件。要培育各种类型的水环境保护组织,培养水环境治理产业、创新水环境治理技术,加强水环境系统治理能力建设,提供水环境公益诉讼的约束与激励机制。

3. 跨行政区域水环境治理府际博弈约束

水资源短缺和流域水污染是我国面临的重要环境问题。跨行政区流域水污染是一种越界外部性,流域是天然形成的,水是自然流动的,受流域自然整体性和水的自然流动性的影响,某一行政区的污染通常可以通过流动的水体向另一个或多个行政区转移。流域水污染的跨区域性和可转移性,使得以水行政主管部门为主的、区域分割式的水资源管理体制无法满足流域水污染综合防治的要求。如何构建能够满足博弈参与人激励相容和参与约束的系统治理机制,使流域走上可持续发展之路,是建设资源节约型和环境友好型社会的重要内容,也是建设生态文明的重要保障。

我国流域水污染治理面临的困境:一方面是流域水污染防治的法律法规以及财政投入大量增长,国家和社会对水污染带来的巨大危害认识越来越充分;另一方面是流域水环境的持续恶化,条文规则表现出越来越大的无效性。通过对理论的梳理和流域水污染治理困境的现实考察,发现导致流域水污染持续恶化和治理失效的关键不仅有传统理论上所认为的产业结构不合理、企业的自私排污行为、环境监管体制等因素,更有在现有制度环境下的府际博弈的非理性均衡因素。

将制度理解为博弈规则,对府际博弈的机理进行分析。根据《中华人民共和国环境保护法》、《中华人民共和国水法》和《中华人民共和国水污染防治法》等相关法律规定,我国实行的是区域管理与流域管理相结合、以区域管理为主的流域管理体制。这种管理体制要求地方政府对本地水环境质量负责,而对流域污染的跨行政区性缺乏关注。流域管理制度、参与人的信息结构和利益冲突与流域性质的不适应性使水环境治理体制上的缺陷进一步放大,并最终使嵌入到政治和经济双重竞争中的府际博弈成为跨行政区流域水污染的深层次原因。

以跨行政区流域水污染的府际博弈模型为基础,对中央政府和地方政府,以及地方政府之间在流域水污染治理中的行动、支付、战略和均衡进行分析。流域上游的地方政府具有搭便车的机会主义倾向,流域公共产品自愿供给博弈的纳什均衡小于帕累托最优的供给量,而当下游政府采取"以牙还牙"的承诺行动时,博弈均衡受到一定影响。在中央政府和地方政府的政策博弈中,地方政府执行中央流域治理政策的概率与中央政府的监管成本成反比,而与中央政府的处罚成正比。中央政府和地方政府的信号博弈模型表明,不同类型的地方政府倾向于发出同样的信号,以期获得中央政府相同的奖励。府际联盟博弈的 Shapley 值表明,地方政府在联盟博弈中获得的收益要大于中央政府。

有学者利用七大流域面板数据和湘江个案对跨行政区流域水污染的府际博弈进行

了实证分析,结果表明地方政府对环境执法有重要影响。面对地方政府的保护主义,中央政府的流域限批政策使地方政府面临巨大的压力,而不得不对本行政区的污染进行治理。但是,中央政府和地方政府在环境管理动力机制上的差异,以及在流域水污染治理上财权和事权的不明晰使流域水污染治理投资不足。湘江流域的个案分析同样证明了在跨行政区流域水污染中府际博弈的存在,中央和湖南省政府的重视,使湘江流域沿岸地方政府签订了治理目标责任书和环境协议,治理进入到合作化的轨道。

要改变博弈规则,使其有利于流域水污染治理摆脱目前的困境,需要构建系统的流域污染治理的责任制度、流域产权制度、流域生态补偿制度、政府绩效评估制度、环境公益诉讼制度。全社会系统治理制度的建立对于约束和激励博弈参与人的行为具有约束作用。要从完善流域水污染治理的制度设计和执行上入手,促进流域水环境的改善。

4. 水环境治理管理约束

(1)一些流域水环境治理设施管理滞后

总体来看,地方政府和社会层面在一些流域水环境治理过程中,对所需设施的投入与管理还存在许多不足。一方面是由流域内垃圾和城市污水处理不当造成的,另一方面是因企业对水环境治理设备的投入与管理不当引起的,尤其是这些设备在完工后却不能正常工作或是没有能够符合设计的理想功效。具体而言,流域水环境综合治理设施管理及运营效率较低存在以下几个方面原因。

第一是市场竞争机制缺失。现阶段我国在流域水环境治理的投融资方面,还缺少一个由企业或社会资本对流域水环境进行治理的市场竞争机制。长久以来,我国在流域水环境保护基础设施方面,具体是遵循由政府进行投资建设,企业或事业单位进行运营管理的模式,但是从制度上来看,这种模式具有排斥市场竞争和效率较低的缺点。

第二是对流域水环境治理设施的管理运营不当。目前我国在污水治理投资方面主要是使用固定资产投资模式,但是推动治理设施真正运转工作并达到良好治理效果的管理资金,在现有的投融资机制中并没有发挥其应有的作用,并且当前的经济环境、方针政策未能有效地激励企业为流域治理提供充裕的管理费用。虽然最近几年,政府和企业加快对一些水环境治理厂的建设,但依然存在对投资重视程度高、对管理运营重视程度低的现象。有些企业为了能够在最大限度上获得收益而让污水处理设施时转时停,虽然有环保执法部门的稽查和检验,但企业中污水处理设施开开停停的现象依旧十分严重。

第三是水环境治理的社会化程度偏低。在企业进行水污染治理的领域,大部分具有污染特征的企业均是自建自管,即由企业自己组建以及管理运营污水处理设施,很少甚至没有企业考虑过利用规模经济效应与社会化分工的作用,通过委托契约的途径让一些具有专业化污水处理设施的企业来实施污水治理。但在规模经济较弱的影响下,一些中小企业使用“自建自管治理设施”的离散式的治理方法也是造成投资效率不高的主要原因。而且我国环境保护服务行业的发展并没有跟上治理的步伐,也不能为企业工业水污染治理设施建设以及管理的高效实施运作给予较高的外部环境支持。

第四是水环境治理设施投资效率过低。在建设治理设施过程中,存在产品质量较差以及制作技术水平偏低的缺陷,使得治理设施不能实现预期的效果与效率,更严重的是建成以后某些设施根本不能正常使用,造成资金的浪费。还有一些污水治理项目未通过充足的验证就投入使用,导致管理运营的成本过高,治理技术不达标,最终使得这些设施根本不能够正常使用,投资治污资金不能起到应有的作用,过低的投资效率又加剧了投资流域治污的资金缺口。

（2）生态税收系统不健全

在对水环境进行治理的各项措施中,国家税收是最直接并且效果最好的途径。同其他国家已经形成的环保型税收体制相比,我国实行的税收体系还不能够完全体现出可持续发展的要求,没有彻底起到治理污染、保护环境的作用。特别是,我国目前实行的税收制度还未涉及与流域水环境治理相关的税种。缺少该项税种,导致水环境治理的社会成本不容易实现内部化,这就在一定程度上限制了税收在流域水环境治理方面调控作用的充分发挥,减少了对环境污染治理中实施环境保护措施的税收来源。另外,我国现阶段有关水环境治理的税收优惠政策,主要是以减免税的方式分散在各个税种中,虽然实施的税收优惠政策在合理利用资源和保护环境方面发挥了一定的积极作用,但该政策缺乏前瞻性和系统性,而且在生态环境不断恶化与税收优惠政策的设置之间还不能达到平衡关系,例如某些政策在保护一些部门和行业的收益时,并不能实现生态环境的有效治理。由此可知,我国目前实施的税收优惠政策,削弱了税收对环境保护和资源合理利用的支持力度,对我国环保事业的持续健康发展仍有较大提升空间。

5. 资金约束

水环境是多方污染、多方影响,而一方治理,责任溯源困难极大,造成治理责任主体的确认困难,责任主体的财政来源单一性问题,造成了水环境治理的资金约束问题。

此外,水资源是供大众使用和消费的准公共物品,其非竞争性和非排他性使消费者易产生"免费搭车"心理,造成其过度使用和破坏,增加了政府治水成本和财政负担;而长期以来水价值严重低估使得社会资本对其投资偏好不足,造成水环境治理和保护资金的供需矛盾加剧。水环境治理融资约束不仅体现为资本总额的严重不足,也反映了投资主体的结构不合理和利益冲突。据统计,我国的环保投资中政府资本超过60%,企业和社会资本占比仅为35%左右。2015年《关于推进水污染防治领域政府和社会资本合作的实施意见》颁布,强调将 PPP(Public-Private Partnership)应用于水环境综合治理。学者们就财政资本和社会资本的合作方式、运作模式、退出机制和风险防范陆续开展了一系列研究,提出应当建立多元化的投融资渠道(张浏,2014)。随着环境公害事件频发,水生态环境破坏加剧,单纯依靠政府财政供给远远不足。目前,水污染防治的资金主要来源于各级政府财政支持,包括预算内资金、更新改造资金、城建税和国债投资(张青,2016)。然而,社会公众无论是个人还是企业,都缺乏对水环境治理和保护的认识与参与,水环境治理和保护机制尚未健全。因此共生视阈概念的引入能够强化各个投资主体之间的对话与协作,推动投资主体多元化和融资模式的创新,既缓解政府资金的局限,又增强了社会公众对水资源的认知和保护意识。

水环境系统治理是一项兼具专业性和技术性的建设型项目，涉及水利、生态、市政等多个领域，其复杂性决定了水环境治理资金需求量大、占用时间长。

从投资结构上看，水污染防治与治理主要集中投资于城市污水处理、工业废水治理和其他环保投资项目。其中城市污水治理由于其公共物品属性，资本投入主要依靠地方财政、城市维护建设税和国债投资，同时适度引入 BOT、TOT、PPP 等模式。工业污染源治理按照"污染者付费"原则，将外部成本内部化，以污染企业承担治理费用为主，辅以排污费补助、政府其他补助、贷款及外资。当年完成环保验收项目中的废水治理投资主要以企业自筹为主，环保专项资金和预算内资金为辅。考虑到水环境治理涉及项目周期长、收益回报慢、技术要求高等特点，银行和其他金融机构对其资金投入较为谨慎，尤其是中小企业，普遍受到不同程度的融资约束和金融歧视。

由于流域水环境污染具有外部性特征，因此可以将流域水环境治理当做公共物品的供给，这是典型的公共财政问题，需要政府的干预。政府的财政政策是进行流域水环境治理的主要手段，它主要影响流域水环境治理的资金筹集、使用和分配等各个环节。但是我国流域水环境治理效果不佳，流域水环境治理资金不足及资金使用混乱，其主要原因是我国在流域水环境治理过程中的投融资方面存在问题。

主要表现在：

（1）融资渠道狭窄

从资金结构来看，流域水环境治理需要政府资本、民间资本和外来资本的共同支撑，然而就当前来看，政府财政资金、民间闲置资本和外来资本都没有发挥其应有的作用。具体来说，首先流域水环境治理的资金主要来源于我国的财政收入，而且生态环境建设项目所需要的绝大部分资金也是通过政府间接融资（贷款）和直接投入获得的，但是与政府的间接融资相比，政府直接投入所占比重较低，而且在政府财政收入预算中并没有专门用于水环境治理的资金，在水环境治理支出资金时仅仅挤占其他公共产品的供给比重，结果使得各级地方财政支出捉襟见肘，流域水环境治理也仅是治标不治本。其次，民间闲置资本市场还不够完善，资本市场准入机制与市场信息不对称成为民间资本进入流域水环境治理领域最主要的障碍，而且国家的财政投入还没有激活和吸引更多的社会资金，使得民间闲置资本没有得到充分利用。最后，外来资本的利用也存在较大的问题。由于水环境治理隶属于公共产品，因此可以利用规模较小且单一的外来资本，但是其数量极其有限。融资渠道狭窄产生的资金缺口直接影响地方政府和社会对流域水环境进行治理的步伐。

（2）资金投入运作效率偏低

尽管我国流域水环境治理的投资规模较大，但并没有很好地达到预期的治理效果。总体来看，其主要是由治理资金管理机制相对落后，资金有效性不足、引导力不强和资金运行效率低下造成的。首先，由于缺乏专业化的投融资机构以及市场化的投资经营机制，出现资金使用分散、融资渠道不畅通和管理资金缺乏可持续发展的后劲与活力的现象。其次，各项激励措施与政策不配套，不能形成一个完整的系统体系，许多已经成型的方针政策也未能得到落实，各级地方政府对流域水污染治理的积极性不强。最后，当前我国流域水环境治理工作仍旧是封闭式运作，缺乏公平、公正、公开的市场竞争环境，加上治理项目运作过程中约束机制和监督机制不完善，结果导致没有人愿意承担资金投资主体的所有责任，而且在治理资本回收和项目筹资等过程中也比较容易碰到障碍，这在一定范围内对投资收益的正常运作产生较大的不良影响，甚至可能会带来风险。

6. 体制机制供给约束

水环境治理工作体制机制有待完善。人、财、物的配置与当前水环境治理要求明显不相匹配，负有主要监管责任的水利和环保部门，其专门人手明显不足，且经费缺乏。

（1）部门协调问题未根本解决，运转有效的系统治理机制尚未形成

水环境治理是个典型的涉及多部门的事，在现有的水环境污染管理体制框架中，有环保、水利、发改、建设等数个部门参与，监督以环保部门为主。水环境治理工程实施时，受场地条件、地理空间限制，水环境工程用地与其他各类工程用地之间的冲突重重，相关部门对水环境工程的配套支持度均不是很积极，或非常消极。多部门协作本身并不是问题的根源，目前的问题是，以环保为主的这个作用没有充分发挥出来，部门冲突特别是环保部门与水利部门在流域水污染防治领域缺乏有效协作，已成为流域水污染治理面临的主要体制问题之一。水利和环保的部门冲突在水环境治理中有集中体现，涉及规划、水质监测、机构、水量调配和污染物总量控制、跨界污染管理监督、水污染纠纷调解处理等多个方面。在流域管理上，双重管理体制矛盾突出，如七大流域管理机构均设置了水资源保护局，名义上接受水利部和生态环境部的双重领导，但事实上是水利部派出机构的性质，这种机制一定程度上制约了流域机构在水污染防治方面的作用。从部分流域的管理实践来看，目前部门协调的难度要高于地区协调的难度。

（2）中央与地方在水污染治理上的权责划分和监管机制尚不健全

在中央和地方关于水环境治理的管理关系上，我国实行分级管理，即以行政区划为单位，各区域的环保部门承担主要的水环境治理监督职责，而上级环保部门的监督有时无法逾越当地政府的权威，如被国家生态环境部门责令关闭的企业却为当地政府默许。国家生态环境部对地方环境管理的监督尚无力打破地方保护主义。政绩考核指挥棒下，地方政府往往以经济发展作为优先考虑，对国务院制定和颁布的环境政策难以坚决落实到位。近几年来，国家生态环境部加大了对地方的监管力度，相继推出了"区域限批"和"流域限批"等强有力的行政惩罚手段。但从长期来看，需要建立健全全流域省界断面水质责任制和污染物总量控制排放责任制，使中央监督、管理和奖惩地方的标准明确、公开、公平，为地方的水环境治理工作提供稳定的预期和长期的激励。

（3）流域管理体制与区域管理体制结合不够

我国经济社会管理体制是按照行政单元划分的区域管理体制。流域管理有其自身的特点和规律，无论是水资源管理，还是水污染防治管理，都需要以流域为单元统筹规划和治理。新《水法》规定，水资源管理施行"流域管理与行政区域管理相结合"的管

理体制。我国目前的水污染防治管理体制是以行政区域管理为主的，流域水环境治理管理十分薄弱，在体制安排上存在较大缺陷。虽然《水污染防治法》也强调了水环境治理中流域管理的重要性，但实践中水环境治理主要是"以地方行政区域管理为中心"的分割管理。

（4）政策体系还不完善，手段还不尽协调

第一，流域水环境治理政策侧重末端治理，从源头预防的政策较少。排污收费、总量控制、排污许可证制度等都是针对污染物的末端治理。环境影响评价制度和"三同时"制度虽然是针对源头预防的，但其对象目前基本只涉及具体的建设项目。国家的重大计划、规划、产业政策中，预防水污染尚未成为政策制定时的主要考虑因素。第二，行政手段多，经济激励政策少。当前环境管理主要还是依靠命令控制型政策和行政手段，从"环评风暴"到"区域限批"，再到"流域限批"，虽然也有效果，但单纯依靠政府的行政手段来控制排污的做法已不能解决当前我国复杂的水污染问题，尤其是跨行政区域的流域污染问题，必须综合运用行政、价格、税收、财政、信贷、收费、保险等多种政策和手段。第三，有关政策手段之间不够协调。如水利部编制"水功能区划"，生态环境部编制"水环境功能区划"；对同一流域，水利部门制定水资源保护规划，环保部门制定污染防治规划，渔业部门制定渔业发展规划，交通部门制定水运规划，这些规划都与水污染防治相关，但有关规定却往往不协调。环保和城建部门在排污费和污水处理费上也还存在不协调的地方。第四，注重工业领域的水环境治理，城市水污染防治和农业面源污染治理领域的政策有待加强。农村面源污染防治的相关政策制定已严重滞后。

（5）适应市场经济体制的流域治理、地区协调与合作机制还不健全

源于长期历史影响，政府间关系主要是自上而下的治理结构，区域之间一直缺乏合作的传统。只是近些年来随着市场经济的发展和区域经济一体化的加快，跨区域的经济合作才有了一定的发展，而跨区域的环境合作才刚刚开始起步。目前的困境是，一方面中央政府还没有为跨区域的合作（包括环境合作）提供一套切实可行的制度框架，地区之间的合作缺乏制度依据，也缺乏有效的议事程序和争端解决方法；另一方面，现有的合作关系并不是建立在市场机制基础上的，导致流域内的地区合作缺乏动力机制。例如一些流域虽然建立了领导小组或者引入了联席会议，但关系松散，尚不能相互激励和约束。跨地区的水环境治理共建共享平台尚未建立，信息公开和通报制度不健全，不能确保流域各地区及时获得准确、必要的水量和水质信息。补偿机制是市场条件下实现跨行政区合作的重要制度安排，目前我国在跨行政区的补偿机制方面还十分薄弱。此外，流域水环境管理缺失的机制还有预警和应急管理制度、污染损害保险制度、下游地区要求上游地区采取措施的制度等。

（6）对污染排放的监管体制效力不高、执行不到位

排污企业的监管主体是地方政府。很多排污企业有法不依、超标排放，"违法成本低，守法成本高"，这些现象有法制不健全的原因，但根源是地方政府执法不力、监管不力。国家法律对水污染管理责任的划分，在《环境保护法》中有明确规定，如果各级地

方政府都能严格履行其法定的环境监管职责，重点流域的水环境形势不至于愈发严峻。现实中部分地方政府只顾眼前的经济利益，甚至与排污企业之间存在利益勾连，导致对企业的污染监管力度有限，对很多水污染违法事件往往大事化小、小事化了。地方环保部门在财政经费以及人事上对于地方政府都有很强的依附性，虽然有大量关于环境保护、企业排污、严格执法方面的规定，环保目标也只好让位于经济发展目标。目前治污的大部分环节由行政主体来承担，使得地方政府常常既是运动员又是裁判员，这也是导致监管失效的重要原因。此外，地方政府在促进当地产业结构调整方面的动力往往不足，而发展环境友好型产业是减缓水环境污染的根本途径之一。如果环保目标不能真正纳入地方政府的绩效考核范围，问责机制不能有效发挥作用，上述现象就很难从根本上改变。

7. 观念约束

在发展观念方面，过去存在"先污染、再治理"的观念，而目前越来越倡导在生产过程中即实现"环保无污染"，从源头上削弱或避免了对环境的不利影响，也避免后续为治理环境花费更大的成本。发展观念若不转变，则无法从根本上解决治理问题。此外，在治理观念上，要从传统治理观念转变为系统观念。在目前我国污染治理实践工作中存在许多敷衍应付、弄虚作假或者仅做表面功夫的现象，一些非常规的手段不仅违背系统观念，无益于水污染治理，而且使得日后被闲置的应急设施造成资金的巨大浪费。

第四节 非涉水关联系统与要素

本章前三小节主要介绍了水关联系统中的涉水关联系统，实际上水环境系统治理还包括非涉水关联系统，包括道路、供水、燃气、电力、电信等迁线改建或穿越工程系统与要素，本书第九章第三节关联工程中已对其中的路面恢复工程、市政管线改扩建工程等内容进行了介绍。

除了与水环境治理工程本身、空间相关联，非涉水关联系统内部的要素同样存在相互影响的关系。以其他供水、供能管网为例，它们与排水管网共同组成了复杂的市政管网系统。由于系统结构复杂、涉及多道工序衔接和多部门的沟通对接，城市管网系统在规划、施工和运维管理全生命周期都需要以系统性思想推进，尽量减小对其他关联要素的影响。例如在管网的施工环节，若对现场实际情况没有充分了解，对施工基本位置未进行有效标注，未结合前期报告的综合分析与相关部门和群众的沟通联系，则很可能严重降低施工效率，造成工程延误，而随之而来的就是对施工周围区域交通带来问题，如果没有合理的交通疏导措施，甚至会对整个城市的道路交通效率产生巨大影响。

参考文献

[1] 李广兵. 跨行政区水污染治理法律问题研究 [D]. 武汉大学，2014.

[2] 张礼卫. 深圳创新"十大体制机制"打赢水污染治理攻坚战[J]. 城乡建设，2020(3)：5.

[3] 张青. 我国地下水污染治理资金来源途径探讨——美国超级基金制度之启示[J]. 环境卫生工程，2016，24(2)：3.

[4] 张爱国，阚莉莉，李鑫，等. 基于利益相关者视角的再生水项目成本-效益评估模型及其应用[J]. 水电能源科学，2021，39(06)：136-139.

[5] 申振东，张扬. 水经济的探索与浅析[J]. 陕西水利，2021(09)：203-205.

[6] 付晓灵，翟子瑜. 水环境治理PPP项目利益主体行为的演化博弈研究[J]. 资源与产业，2021，23(03)：70-78.

[7] 赵领娣，赵志博，李莎莎. 白洋淀农业面源污染治理分析——基于政府与农户演化博弈模型[J]. 北京理工大学学报(社会科学版)，2020，22(03)：48-56.

[8] 许玲燕，杜建国，汪文丽. 农村水环境治理行动的演化博弈分析[J]. 中国人口·资源与环境，2017，27(05)：17-26.

[9] 张继平，彭馨茹，郑建明. 海洋环境排污收费的利益主体博弈分析[J]. 上海海洋大学学报，2016，25(06)：894-899.

[10] 张楚汉，王光谦. 我国水安全和水利科技热点与前沿[J]. 中国科学：技术科学，2015，45(10)：1007-1012.

[11] 杜焱强，苏时鹏，孙小霞. 农村水环境治理的非合作博弈均衡分析[J]. 资源开发与市场，2015，31(03)：321-326.

[12] 曲富国，孙宇飞. 基于政府间博弈的流域生态补偿机制研究[J]. 中国人口·资源与环境，2014，24(11)：83-88.

[13] 李正升. 跨行政区流域水污染冲突机理分析：政府间博弈竞争的视角[J]. 当代经济管理，2014，36(09)：1-4.

[14] 吕丹，李翔. 流域水环境综合治理投融资机制探究——以太湖流域水环境治理为例[J]. 大连海事大学学报：社会科学版，2012，11(6)：30-34.

[15] 易志斌. 地方政府竞争的博弈行为与流域水环境保护[J]. 经济问题，2011(01)：60-64.

[16] 毛春梅，陈苡慈，孙宗凤，等. 新时期水文化的内涵及其与水利文化的关系[J]. 水利经济，2011，29(4)：63-66.

[17] 钟锦，汪家权. 基于粒子群算法的水环境规划演化博弈分析[J]. 合肥工业大学学报(自然科学版)，2009，32(02)：155-158.

第六篇

茅洲河流域水环境系统治理的成效与经验

　　本篇对水环境系统治理的实践成效进行系统归纳，提出可推广可复制的系列建议，以便在水环境治理中少走弯路，提高水环境治理效率。

　　本篇的第十七、十八章将分别介绍这两部分的内容。

第十七章　茅洲河流域水环境系统治理成效及其评价

第一节　污染物排放控制

1. 国家层面

在全面控制水污染物排放方面,全国 97.8％的省级及以上工业集聚区建成污水集中处理设施并安装自动在线监控装置。加油站地下油罐防渗改造已完成 95.6％。地级及以上城市排查污水管网 6.9 万 km,消除污水管网空白区 1 000 多 km²。累计依法关闭或搬迁禁养区内畜禽养殖场（小区）26.3 万多个,完成了 18.8 万个村庄的农村环境综合整治。

2. 深圳市水环境系统治理成效

由于规划与城市超常规发展不同步,造成深圳市水环境基础设施历史欠账多。到 2015 年,全市污水管网缺口达 5 938 km,雨污不分的小区、城中村超过 1.2 万个,污水收集处理能力与实际需求严重不匹配,污水处理能力缺口达 143 万 t/d。全市 310 条河流中有 159 个黑臭水体,在 36 个重点城市中数量最多,此外,还分布着 1 467 个小微黑臭水体。水污染问题成为当时深圳面临的最突出环境问题,是高质量全面建成小康社会的最大短板。

面对深圳水环境基础设施缺口大的巨大压力,按照传统的治水模式和手段,要补齐这些历史欠账,至少需要 15—20 年的时间,远远无法满足中央和省的有关要求和人民群众对优美生态环境的期待。要想在短期内解决深圳水污染问题,必须大胆打破条条框框的束缚,发扬敢闯敢试、敢为人先的特区精神,以体制机制创新作为突破口,全面动员政府和社会各界的力量,采取超常规的力度和举措推进水污染治理。2016 年初,深圳把水污染治理作为重要的政治任务、最大的民生工程,以壮士断腕的决心、背水一战的勇气、攻城拔寨的拼劲,举全市之力打响了一场轰轰烈烈的水污染治理攻坚战。

经过不懈努力,深圳水环境取得历史性、整体性、突破性进展。主要河流水质明显改善,全省污染最严重的茅洲河提前一年两个月于 2019 年 11 月达到地表水 V 类,深圳河稳定达到 V 类,观澜河、坪山河达到 IV 类,龙岗河于 2019 年 12 月达到 V 类。全市 159 个黑臭水体、1 467 个小微黑臭水体全部实现不黑不臭。深圳水污染治理成效得到中央和广东省的充分肯定,2019 年被国务院办公厅评为重点流域水环境质量改善明显的 5 个城市之一,并成为国家黑臭水体治理示范城市。茅洲河治理成效被录入中央电视台节目——《共和国发展成就巡礼》《美丽中国》,成为体现"绿水青山就是金山银山"的生动样板。2019 年 11 月 7 日,广东省委相关领导再次调研茅洲河,对深圳市水污染治理,特别是茅洲河流域治理取得的成效给予了充分肯定。治理后的茅洲河流域见图 17-1。

作为高密度建设的超大型城市,深圳较早遇到了发展经济和保护环境的统筹协调问题。在党的坚强领导下,深圳充分利用集中力量办大事的制度优势,通过创新水污染治理体制机制,用 4 年时间补齐 40 年的治污基础设施历史欠账,推动水环境迎来历史性转折。深圳的治水实践,为国内其他城市破解水环境容量紧约束,走出一条生态优先、绿色发展的高质量发展新路提供了可复制、可推广的经验。同时,对于其他重点领域和重点事项,如何统筹调度各方力量,统一思想、坚定信心、压实责任,集中优势资源攻坚突破,具有积极的借鉴意义。

图 17-1　茅洲河流域

第二节　水质改善成效

茅洲河治理 4 年补齐 40 年历史欠账。全流域四年来累计改造污水管网 2 392 km,完成小区、城中村正本清源改造 2 343 个,拆迁面积超 50 万 m^2(其中宝安区完成拆迁 35.4 万 m^2),建成集中式污水处理设施 7 座,建成底泥处理厂 3 座。

茅洲河 2014—2021 年水质变化情况见表 17-1。经过深莞两市 4 年来的系统治理,2019 年 11 月起,茅洲河水质达地表水 V 类,达到 1992 年来最好水平,全流域黑臭水体全部消除(表 17-1)。

表 17-1 茅洲河水质变化数据（2014—2021 年）

时间	黑臭标准	氨氮				总磷			
		Ⅴ类水标准	共和村断面	洋涌大桥断面	燕川断面	Ⅴ类水标准	共和村断面	洋涌大桥断面	燕川断面
2014 年	8.00	2.00	24	15.86	19.41	0.40	3.18	3.06	3.7
2015 年	8.00	2.00	22.8	13.09	14.43	0.40	3.25	2.67	2.86
2016 年	8.00	2.00	20.6	12.79	12.75	0.40	3.14	2.76	2.56
2017 年	8.00	2.00	7.63	7.70	7.63	0.40	1.57	1.36	1.23
2018 年	8.00	2.00	6.50	3.54	3.86	0.40	1.08	0.62	0.77
2019 年 11 月	8.00	2.00	1.06	0.76	0.39	0.40	0.32	0.19	0.16
2019 年 12 月	8.00	2.00	0.75	0.58	0.50	0.40	0.36	0.23	0.17
2019 年	8.00	2.00	1.82	0.94	0.89	0.40	0.33	0.21	0.20
2020 年	8.00	2.00	1.16	0.87	0.84	0.40	0.26	0.23	0.19
2021 年	8.00	2.00	0.66	0.82	0.74	0.40	0.26	0.19	0.18

1. 实现"零干河、零黑臭"

宝安区 61 条黑臭水体稳定达到"零干河、零黑臭"目标，43 条基本达到或优于地表水Ⅴ类水标准。其中，达到地表水Ⅱ类 4 条；达到地表水Ⅲ类 8 条；达到地表水Ⅳ类 14 条；达到地表水Ⅴ类 17 条；其余 18 条稳定消除黑臭（图 17-2）。

新圳河

沙井河

老虎坑水

灶下涌

新桥河

西乡河

图 17-2　治理成效

2. 茅洲河断面水质持续改善

国省考断面已达到地表水 V 类水标准。

共和村国考断面 2019 年氨氮、总磷平均浓度同比分别下降 44.8％、43.1％,2019 年 11 月以来首次达到地表水 V 类水标准。

茅洲河共和村断面溶解氧、COD、氨氮、总磷浓度变化见图 17-3 至图 17-6。

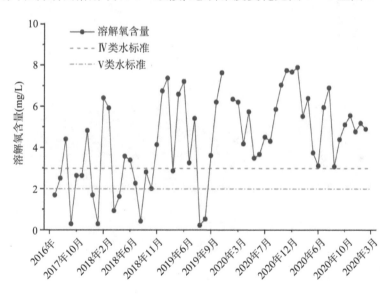

图 17-3　共和村断面 2016—2021 年水体溶解氧含量变化

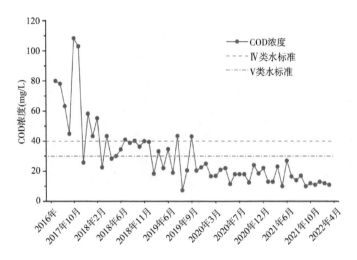

图 17-4　共和村断面 2016—2021 年水体 COD 浓度变化

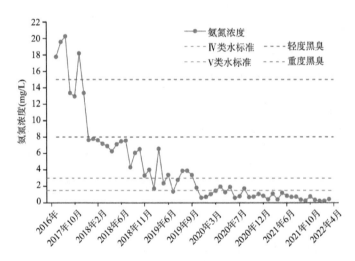

图 17-5　共和村断面 2016—2021 年水体氨氮浓度变化

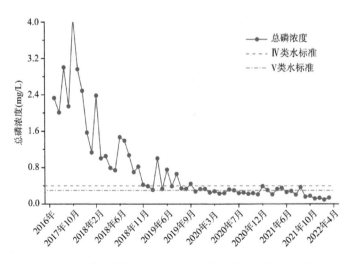

图 17-6　共和村断面 2016—2021 年水体总磷浓度变化

2019年,燕川及洋涌大桥断面氨氮、总磷指标均已稳定达到地表水V类水标准(图17-7)。

图17-7　水质改善后的茅洲河断面景观

10条一级支流达地表水V类水标准,茅洲河支流已稳定消除黑臭(图17-8)。

图17-8　水质变清后的水上运动

2018以来,深圳市宝安区连续两年在茅洲河燕罗湿地附近河段举行了龙舟邀请赛,各参赛队伍同台竞技,共同见证鱼翔浅底、百舸争流的美景。

第三节　生态修复初见成效

1. 公园湿地有增加

宝安区建成湿地公园 5 座：燕罗湿地公园、万丰湖湿地公园、定岗湖湿地公园、潭头河湿地公园、排涝河湿地公园（图 17-9）。

建成滨河公园 2 座：铁排河平峦山公园、童年广场公园。

宝安区燕罗湿地公园　　　　　　　　　宝安区定岗湖湿地公园

图 17-9　茅洲河湿地公园景观

重点对"三面光"河流进行生态修复（图 17-10）。

白沙坑　　　　　　　　　　　　　　宏岗

西田水　　　　　　　　　　　　　　细陂河

图 17-10　修复后的河岸

2. 形成深圳北部多条碧道

从试验段到分阶段分期实施建成了多条碧道——安全的行洪通道、健康的生态廊道、秀美的休闲漫道、独特的文化驿道、绿色的产业链道等。

3. 破旧立新、改天换地

(1) 水环境质量显著改善

茅洲河全河段平均综合污染指数逐年下降，从历年峰值 2.72（2010 年）降低到 0.2（2019 年 1 月—10 月），2019 年 11 月提前达到地表 V 类水目标。流域内（深圳侧）已完成近 125 km 的河道景观提升修复，建成湿地公园 5 座，昔日的"垃圾河"和"黑臭河"变成"景观河"和"风景带"。

(2) 群众获得感明显增强

曾经的"黑臭河"，如今清流潺潺、岸绿景美。河流沿岸的亲水公园、滨河步道，成为市民休闲娱乐健身的好去处，龙舟竞渡的民俗得以恢复，老百姓重新找回了儿时的记忆。河流旧貌换新颜，不仅治出了秀水美景，更治出了百姓口碑。群众爱水护水积极性高涨，干群关系因治水而变得更加紧密，涌现出了一大批治水先进和模范典型。

第四节　污水处理系统实现"三升一降"

1. 污水处理厂进水浓度大幅提升（图 17-11）

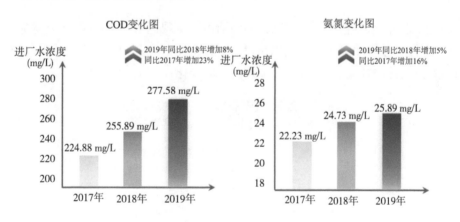

图 17-11　进厂水浓度变化图

2. 日均污水处理量大幅提升（图 17-12）

3. 各污水处理厂出水水质不断提升

6 座污水处理厂（站）出水水质达地表水准 Ⅳ 类水，2 座厂（站）出水水质达地表 V 类水，4 座厂（站）正在提标改造。

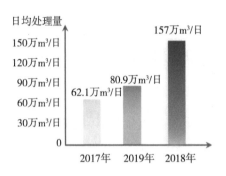

图 17-12　日均污水处理量变化图

4. 污水处理系统水位下降

实现低水位运行,污水处理厂前池液位已常态接近设计液位,干管、次干管水位下降(图 17-13),基本消除满管运行状况,检查井中水位普遍下降,管口显露,逐步消除入涵污水、截污总口污水。

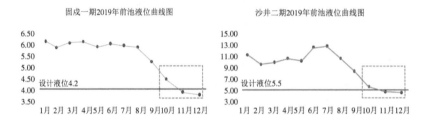

图 17-13　污水厂前池液位变化图

全面推进小微水体整治,反复开展"溯源纳污",实现污水不进明渠,也不进暗涵及支汊流(图 17-14);409 个排水渠涵消除黑臭,入涵污水量削减 90%以上;暗涵重新成为清水通道,不再与污水"同流合污"进厂,呈现明显的变化。

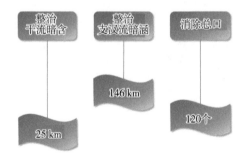

图 17-14　分流整治

5. 基本实现全境范围内完整意义的雨污分流

通过实施建管纳污、正本清源、溯源纳污等措施,全区污水基本实现源头截污,全程分流。污水入河现象基本消除,外水入污问题逐渐削减。

第五节 产业升级环境提质展现茅洲河无限前景

1. 经济加速转型升级

治水倒逼产业升级、重塑经济结构。茅洲河在大破大立中推进"腾笼换鸟、凤凰涅槃"。宝安区、光明区产业迈向中高端水平,经济迈上中高速发展轨道。四年来,茅洲河流域(深圳侧)共整治"散乱污"企业 4 299 家,淘汰重污染企业 77 家,2018 年宝安区高新技术产业和战略性新兴产业增加值分别增长 8.25% 和 6.1%。流域的经济产业正朝形态更高级、结构更合理、质量效益更好的方向转变。以治水为先导,优化生态本底,塑造优美环境,增强对绿色高能级产业及高素质人群的吸引力,促进产业升级与人口结构优化。

通过治城提升城市服务功能,以公共空间布局还水于民,提升城市活力,促进流域土地与空间价值激发,释放环境红利。

以治产、治城反哺治水(三治),转变生产与生活方式,生态、生产、生活(三生)相协调,从源头上杜绝污染,巩固治水成效,实现标本兼治,长治久清(图 17-15)。

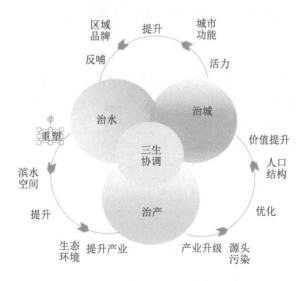

图 17-15 三治与三生协调示意图

2. 展现无限生机承担新三大重任

茅洲河流域在深圳版图上一度成为低端产业梯度转移承接地、城市空间边缘区、环境污染的代名词。在新时代的战略格局变迁中,茅洲河将承担起新的三大重任。

新重任一:深圳市推进生态文明、建设美丽深圳的核心综合载体。

优化生态环境是深圳建成更高质量的民生幸福城市和现代化国际化创新型城市的

最紧迫任务,茅洲河碧道建设是当前的关键突破口,必将成为深圳市推进生态文明、建设美丽深圳的核心综合载体。

新重任二:承接港深创新资源外溢,推动特区一体化的重要空间载体。

茅洲河流域将通过生态环境改善和城市服务功能提升,承接港深科技高端要素的转移,伴随产业升级形成"环境＋产业＋科创"的新载体;茅洲河将成为深圳"大特区"的新增长极,加快推动原特区内外一体化。

新重任三:提升宝安、光明两区在深圳市战略位势的关键平台。

宝安、光明两区在深圳市域面临激烈的区域竞争,全市 17 个重点发展区中,宝安和光明各自仅有一个。宝安除了空港城、光明除了凤凰城外,均需要谋划新的战略空间,提升区域发展能级和位势,而茅洲河流域是最具潜力的关键平台。

3. 成就未来——深圳西部中心与流域生态新城

充分发挥门户区位优势,以茅洲河碧道建设为契机,积极发展休闲游憩、商务商贸、公共交往、生态居住等城市服务功能,导入科研院所等创新平台与资源,强化重大基础设施建设,打造深圳城市"向湾发展"的西部中心与流域生态新城。

4. 国家可持续发展示范先行区

围绕联合国 2030 年可持续发展议程和《中国落实 2030 年可持续发展议程国别方案》,以创新引领超大型城市可持续发展,通过茅洲河流域"河道＋产业＋城市"综合治理与开发,以环境治理创新,体制机制创新等成为深圳建设"国家可持续发展议程创新示范区"的先行区。

5. 大湾区绿色产业创新中心

把握大湾区重塑区域空间格局的重大机遇,依托广深科创走廊,通过碧道美化生态,汇聚科技研发,创新服务、智能制造、节能环保等绿色高能产业资源,加快流域产业升级和城市转型,打造广深科创走廊的重要产业创新节点,成为粤港澳大湾区具有全球影响力的绿色产业创新中心。

第六节　水环境系统治理经验总结与推广

2016 年,茅洲河流域水环境治理项目全面启动,茅洲河流域水环境治理项目是广东省挂牌督办项目和广东省及深圳市"治水提质"重点项目,一场声势浩大的治水行动逐步展开。茅洲河流域水环境治理项目投资规模大、时间紧、任务重、战线长、局面杂、工序难、协调多、要求高、监督严、社会关注度高,是一项复杂的、艰巨的、庞大的系统工程。中国电建在深圳茅洲河流域治理实践中,探路先行,采用创新思维深入分析城市水环境治理工程,以"水环境、水生态、水资源、水安全、水文化、水经济"六位一体的全局观念统领治水工作,作为深圳治水骨干力量,坚持"流域统筹,系统治理",探索走出了一条"地方政府＋大央企＋大EPC＋大兵团作战"的城市高密度建成区治水之路。茅洲河流域水环境治理是一项复杂的系统工程,是对水环境治理不断认识、不断实践的过程。通过实践—认识—再实践—再认识的螺旋式上升过程,实现认识与实践的有机结合,实施理念创新先行、技术创新引领、模式创新拓展,走出一条中国电建特色的水环境系统治理之路,全方位赋能企业从数字化向智能化升级,推动水环境治理行业发展。

在无类似污染严重的流域水环境治理成功经验可借鉴的情况下,中国电建面对水环境治理行业技术体系尚未形成和管理模式已不能满足当前水环境治理需要的现状,通过"实践—认识—再实践—再认识"过程,坚持一切从茅洲河的实际出发,深入剖析治理的痛点和盲点,坚持理念创新和模式创新,走出了一条适合茅洲河治理的道路。通过茅洲河水环境治理实践,不断提高水环境治理认识水平和高度,在实践的基础上形成了一套水环境治理理论,坚持"流域统筹、系统治理"理念,坚持"规划先行"和"技术引领"思路,采用"政府＋大央企＋大EPC"的城市水环境整治组织治理模式,着眼于解决水环境治理中的系统性、根本性问题,提供一揽子城市水环境治理方案;构建了具有先进性和竞争优势的"六大技术系统",提出"五条实施路线(治理思路)",形成"五大技术指南"(见第八章第四节),完善了水环境治理治理技术体系和技术标准体系;发布实施了一批技术标准、定额、工法、专利、作业手册,有效地指导了水环境治理工程实践活动的开展,奠定了企业在水环境治理领域的技术优势。

茅洲河流域水环境治理过程是中电建对水环境治理行业不断认识、不断实践的过程,经历了从感性认识到理性认识,再从理性认识到形成中电建特色的水环境治理理论的过程,并在不断的实践中发展我们的认识。通过茅洲河流域水环境治理工程实践,形成了一套可复制可推广的成功经验,茅洲河工程顺利通过国家大考,治理经验推广到全国各地,得到了政府的广泛认可和一致信任。依靠先进的治水理念和模式,中标石马河流域水环境综合整治、龙岗龙观两河流域消除黑臭及河流水质保障项目,广州市白云、天河、黄浦以及珠海市、西安市、合肥市、雄安新区等多个区域多个黑臭水体治理项目(详见表17-2)。公司在水环境治理领域取得了市场优势、丰富的工作经验,治理成效显著,多次获得各级政府的好评,目前广深两地水环境总体情况大为好转,为多地治水提质行动贡献了电建智慧和力量。

表17-2　中电建生态环境集团有限公司承担的河流水体治理项目表

序号	流域地区	河流/支流名称
1	广东省深圳市宝安区/光明区 东莞市长安镇	茅洲河干流及支流
2	广东省深圳市宝安区	石岩河干流及支流:水田支流、石龙仔河
3	广东省深圳市宝安区	宝安区珠江河口多条河涌
4	广东省深圳市龙岗区	观澜河干流及主要支流
5	广东省深圳市龙岗区	龙岗河干流及主要支流

序号	流域地区	河流/支流名称
6	广东省深圳市龙岗区	深圳河干流及支流：甘坑河、白坭坑排水渠、东深渠
7	广东省深圳市龙岗区	布吉河干流及焦坑水支流
8	广东省深圳市龙岗区	沙湾河、李朗河、简坑河、白泥坑沟、东深供水渠、塘径水、水径水、水径水左支沟、鸭麻窝排洪沟、蕉坑水、甘坑水、大芬水、莲花水、布吉河
9	广东省深圳市福田区、罗湖区、南山区	福田河、布吉河、深圳水库排洪河、皇岗河、笔架山河、新洲河、大沙河、凤塘河
10	广东省深圳市深汕特别合作区	泗马岭河干流及支流：大水坑水支流、新乡水支流、罟寮河支流
11	广东省深圳市深汕特别合作区	赤石河
12	广东省珠海市香洲区	前山河干流及大部分支流
13	广东省珠海市香洲区	凤凰排洪渠干流及支流：沿河路支渠、神前排洪渠、中大排洪渠
14	广东省广州市天河区	车陂涌干流及大部分支流
15	广东省广州市天河区	棠下涌干流及大唐支涌
16	广东省广州市天河区	程界东涌、广深铁路合流渠箱、五山路合流渠箱
17	广东省广州市白云区、荔湾区、越秀区	驷马涌
18	广东省广州市黄埔区	广东省广州市黄埔区主要河涌
19	广东省广州市白云区	广东省广州市黄白云区主要河涌
20	广东省东莞市	石马河干流及支流
21	广东省佛山市顺德区	顺德区七大联围内河网河涌干支流
22	广东省佛山市南海区	广东省佛山市南海区主要河涌
23	广东省汕尾市城区	奎山河、后径排洪渠
24	河北省保定市涿州市	北拒马河干流及支流：南支、北支1、北支2
25	安徽省合肥市包河区	十五里河干流及支流：许小河、圩西河、塘西河
26	安徽省合肥市肥东县	南淝河
27	江苏省南京市鼓楼区	金川河
28	浙江省温州市海经区	九村河、瓯锦河、北单仟河、灵南河、官河港河、灵昆河、上头塘河、棋盘河、叶先河、民胜河、直河、王相东河
29	江西省南昌市红谷滩区	赣江及前湖干流
30	江西省鹰潭市月湖区	信江河

序号	流域地区	河流/支流名称
31	江西省鹰潭市贵溪市	罗塘河
32	江西省南昌市红谷滩区	乌沙河
33	江西省鹰潭市贵溪市	罗塘河
34	江西省南昌市青云谱区	玉带河
35	湖南省长沙市望城区	湘江
36	四川省成都市新都区	毗河
37	四川省德阳市旌阳区	石亭江
38	重庆市石柱县西沱镇	跳蹬河
39	陕西省咸阳市泾阳县	泾河
40	陕西省西安市长安区	皂河
41	陕西省西安市蓝田县	灞河
42	河北雄安新区安新县	府河

参考文献

[1] 楼少华,唐颖栋,陶明,等.深圳市茅洲河流域水环境综合治理方法与实践[J].中国给水排水,2020,36(10):1-6.

[2] 牟旭方.生态导向下的滨水地区城市更新[D].大连:大连理工大学,2019.

第十八章　水环境系统治理的对策建议

系统治理事业的发展还需要理论技术与工程积淀。要重视客户需求的系统性理解与分析，进行多层次、关联性、动态性、结构化分析，进行整体与局部、短期与长期、个性与从众、企业与社会、不同企业等的分析。本章节以茅洲河治理实践为案例，并主要以深圳市及深圳市宝安区治理管理经验为基础，分析水环境系统治理的对策和建议（注：本章节中的主要统计数据，多数截止于 2019 年底，文中不再一一说明）。

第一节　工程管理与管理工程

系统治理的管理系统中应包含内容系统、生命周期系统、设计施工一体化系统、知识系统、标准系统等有别于项目管理模块的内容。

1. 采用设计施工一体化的大型 EPC 总承包管理体系

（1）实施模式

水环境治理涉及面广、工程范围易变，不同的施工方案，对投资、功能结果影响很大，采用设计施工一体化模式有利于工程决策与管理，减少工程建设风险，提升工程总体建设效率，对于水质稳定达标具有良好的保障。

当前各地区开展水环境治理工程模式不尽相同，其中主要为 EPC 总承包模式及 PC（采购、施工）建设与设计分离模式。结合当前实际实施效果分析，采用 EPC 模式的优势较为明显：

①满足水质考核目标：水环境治理工程相较于其他工程建设项目的一个主要特点是，不仅要完成工程建设任务，更加要确保在工程建设完工后，断面水质能够满足考核要求。随着我国关于生态环境建设的标准越来越高，部分地区已经提出未来地表水质稳定达到Ⅳ类甚至Ⅲ类水质要求，而且对于建设周期要求很短，往往需要快速建成并且达标，这就需要设计单位同施工单位之间更加紧密地配合。

设计单位由于前期调研、管网排查等工作深度不够，对于现场情况掌握往往不够详实，施工单位开展现场施工过程中，在总牵头单位统筹谋划下，也将会对管线现状及水环境现状进行更为详实的排查。施工方需要及时将排查的最新情况及时反馈设计方，再结合水质动态监测/检测成果，设计方不断分析论证，以确保方案及时完善，最终达到考核目标。只有设计、施工单位之间合理衔接，才能更好、更快地完成方案及建设任务。因此采用EPC总承包模式，由总承包单位统筹协调设计与施工，可以减少建设单位工作量，同时有效整合策划、设计、施工、监测/检测力量，更加快速、高效完成建设任务并达到考核目标。

要做好设计与施工单位之间无缝衔接，茅洲河模式应运而生。即"以一个专业技术平台公司为引领（实施策划和统筹与监测和检测）、带一个专业综甲设计院为龙头（实施具体设计）、集十多家专业施工成员企业为骨干（实施施工和现场管理）、会数十家专业地方合作企业为集群，形成大兵团作战（管理大兵团、技术大兵团、人员大兵团、资金大兵团），认真履约，坚持高质量，高标准建设"。——中电建生态环境集团有限公司茅洲河水环境治理实践总结。

②有效实现水质目标兜底，减少相互推诿扯皮现象：地表水质考核达标，污水处理提质增效已成为当前各级政府水环境治理工作面临的重要任务。然而许多地区在开展水环境治理工程建设中，投入大量政府资金，最终并未见效，水体未能实现长治久清的目标，排水系统运行效率依旧偏低等等。造成上述问题的原因往往难以溯源，可能因为设计方案不尽完善，没有统筹解决"岸上岸下"问题，也可能由于施工治理原因，管网仍未实现同类管网互联互通、织网成片，不同类管网间不错接不混接，谁来为水质考核达标兜底负责，难以决断。采用EPC模式，作为总承包单位采用系统方法，以水质达标为目标开展方案策划和设计，并且确保施工过程中的质量控制，可以对水质考核目标进行兜底分析或全程负责。为了更好地解决工程建设与投入运营之间的衔接以及运营能力不足、运营责任不清等问题，部分地区还采用了EPC+O的模式，在工程建设后，由总包单位对建设工程全面运维管理，取得良好的实施效果。

③EPC+大央企的治理模式经验：一些大型流域水环境治理工程项目，往往具有投资规模大、时间紧、任务重、战线长、局面杂、工序难、协调多、要求高、监督严、社会关注度高等特点，是一项复杂的、艰巨的、庞大的系统工程。可以采用以地方政府为主导、以优势专业企业统筹引领、以优秀设计为龙头、以大型施工央企为保障的"政府＋大央企＋大EPC"的城市水环境综合整治，即系统治理模式，按"流域统筹、系统治理"实施水环境综合整治项目。大型央企具有经营规模大、资金实力强、人员总量大、技术团队完整、技术体系规范、管理正规化等多种优势，可以在短时间内快速调集各种各方力量，协同勘察设计科研、施工装备和监测检测等各种资源开展工作。

以深圳市茅洲河水环境治理项目为例，在建设过程中，中国电力建设集团以集团化优势协同推进，发挥规划、设计、施工、装备、科研、监测、检测、管理协调一体化优势，站在流域全局，立足综合统筹，着力系统治理，实施全方位、全过程统一管理。以目标为引领协同实施，将流域综合整治系统化为一个整体项目，涉及的深圳光明、深圳宝安、东莞长安镇三地各自系统化为相对独立的区域子系统，把不同河道、不同河段、不同区域管网等系统化为独立的作战单元，在时间紧、任务重、战线长、作战点多的复杂局面下，挂图作战，明确相应的责任主体和管控体系，统筹设计、施工管理，动态监测水质，统一行动步骤，推动"六大技术""五条路线""五大技术指南"的协同推进。在"大兵团作战"模式实施过程中，中国电建20多家设计、施工、科研、装备、检测企业的3 000多名管理人员和累计组织近30 000名施工人员，跑步进场，快速打响攻坚战，并顺利按要求完成治理任务，考核断面（国家考核断面）水质稳定达到地表Ⅴ类水质及以上，部分时段可达Ⅳ类甚至Ⅲ类水质，取得良好的治理效果。

（2）交易结构

水环境系统治理，不仅涉及水环境治理，还包括水关联工程、非涉水工程，涉及项目类型较多，大部分属于公益类项目，如排水管网建设、水利设施建设（包括河道、堤防、泵站、闸坝等）；少部分具有一定的经营性，属于政府补贴经营类项目，如污水处理厂建设等。目前采用的建设模式主要包含EPC、EPC＋O、PPP、投资人＋EPC等，各地区根据自身情况不同可以采用不同的建设组织模式，不同建设模式会产生不同的交易结构。

①EPC模式：采用EPC建设模式的交易结构较为简单，项目建设单位通过招投标的方式选定EPC总承包单位，并且签订总承包合同，根据项目总体建设进度及完成情况，建设单位向总承包方支付工程进度结算款项。

②EPC＋O模式：该种模式较EPC模式增加运维服务，在工程建设完工后，转入运维阶段，根据签订合同的要求，由总承包单位成立运维机构，负责项目的后期运维管养，建设单位根据合同要求支付相关的运维费用。

③PPP模式：当采用社会资本参与地方水环境以及生态环境建设相关工作时，通常采用PPP模式或投资人＋EPC模式。一种方式为社会资本同政府合作，政府通过招投标等公开竞争形式，授权社会资本方参与某一个或者多个项目的投资、建设和运营，并由社会资本方通过运营收益收回投资，以及政府可能给予必要的财政支持。另一种方式为社会资本同地方国企合作，由政府授权地方国企进行项目立项，地方国企再通过招投标的形式确定合适的社会资本方合作。

该种模式的主要交易结构为：地方政府授权当地国有企业作为项目开发主体，地方国企通过招投标形式选定社会资本方，双方共同成立项目公司，由社会资本方（或与地方国有企业合资成立项目公司）对项目进行投资、建设和运营，并由地方国有企业给予每年固定收益的回报。

2. 构建水环境系统治理全过程信息化管理模式

基于"流域统筹，系统治理"开展水环境系统治理工作，往往涉及众多工程子项，几十个独立子项可能平行开工，点多面广，管控难度十分巨大。利用大数据、云平台等信息化手段，构建智慧化的管控平台，能够对工程进行高效管控。目前关于工程建设类项目管理平台多为支撑项目施工、运营、与业主沟通等单个管理平台，服务与水环境系统治理的管控平台，需要整合为综合性平台，才能够更有效解决工程范围广，技术复杂，涉及单位多，工程的安全、质量、进度等综合管控难度大等难题。

水环境治理综合管控信息化管控平台可以将二维数据、三维数据（包括倾斜摄影、精细模型、地面模型）、视频数据、检测监测数据等一体化整合，通过地理信息大数据挖掘工具，对地理信息类数据进行抽取（Extract）、清洗（Cleaning）、转换（Transform）、装载

(Load)的全流程处理,再将空间数据和非空间数据进行融合,与时空数据进行无缝衔接。以实现"信息采集自动化、传输网络化、管理数字化、决策科学化"的目标。

基于GIS空间技术、二三维可视化技术,利用高分辨率影像、三维仿真系统,搭建水环境治理工程管控虚拟平台,进行虚拟建造,对规划预期效果模拟展示,工程施工进度实时推演,现场施工安全监控,水环境实时监测与预警,施工人员设备网格化、精细化综合管理,对各类施工数据精确统计,为领导的决策提供准确的依据;实时监控现场施工安全,获取工程施工进度数据动态演练模拟,辅助工程项目的管理人员和决策者完成规划、决策和检查,其核心是辅助对施工项目目标的控制管理。实时监测与预警水环境变化情况,为政府防汛减灾提供服务的建设要求,实现虚拟与实体映射的数字孪生。

（1）基于GIS的二三维一体化施工进度展示

利用河道管网的二三维模型和数字高程模型,建立三维场景,叠加河道、管网、管井、各种注记,并对接数据中心项目管理系统工程进度等属性数据,实现对施工区域工程现状及进度的浏览,从而更真实、详细地描述施工区域的工程分布、施工进度情况,并且在三维场景中实现项目、管井的查询、定位、统计等功能。

（2）基于GIS的移动式智慧视频监控系统

基于GIS的视频监控展示是以地理信息为载体,依托空间位置分布以及按工程标段分层组织,结合视频监控系统提供移动在线监控预览接口来实现的在线移动可视化视频监控。

（3）基于GIS的水情水质实时监测预警

基于GIS的水情水质监测信息展示主要是对水情水质监测预报系统中GIS部分的功能开发与技术支持,为水情监测系统提供基础地图服务支撑;通过数据交换,完成水情监测点位的实际坐标位置采集与上图利用数据交换中心,自动将新布设的水情监测点上传,进行数据智能分析。

（4）基于GIS的施工现场网格化管理

施工网格化管理主要实现对施工现场车辆设备追踪管理、施工管理人员及施工工人信息进行精细化网格管理。施工车辆设备安装GPS定位设备,管理人员通过手持移动终端等进行位置信息采集,主要功能包括人员、车辆设备等实时的定位监控与历史轨迹回放等功能,实时统计施工现场人员的上下岗记录、工种、工人技术等级等记录。数据可以导出供工程管理部门进行深入的数据分析与决策。

第二节　体制机制

1. 水环境治理工程建设体制机制

（1）明确具体的主管单位

水环境治理工作涉及行业门类众多,主要涉及生态环境、水利、财政、住建等部门。

目前市政排水管网及污水处理厂多为城建部门管理,涉及河道及水利设施多为水利水务部门管理,而路面恢复等交通设施多为交通部门管理,关于水质达标考核监督则涉及生态环境部门。管理部门众多为工程实施过程中的沟通协调增加了大量工作,也存在部分工作相互推诿无人管理的情况。因此,基于"流域统筹、系统治理",开展水环境治理工程,需要有当地政府明确具体的部门,或者成立专门的组织机构来负责工程的日常管理、审查、考核、监督、协调等工作。

（2）建立水环境治理标准体系

由于水环境治理工程涉及行业众多,不同行业所执行的涉及标准不尽相同,这也为工程规划设计文件的编制与审查带来了一定困难。建议针对水环境治理工作建立自成一体的技术标准体系,要管理、技术、经济、方法兼顾,特别要规范前期及运维阶段的标准系统,以便于简化工程设计与审查、交付与运维过程。

2. 建议采用由专业平台公司牵头的 EPC 总承包的建设模式

采用由专业平台公司牵头的 EPC 总承包模式可以有效提升设计施工之间的沟通效率,有效克服设计、采购、施工相互制约和相互脱节的矛盾,从各类工程实施结果来分析,精施工、懂设计的管理团队,有利于设计、采购、施工各阶段工作的合理衔接,有效地实现工程建设的进度、成本和质量控制符合建设工程承包合同约定。同时责任主体单一,对于水质考核达标的责任主体清晰。

3. 水环境治理工程运营体制机制

维护管理是保证城市水环境治理效果,确保各类系统正常运作、发挥效能,进而保障城市建设可持续发展的重要环节。水环境系统治理涉及到的市政工程主要包括:雨污排水管网、污水处理厂、调蓄设施;水利工程主要包括:泵站、闸坝、河道工程、堤防工程等。

（1）排水管网运营维护

排水管网的运行效率是城市地表水体质量的重要影响因素,随着管网使用年代的增加,管道破损、堵塞、污泥淤积等问题也日益凸显,排水系统的运行效率也逐年降低。有研究发现当管道沉积物深度占管道直径比达 5％时,管道排放能力最高可降低约 23％。由此可见,管道淤积对于其排水能力的影响较大,而维护管理工作的不到位是导致管道淤积等问题的重要原因。排水管网的运维质量直接影响到城市污水收集效率及地表水体质量。因此建议建立管道通畅类考核指标,并建立日常排查制度,确保排水管网畅通。

目前我国污水处理设施、市政污泥处理、供水系统的投资建设等纳入自来水收费体系当中,但是排水管网的运维费用并未纳入其中。由于管网建设工程多为政府投资项目,目前部分地区推行市场化运营,由政府向社会采购公共服务。部分地区仍由政府授权当地国有企业成立专业排水公司负责运维管养。排水小区、工业企业等内部雨污排水管道由小区内物业及管理单位负责日常运营维护。由于排水管理单位不统一,造成多头监督、重复收费乱象。

（2）污水处理厂运营维护

目前我国污水处理厂主要为市场化运营,其建设模式主要包括政府投资建设,以及采用 BOT 的模式开展建设。污水处理厂具有稳定的资金收益,目前市场化程度较高。

但是目前我国污水处理厂出水水质普遍较差,多为一级 A、一级 B 的水质标准,对地表水Ⅳ类水质考核会造成一定程度的影响。另外,一些地区污水管网中流入或混入的外部清水较多,造成部分污水处理厂进水浓度低、运行效率差,应加强进水、出水质量监控与考核。

(3) 河道管养

目前河道管养工作主要由各地区水利主管部门负责。主要包括对河道形态、护岸的维护,河道水质监测及突发污染事件的预警,河道的清淤及基底维护,岸坡带植物生态等维护。河道的运维管养是城市河流地表水质的重要保障,应由主管部门委托有资质的单位开展日常维护保洁工作。

(4) "网厂河"一体化运维管养

"网厂河"一体化运维即由一个部门对城市的污水处理厂、提升泵站、调蓄池和污水管网、河道进行统一的运维和管养,通过优化污水处理厂运行、科学调度泵站、加强排水管网维护,加大河道巡查力度等措施,从而达到网、厂、河协调联动,保障排水系统高效、稳定运行,提升系统运行能力。建设溯源联合执法等机制,全面完善黑臭水体治理、维护、养护、管理等全环节长效机制,实现城区河道长治久清。

4. 水环境工程建设运营一体化

推进"建管运维一体化"水环境治理模式,在加大政府投入和监管力度的同时,引入专业治理机构对水环境进行综合整治,推动城区水环境建设、管理、维护有机统一。近年来越来越多的地区选择采用 EPC＋O 的方式开展水环境综合治理项目。将水环境基建工程的建设、管理、运维统一交由具有专业资质与能力的单位运作执行,政府主管部门负责对治理机构的运营效果按指标考核。不仅有效解决在工程竣工与运维管养的过渡衔接问题,同时也有效解决传统水环境基础设施多头管理等问题,效果十分显著。

5. 留下永久记忆

水环境治理工程多为地下工程,隐蔽工程,要充分利用有限的可见工程展示治理成果,留下永久记忆。可永久保留和利用好已建的茅洲河专用底泥处理厂,生态湿地公园化、部分暗渠可"限容"参观等。通过进行必要维护,永久保留,既可保留茅洲河治理的历史建筑、文化脉络,也可在此处专门建立水环境系统治理展览展示馆,主要展览展示生态文明思想实践成果,宣传水环境系统治理科学、技术、成果,展示茅洲河治理的历史宏伟画卷,并作为大众科普及青少年科普环境教育基地。对于中电建生态环境集团等参建单位,可展示企业实力,扩大国内外影响力,以更好地服务生态文明建设伟大工程。

第三节 水环境系统治理策略

1. 流域统筹系统治理的大兵团作战模式

2015 年起,在深圳市党委政府坚强领导和亲切关怀下,宝安区党委政府创新思路,中国电建发扬敢闯敢试的特区精神,发扬大胆决策,在全国首创"流域统筹、系统治理、大兵团联合作战、高强度持续投入""地方政府＋大型央企＋大EPC"的水环境综合治理大兵团作战模式。将全区河流划分为茅洲河、大空港、前海湾、铁石水源四大片区,按照"从末端截污向正本清源延伸、从骨干河道向支流系统辐射"的思路,总体策划,不断修编,持续完善黑臭水体治理方案,在全流域治理的大幕下精准治理每一条、每一处黑臭水体,率先开启流域统筹、系统治理模式。

2. 从茅洲河到蓝色宝安

宝安区作为广东省、深圳市黑臭水体治理的主战场,在全国首创"高强度持续投入、全流域统筹系统治理、大兵团联合作战""地方政府＋大型央企＋大EPC"的治水模式,历时4年持续攻坚、投资400多亿元、建成近4 000多km管网、还清40年污染欠账,全域实现完整意义的雨污分流,涵养出66条河流"一河碧水、两岸芳华、三生融合"的良好生态,呈现出"水清岸绿、鱼翔浅底、鸥鹭齐飞"的美好景象。水污染治理"宝安模式""茅洲河模式"在全国推广,宝安区在中国特色社会主义先行示范区和粤港澳大湾区建设中迈出了崭新的、坚定有力的步伐。中国电建在本轮黑臭水体治理的大潮中,勇于担当,奋勇争先,持续冲锋在前,克服无数困难挑战,完成党和政府交给的这项艰巨任务。此后,在宝安区党委政府支持下,中国电建的建设和管理团队保持继续奋斗的光荣传统和优良作风,继续在茅洲河流域开展深度摸排工作,查漏补缺,查暗探藏,力争将治理工作做精做细不留死角,为蓝色宝安建设作出更大贡献。

3. 管理措施

① 坚决推进征地拆迁拆违工作。宝安区领导亲自挂帅,担任挂点责任领导,累计完成拆迁任务35.4万m²,扫清治水提质用地困难推进受阻拦路虎。

② 逐步加强排水管理工作。启动宝安区"厂管河站"排水系统梳理诊断及智能化管理项目;全区排水管网总长14 125 km全部录入GIS系统;率先在全市掀起宝安"井盖革命",编码井盖42.2万个,完成喷码井盖30.5万个;全面开展排水户登记调查,已登记122 119个排水户;以街道为单位设立10个水政监察机构,实现一街一队。

③ 组织保障机制先行。高效运转水污染治理指挥部三级工作机制,高规格成立"宝安区水污染治理指挥部";区委书记任总指挥长,区长任指挥长,每月召开指挥部会议;分管区领导任副指挥长,每周召开指挥部联席会议;区水务局主要负责同志任指挥部办公室主任,不定期召开指挥部办公室会议。

④ 全面压实河长制,以"河长制"促"河长治"。区委书记任区级总河长及茅洲河区级河长,区长任区级副总河长及主要支流排涝河区级河长,其他29名区领导分别担任1～3条河流区级河长;全区建立健全"区、街道、社区"的三级河长体系,形成上下联动、齐抓共管、合力治水新格局。

⑤ 强调协调,建立"1+1+m+n"现场协调联络保障机制。包括1个总体方案,1套工作制度,m个区域和n个部门之间的联动协调方案。加强跨区域、跨流域协调监督能力,全面统筹上下游、左右岸协调机制,协调联动机制的建立;加强跨部门协同联动,充分

248

发挥各部门职能优势,共同发力,互相借力,形成合力。

4. 工程措施

① 全面截污、雨污分流。大力提高污水收集和处理能力,基本实现全境范围内完整意义的雨污分流。

2016 年以来,宝安全区新建雨污分流管网 3 976 km,全区排水管网达 14 125 km;累计完成排水小区正本清源工程 3 779 项,共改造 4 681 个排水小区,占全市(13 272 个)35%(图 18-1)。

雨污管网工程   正本清源工程

图 18-1　全面截污正本清源

② 全面加快老旧管网改造及清疏。累计完成老旧管网改造 455 km,其中改造"瓶颈管"99.8 km、补齐"缺失管"211 km、修复"破损管"88.7 km、纠治"错接管"55.5 km,累计完成老旧管清疏 1 533 km。

③ 反复开展"溯源纳污"。

基本原则:全口排查、追本溯源、源头纳污、全程分流。

工作内容:查口(查排水口)、溯源、整点、复核、消总(即消除总口)。

工作成果:共消除排口 9 186 个,消除污染点源 10 463 个;共整治干流暗涵约 25 km;共有 374 个小微黑臭水体全部完成整治。

④ 全面清淤、修复生态:基本完成河道综合整治:完成 60 条,217 km 河道防洪整治;整治入河排污口 2 479 个,完成河道清淤约 426 万 m³。

加快推进河流生态修复:完成 126 km 河道景观提升及生态护岸改造,新建湿地公园 5 座、滨河公园 2 座,打通巡河道 54 条;打造"铁岗水库排洪河"等一批生态修复示范点(图 18-2)。

铁岗水库排洪渠   潭头河   罗田水

图 18-2　全面清淤修复生态

⑤ 全面补水、活水保质：率先实现全面补水；建成补水压力管 180.5 km，补水泵站 7 座，设计补水规模 196 万 t/d；建成补水点 106 个；全区 61 条黑臭水体治理后实现补水全覆盖；充分利用中水水资源，当前实现日均补水 146 万 t。

5. 多措并举、开创先河

创"1338"治理管理模式及策略。

一种模式：EPC 治水模式，全国首创"高强度持续投入、全流域系统治理、大兵团联合作战""地方政府＋大型央企＋大 EPC"的水污染治理模式，主要由中国电建等大型央企承建。

"三全"治理技术路线：全面截污雨污分流；全面清淤、修复生态；全面补水、活水保质。

"三全"达标治理目标：力争实现"从明渠达标到明、暗渠全河段达标，从干流达标到干支汊流全流域达标，从晴天达标到晴雨天全天候达标"的"三全达标"治理目标。

监管并重、八大举措：建管纳污、正本清源、初雨弃流、多源补水、生态修复、排水管理、监管执法、宣传引导，即工程措施与非工程措施并重。

第四节　水环境系统治理的深莞经验

1. 建立高位推动的组织领导机制，推动流域统筹系统治理理念落地实施

(1) 层层抓落实，关联系统有序运行

广东省委省政府高度重视深圳市的水污染治理工作，省委书记亲自督办茅洲河治理工程。生态环境部、住房和城乡建设部、水利部十分关心深圳市治水工作，有关部司领导多次视察指导，生态环境部、住房和城乡建设部先后两次开展黑臭水体强化督查行动，为深圳市治水提供了重要指导和有力鞭策。深圳市以河长制、湖长制为抓手，建立党政主导、上下联动、齐抓共管的治水机制。市委市政府成立由市委书记和市长挂帅的污染防治指挥部和全面推进河长制工作领导小组，市委书记和市长带头领最重的任务、啃最硬的骨头，分别担任市总河长、副总河长和治理难度最大的茅洲河、深圳河市级河长。其他市领导担任观澜河、龙岗河、大沙河等市级河长。特别是针对中央环保督察反馈的问题，第一时间成立环保督察整改工作领导小组，由市委书记任组长、市长任第一副组长，迅速制定整改工作方案，立下"军令状"、制定"任务书"。市政府成立水污染治理指挥部，由市分管领导担任总指挥，构建由市治水办、市直相关部门、各区组成的"1＋8＋12"的组织体系，建立分工明确、权责清晰、条块协同、运转高效的运行机制，将科学决策始终贯穿到治水全过程，保障一张蓝图绘出来、干到底。全市共落实 1 057 名市、区、街道、社区四级河长和 647 名湖长，形成一级抓一级、层层抓落实的良好格局。各级河长和各部门守土有责、守土尽责、分工协作，凝聚起攻坚决战的决心意志和强大合力。

与此同时，针对跨市河流治理不同步问题，省领导担任流域河长，牵头推进深莞（深圳市、东莞市）茅洲河流域治理。省生态环境厅、住房和城乡建设厅牵头，深莞惠建立联席会议制度，每月会商调度，联防联治，紧密协作，推动解决茅洲河界河段清淤、新陂头北支和塘下涌污染整治、深惠插花地污水整治等一批重点问题，省水利厅大力指导河长制湖长制工作，有力保障跨市河流水质按期达标。在茅洲河流域治理中，深圳市牵头成立由深圳市委书记担任组长的深莞茅洲河全流域水环境综合整治工作领导小组，加大全流域统筹力度，跑出联合治理的"加速度"。针对行政区域职责不清问题，深圳市成立城市水务流域管理机构，对流域涉水事务统一考核、统一管理、统一调度。同时，创新全要素管控的模式，定性定量各要素的目标数值，联合调度污水处理厂、管网、泵站、水闸等涉水要素，最大程度发挥水务设施的系统效能。

（2）大兵团实施，关联系统同步发力

为破解过去顽瘴痼疾——"岸上岸下、分段分片、条块分割、零敲碎打"的弊端，深圳市全面统筹流域内的干支流、左右岸、上下游、陆上水上，创新推行流域统筹、系统治理、大兵团作战的新模式，达到系统治理的效果。以流域为单元，统筹打包实施所有治水项目，采用 EPC 和 EPC＋O 总承包方式，招选一家大型企业作为实施主体，统一规划、统一标准、明确责任，开展流域一体化治理。高峰时期，全市治水参建人员达 6 万多名、设备 1.3 万台套，茅洲河流域最高单日敷设管网 4.18 km、单周敷设 24.1 km，均创造了全国纪录。建设模式的创新带来了项目整体大幅提速和设计、质量、安全得到全方位管控的效果，创下水环境治理的"深圳速度"。2016 年以来，深圳市共建成污水管网 6 274 km，比最初计划提早 7 年补齐缺口，是"十二五"时期的 4.5 倍；完成小区、城中村雨污分流改造 13 793 个，是"十二五"时期的 10 倍；新增污水处理能力 290 万 t/d，总能力达到 748 万 t/d，是污水产生量（460 万 t/d）的 1.63 倍，其中 624 万 t/d 出水达到地表水准 Ⅴ 类及以上。

在治理水污染解决水环境问题的同时，加强排水管网建设和修复，增强排水能力，解决城市排涝问题；整治河道，清淤河床，提高河流（河段）行洪泄水能力，保障城市水安全；与水区管网建设施工同步，实施"三线下地"等措施，治理城中村脏乱差的现象；湿地建设中，更好地协调了湿地生态功能、景观美化功能、健康休养功能等多种需求，满足人民对美好环境需求的最普惠愿望。综上所述，多种涉水与非水活动，既解决了水安全、水资源、水环境、水生态等问题，也同步统筹解决了各类非水问题，提高了城市治理管理的总效率。

2. 完善优化管理系统，提高管理效率效果，各种非工程措施同向发力

（1）建立快速高效协同的审批机制

水污染治理项目规划、立项、报建等审批程序复杂，涉及部门多、耗费时间长，以水质净化厂为例，从立项到开工，按照传统模式，最快也要 1 年的时间。为提高审批效率，深圳严格落实市委"一切工程为治水让路"的精神，把水污染治理项目摆在首要位置，采取多项措施加快审批。简化审批手续，依托市水污染治理指挥部平台，对列入年度建设计划的项目，视同立项。优化审批流程，将过去的串联审批改为并联审批，缩短流程和时间。开通绿色通道，要求各审批部门限时审批，大大提高了工作效率。

随着国家工程建设项目审批制度改革试点工作的深入推进，水污染治理项目的先行先试为深圳积累了经验，2018年8月，深圳正式启动"深圳90"审批制度改革工作，要求90天内完成项目审批。作为重中之重的水污染治理项目，更是在优化审批方式上推陈出新，比如，光明区推行"集中办公"式的"治水工厂"，以集中办公点作为"门店"，工程建设指挥部及勘察、设计、施工、监理、检测等"1办4部17个团队"全部进驻，建立标准化作业的"生产线"。以进驻分指挥部首席代表所在单位为"工厂"，为前方"门店"提供人才、技术资源保障，最大程度保障"前方后方"步调一致、高效推进，符合要求的项目从完成设计到施工获批仅需7天，推动实现项目审批再提速。

（2）建立责任明晰、刚性有力的督查考核机制

层层压实责任。以目标为导向，制定年度建设计划，按照"表格化、项目化、数字化、责任化"要求，制定"责任手册"，将每项任务责任到人。持续跟踪督促。始终紧盯、关注、跟踪每项工作任务进展，采用"红、黄、绿"颜色标识进度，每半月在指挥部例会上通报，定期向市主要领导专项报告。对进度滞后的责任单位，视情采取座谈、约谈形式，传导压力，倒逼进度。加强督查检查。建立"2＋2"督查工作机制，由市水务局、生态环境局两个业务部门和市委、市政府督查室两个专门督查机关紧密联系，开展飞行检查、交叉检查、联合督查。特别是针对纳入国家专项督查的159个黑臭水体，组成约300人的检查队伍，持续开展全河段巡河，落实"一河一人、一巡一报、一日一督"，2019年督促整改问题2 000多个，全面保障水质稳定达标。强化考核激励。把水污染治理作为生态文明考核的重要组成部分，全部纳入政府绩效考核体系。配合市委组织部开展"黑臭水体治理"干部专项考核，把水污染治理"战场"作为识别、选拔干部的"考场"，近年深圳在水污染防治领域提拔、重用150多名表现优秀的局处级干部，锻造了一支政治强、本领高、作风硬、敢担当的治水铁军。

（3）实行最严格、最刚性的执法监管制度

推动完善水污染治理有关法规，推动修订《深圳经济特区环境保护条例》《深圳经济特区饮用水源保护条例》等法规，进一步明确涉水等环境违法行为认定标准，提高违法成本。强力开展"利剑"系列环境执法行动，2017年以来累计查处环境违法案件6 648宗、罚款4.88亿元，其中移送公安机关行政拘留327宗，查处案件数量和罚款金额均居全国城市前列，以铁腕执法让环境违法企业在深圳无法立足。大力整治"散乱污"企业，开工建设江碧环保科技创新产业园，推动产业必需的电镀、线路板等高排放企业入园管理、环保升级、集聚发展。通过升级改造一批、整合搬迁一批、关停取缔一批等措施，完成全市1.31万家"散乱污"企业综合整治，提前3个月完成任务。推进排水户监管全覆盖，开展排水户大排查行动，完成20余万排水户排查登记，建立排水户信息管理系统，纳入街道网格化管理，实现一户一档、定点管控、责任到人。针对农贸市场、餐饮、洗车、建筑工地等重点排水户，建立执法部门和行业主管部门联合监管机制，分类持续开展整治。

（4）建立"择优、创优、严管、重罚"的工程质量监管机制

改革招投标制度，通过标准化招标、批量招标、预选招标等方式，优选国内外一流企

业,做到全链条择优、精准择优。完善质量监管制度体系,制定标准化管理手册,建立质量安全评估监督、履约评价体系和工程建设信息化管理平台,严管工程质量。加强信用体系管理,完善市场主体信用档案,出台《深圳市水务建设市场主体不良行为认定及应用管理办法》,将市场主体不良行为与市场准入挂钩,2019 年认定不良行为 108 宗,使市场主体"一处失信,处处受限"。严格落实履约评价,建立水务参建单位黑名单和红黄牌制度,运用约谈、公开曝光等手段,强化联合惩戒,对出现重大质量事故的,坚决清理出深圳市场。加强管网质量监督,严格把关施工、检测、试验、验收等各个环节,实行"飞行检测"、内窥检测等制度,开展管网质量成效检查评估专项行动,2019 年督促整改问题 1 万多个。

(5) 排水管理进水区强化源头管理

长期以来,建筑小区内部的排水设施是管养的难点,受职责不明晰、缺少专业力量等因素影响,该管的人(物业公司)不愿意管,想管的人(专业排水公司)没权力管,特别是城中村,由于缺少规划支持,更是成为了监管盲区,因此造成排水管渠"最后 100 米"长期"缺管、失养、乱接",使得水污染治理成效得不到巩固,正本清源改造后问题容易返潮。深圳市从体制机制着手,改革创新推行排水管理进小区。

首先,解决有制度管的问题,充分利用特区立法优势,通过修订物业管理条例、排水条例来突破建筑小区的红线制约,为专业排水公司进小区提供了法律依据。其次,解决有人管的问题,推动各区成立排水管理公司,充实排水管理基层力量,委托专业排水公司对全市建筑小区的内部排水设施进行全链条、一体化运维,并制定运行管理质量考核办法,建立按效付费的机制,强化考核激励。再次,解决有钱管的问题,加大财政投入,由市、区财政按照一定比例予以保障。排水管理进小区的全面推行,为深圳打造国内先进的全市域分流制排水体制提供了坚实保障。

3. 建立方法系统,引导全民参与治水全民参与评价

(1) 治理投入的定量化

加强水污染治理资金保障。过去治水投入明显不足,"十二五"时期仅投入 176 亿元,平均每年 35.2 亿元,和快速的经济社会发展极不相称,远远滞后于国际发达国家和国内先进地区的水平。深圳聚焦"补短板、强基础",建立以政府财政投资为主、社会资本为辅的资金保障模式,实施水污染治理项目 1 000 多个,安排财政资金超过 1 000 亿元。同时,积极发挥市场主体作用,鼓励引导社会资本参与,完善 BOT、TOT、BT、PPP 等配套政策,探索 EPC+O 等模式,适度提高社会投资比例,提高治水市场化程度。4 年来,深圳治水共投入 1 231 亿元,其中,2016 年 111 亿元,2017 年 198 亿元,2018 年 392 亿元,2019 年 530 亿元,为打赢水污染治理攻坚战提供强有力的资金保障。探索可持续发展的产出机制,以治水为突破口,倒逼产业转型升级,推动城市更新、综合治理和品质提升,激发出新供给和综合效益,探索出将绿水青山转化为金山银山的具体路径。比如,随着水污染治理的推进,开工建设江碧环保科技创新产业园,推动重污染企业入园集聚发展,科技创新、先进智造、文化康体等高端企业逐步进驻茅洲河沿线。同时,通过河流整治和土

地整备,茅洲河流域将释放出 15 km² 的产业用地,为城市腾出宝贵的发展空间。经过整治,昔日路人掩鼻而过的大沙河,被市民称为深圳的"网红河",美不胜收,大沙河碧道成为科技创新企业员工和市民最爱的打卡地、休闲区。目前,深圳正以河湖库海水域及岸边带为载体,全面开展"碧道"建设,计划在 2025 年前,打造集安全的行洪通道、健康的生态廊道、秀美的休闲漫道、独特的文化驿道、绿色的产业链道等"五道合一"的 1 000 km 碧道,使碧道成为老百姓美好生活的好去处、"绿水青山就是金山银山"的好样本、践行生态文明思想的好窗口,努力将治水的"投入"转化为生态、经济、文化、社会协调可持续发展的"产出"。

（2）治理效果的定性化评价

以"从改变自然、征服自然为主,转向调整人的行为、纠正人的错误行为为主"的重要论述为指引,动员和凝聚各方力量,努力让每个人成为水环境保护的参与者、监督者、受益者。加快推动全社会形成绿色生活方式,从娃娃抓起,推进节水宣传进学校,每年开展"节水好家庭"评选活动,增强市民惜水爱水护水意识。强化对排水户的监管、指导和服务,引导市民自觉爱护保护水环境。积极引导全社会参与海绵城市建设,每年安排超过 5 亿元的奖励资金,鼓励社会资本参与,一批知名企业自发投入完成海绵改造。建立健全全民参与机制,结合深圳"年轻之城""志愿者之城"的特点,由团组织发动组织 150 名民间河长、51 支"青年先锋队"、702 名志愿者河长、1 万名红领巾小河长、10 多万名"河小二"等组成的治河护河队伍,成立全国第一家志愿者河长学院,形成全覆盖、专业化的志愿治水护水网格体系。畅通治水监督参与渠道,创新"志愿者河长＋检察长"公益诉讼机制,推动人大政协、专家学者、媒体记者、市民代表等积极参与治水决策和过程监督,构建共建共治共享全民治水新格局。

站在粤港澳大湾区和中国特色社会主义先行示范区"双区驱动"新的历史起点上,坚持以生态文明思想为指导,对标全球最高最好最优,以更高定位、更开阔视野,全力开展水环境巩固提升工作,建立健全长效管理机制,推进水生态环境治理体系和治理能力现代化,努力当好可持续发展先锋,让"城市因水而美、产业因水而兴、市民因水而乐",奋力打造人与自然和谐共生的美丽中国典范。

4. 建立符合深圳实际的技术标准规范体系

大胆引入"外脑"参与河流治理。成立由 50 多家国内一流机构组成的深圳市治水提质技术联盟,会同"两院"院士团队编制"深圳水战略 2035"。聘请清华大学、中国电建、中国水科院等 12 家单位,编制完成茅洲河等九大流域水系综合治理方案,出台五大流域水体方案。因地制宜打造"深圳标准"。在全国范围内率先出台《河湖污泥处理厂产出物处置技术规范》《河湖污泥处理厂运行管理与监测技术规范》等标准规范,先后印发《排水检查井及雨水口技术标准》《深圳市正本清源工作技术指南（试行）》《深圳市城中村治污技术指引》等规范,指导雨污分流管网全链条建设运行。编制《污水处理厂水污染排放技术规范》,提高污水处理标准。2016 年以来,制定 44 部水务标准规划指引。中电建结合总结茅洲河水环境治理实践和经验,加大技术研发投入,组织科研团队,加速建立了一套水环境治理企业技术标准、团体标准和定额标准,发布企业标准、团体标准 60 多部。加强新技术、新工艺研究应用,加大技术自主研发力度,在茅洲河流域治理中获专利授权 100 多项,建成国内规模最大的茅洲河流域 3 座河道底泥处理设施,日处理 RPIR 快速生化污水处理、拉入式紫外光原位固化法管道修复、分散式污水处理技术、非开挖管道修复技术、暗涵排口溯源技术等一批应用效果明显的先进技术,使深圳成为先进治水技术应用和产业发展的"博物馆"、"竞技场"。

第五节　茅洲河水环境系统治理的宝安实践

1. 坚持深莞携手,两地联动,协同治理

在省委省政府的坚强领导下,深莞两市建立联合治理、协同作战工作机制。省生态环境厅、住建厅、水利厅全力指导,牵头深莞"每月一会",落实全流域系统治理策略,确保"一张图"作战、"一盘棋"统筹。

2. 坚持党政主导,上下联动,层层落实

以河长制、湖长制为抓手,市区两级建立"党政领导亲自抓、人大政协合力抓、责任单位具体抓、职能部门协同抓、社会各界齐参与"的治水机制,创新下沉督办协调的工作模式,抽调数百名水务、环保专业干部扎根治水一线,狠抓流域统筹、技术支撑、监督检查,倒逼责任落实、措施得当。

3. 坚持流域统筹,系统治理,大兵团作战

以流域为单元,开展系统治理,实施 EPC 打包模式,引进中电建等大型企业,开展"大兵团作战",有效破解干支流不同步、碎片化施工的弊端,施工速度创造国内记录。在全国率先成立城市水务流域管理机构,对流域的水质净化厂、管网、泵站等涉水全要素进行统筹管理、统一调度。

4. 坚持源头治理,厂网同步,河口同治

下"最笨"的功夫,坚定推行全流域雨污分流,以"绣花"功夫提升实效。坚持污水管网全覆盖、污水全收集;完善"毛细血管",逐栋逐户收集污水;梳理"静脉血管",打通断头管、修复破损管、改造错接管;仔细排查沿河两岸雨污排口,确保排水口不排污水,沿河污水排口全部消除;摘除"血栓",强力整治暗涵;坚持污水全处理、全回用;大力提升污水处理能力和出水标准,实施全流域生态补水。

5. 坚持建管并重,管养结合,以管促效

深入推行"排水管理进小区,物业管理进河道"。以立法突破法治障碍,对小区排水设施进行专业化管理,打通排水管网管养的"最后 100 米"。对管网进行定期养护和维护。借鉴优秀物业公司先进管理理念,以市场化、科技化手段,实现对所有水体的全天候、全覆盖、无死角巡查管理。

6. 坚持严查严控,综合整治,铁腕治污

开展"利剑"系列环保执法行动,4 年查处环境违法行为 3 286 宗,综合整治"散乱污"企业 4 299 家,淘汰重污染企业 77 家,执法力度位居全国前列。

7. 坚持技术创新,实践探索,科学治污

加大技术自主研发力度,茅洲河治理过程中获专利授权 100 多项,建成国内规模最大的污染底泥处理设施,实施工厂化处理,走出一条底泥资源化利用的新路子。积极采用国内外先进技术,推动茅洲河治理战场成为技术应用的"展览馆"和"竞技场"。

8. 坚持水城融合,以水塑城,人水和谐

以碧道为抓手,带动城市风貌塑造和区域空间功能优化,促进产业转型升级,依托水廊道打造产业创新带、滨水景观带和市民亲水乐水平台,推动实现生态、经济、社会、文化的协调可持续发展,并满足人民对美好水生态环境的需求。

总之,绿水青山就是金山银山。回顾深圳市水污染治理攻坚战的艰辛历程和巨大成绩,其丰富的现实意义和深远的历史意义日益彰显。

站在建设中国特色社会主义先行示范区的新起点上,深圳市正以翻篇归零的新姿态,深入贯彻生态文明思想,新时代走在前列,新征程勇当尖兵,努力走出一条具有深圳特色的治水兴水之路,让城市因水而美、产业因水而兴、市民因水而乐,推动深圳市率先打造人与自然和谐共生的美丽中国典范,当好可持续发展先锋,为落实联合国 2030 年可持续发展议程提供中国经验。中国电建作为新时代治水先锋,将保持时不待我的敢闯敢试精神,继续在深入打好水污染防治攻坚战的大潮中,乘风破浪,勇立潮头,再立新功,再创佳绩!

第六节　研究建议

1. 进一步完善水环境治理法规体制,强化一张蓝图绘到底,久久为功

目前我国关于水环境治理工作出台了一系列相关的法规,一些工作有了一定的依据,但总体来说法规体制仍亟待完善。针对目前然存在的"重工程建设,轻运行管理"问题,需对水环境管理方面的法律法规进行修订完善,从水权、水污染以及水资源利用等方面进一步明晰法律概念,明确水污染防治相关部门的权责,通过立法强化水环境管理部门在水环境监管问题上的统管以及协调作用。2022 年 4 月,住房和城乡建设部、生态环境部、国家发展改革委、水利部联合印发了《深入打好城市黑臭水体治理攻坚战实施方案》,为推进城市黑臭水体治理、改善城市水环境质量提出了一系列要求,实施方案中明确国家各部委对每一条工作要求的责任。这一方案需要各方面加大工作力度,建立良好、高效的沟通协调机制才能予以落实。实现水环境更长远的长治久清,首法在爱水,次

法在治污,末法在治理。

2. 强化流域统筹系统治理的政策保障,坚决克服零打碎敲

大量河流涉及城市和乡村,涉及流域的上下游或左右岸分属不同的管辖区域,统筹协调的内容较多,工作量较大。因此,在制定流域综合治理相关政策规划时,建议由更高一级的政府从流域统筹的角度明确相关的政策保障。坚决克服掉零打碎敲式的水环境治理方法,坚决反对头痛医头、脚痛医脚的不良做法,反击"水治好了会失业"的错误言行,才能永续水清岸绿景美。

3. 树立水环境治理行业和产业概念,进而建立行业管理体系,发展水环境治理产业

结合从事多年水环境治理工作和本书写作,作者在组织编写《水环境治理产业发展报告(2019年)》时,以及在多种场所,倡议树立水环境治理行业概念,为水环境治理术语给出定义,为水环境治理产业给出定义,建议从法律与政策体系完善、政府管理体系、技术与标准体系、定额与造价体系、教育学科设置等全方位研究水环境治理问题,解决水环境治理的管理与技术瓶颈问题,化解堵点难点痛点,为水环境事业健康发展找出一条清晰路线。

4. 多维度研究水环境治理和系统工程理论应用

本书对系统工程理论在水环境治理中的应用作了些积极探索,对实践经验进行了一些总结,但无论研究深度、研究广度,以及学科交叉等,都还有很多内容未能深入,现有研究成果中也一定还存在不足,作者团队也还将结合未来的工程实践,作进一步研究和探索,更期待更多同行和学者致力于此,以求共同推进水环境治理事业健康发展。

参考文献

[1] 张礼卫. 深圳创新"十大体制机制" 打赢水污染治理攻坚战[J]. 城乡建设,2020(3):50-54.

[2] 王民浩,等. 水环境治理技术——深圳圳茅洲河流域水环境治理实践[M]. 北京:中国水利电力出版社,2019.

[3] 孔德安,王正发,韩景超. 水环境治理技术标准理论与实践[M]. 南京:河海大学出版社,2022.

后　记

经过作者、编辑和出版社同仁的努力，这本书终于付梓出版了。

经过近 7 年努力探索和实践，茅洲河等水环境治理项目取得了较好的成绩，水质越来越好，实现了水清岸绿景美。

茅洲河治理是一项艰苦的工作，写这本书也是一项艰苦的工作，这是一大批人努力艰苦奋斗的成果。

本书从酝酿、起草框架到作者团队讨论和动笔、再到出版印制，一批同仁付出了艰辛的努力，前期酝酿，写作过程，校改定稿，得到了许多老前辈的鼓励和支持，许多同仁不断地为此书的写作提供素材和支撑性案例经验，本书中借鉴和引用了一些专家学者的研究成果，在本书出版之际，再次表示由衷的感谢！

水环境系统治理内容博大精深，本书仅从一个视角进行了一些理论探讨和实践提升，由于作者水平有限，书中难免有不足之处，甚至错误，敬请读者批评指正。

作者

2022.12

作者简介

第一作者,孔德安,中电建生态环境集团有限公司正高级工程师、博士,长期从事水利水电、风电、水环境治理等专业领域的企业管理、经营生产、科技研发、规划设计、技术标准编制等工作,出版多部专著(合著),获得省部级、集团级等多个奖项,主编或参与起草多项企业标准、团体标准、地方标准编制,发表 20 余篇专业技术论文。

第二作者,王寒涛,中电建生态环境集团有限公司高级工程师,长期从事水利水电、风电、水环境治理等专业领域的经营管理、工程建设、科技研发管理工作,参编 1 部专著,获得集团级等多个奖项,发表 10 余篇专业技术论文。

第三作者,张家春,上海交通大学城市发展研究中心执行主任、BIM 研究中心副主任,副教授,长期从事城市发展、智慧城市、可持续发展与项目管理、系统工程、BIM 技术等研究和教学工作,主持国家重点研发项目 1 项、上海市科技攻关项目 1 项,并参与多项 BIM 相关的研究项目,出版 3 部科研论著,获多个科技奖项,学术兼职包括 CEng 英国皇家特许工程师、上海市楼宇科技研究会副秘书长、建筑科技与产业发展专业委员会主任,发表论文数十篇。

第四作者,王正发,中电建生态环境集团有限公司正高级工程师,长期从事水利水电、风电、水环境治理等专业领域规划设计、咨询、技术研发、标准化等工作,参编 3 部专著,获得多项省部级、集团级奖项、主编或参与起草多项企业标准、团体标准、地方标准、行业标准编制,发表 30 多篇专业技术论文。

第五作者,胡昊,上海交通大学城市发展研究中心主任、工程管理研究所所长,教授,长期从事工程管理导论、系统工程学、交通工程项目管理等科研和教学工作,出版 3 部科研论著,学术兼职包括 CEng 英国皇家特许工程师、英国土木工程师学会资深会员 MICE、上海市楼宇科技研究会副理事长、上海市绿色建筑学会副会长,发表 SCI 论文 100 余篇。

第六作者,商放泽,中电建生态环境集团有限公司河流湖泊水域环境治理技术研究所副所长,博士,高级工程师,长期从事水资源管理、水污染治理、水生态修复等领域科学研究、技术研发、战略规划等工作,主持博士后科学基金项目 1 项、深圳市科技创新委员会项目 1 项,参与广东省科技厅重点领域研发计划项目 1 项,获得授权专利 40 余项,发表 SCI(EI)论文 10 余篇。